中国海洋大学一流大学建设专项经费资助
教育部人文社会科学重点研究基地中国海洋大学海洋发展研究院资助
山东省哲学社会科学规划研究项目

基于资源价值的山东省海洋文化与旅游多维融合发展研究

高乐华 著

Research on the Multi-dimensional Integration Development of Marine Culture and Tourism in Shandong Province Based on Resource Value

经济管理出版社
ECONOMY & MANAGEMENT PUBLISHING HOUSE

图书在版编目（CIP）数据

基于资源价值的山东省海洋文化与旅游多维融合发展研究/高乐华著．—北京：经济管理出版社，2022.11

ISBN 978-7-5096-8620-1

Ⅰ．①基… Ⅱ．①高… Ⅲ．①海洋—文化—关系—旅游资源开发—研究—山东 Ⅳ．①P7-092 ②F592.752

中国版本图书馆 CIP 数据核字(2022)第 129734 号

组稿编辑：梁植睿
责任编辑：梁植睿
助理编辑：李光萌
责任印制：黄章平
责任校对：蔡晓臻

出版发行：经济管理出版社
（北京市海淀区北蜂窝 8 号中雅大厦 A 座 11 层 100038）
网　　址：www.E-mp.com.cn
电　　话：（010）51915602
印　　刷：唐山玺诚印务有限公司
经　　销：新华书店
开　　本：720mm×1000mm/16
印　　张：17.75
字　　数：338 千字
版　　次：2022 年 11 月第 1 版　　2022 年 11 月第 1 次印刷
书　　号：ISBN 978-7-5096-8620-1
定　　价：78.00 元

联系地址：北京市海淀区北蜂窝 8 号中雅大厦 11 层
电话：（010）68022974　　邮编：100038

序　言

自2018年中华人民共和国文化和旅游部成立以来，文旅融合就已成为学术界研究的重点、业界推行的热点。机构组建易，行动落实难，虽然形成了诸多学术论文、研究报告、政策文件，但是系统的理论框架和高度的思想共识尚未达成，文旅融合的实践及效果并不理想。面对产业推行的困境，文旅融合领域的理论基础亟须铺垫、企业的市场探索尚待深化、融合过程的一般规律需要总结。本着“宜融则融，能融尽融；以文促旅，以旅彰文”的原则，本书聚焦海洋文化与旅游这一特殊文旅融合领域，回应海洋文化传承发展的时代之需，从海洋文化与旅游融合发展的资源基础与人文导向出发，扎根海洋文化与旅游融合实践的理论架构，突破海洋文化与旅游融合创新的底层逻辑，面向市场中政府、企业、消费者、社区、中介等多个主体，测评兼具文化属性和旅游功能的海洋文化旅游资源的价值，将其价值回归海洋文化与旅游融合本身，赋能海洋文化与旅游融合的具体操作，以期激发出海洋文化与旅游领域的自主研发和商业创新，使海洋文化旅游产业的崛起成为文旅融合实践具化、深化的突破口。

海洋文化旅游资源是海洋文化资源与旅游资源交叉融合的结果，也是海洋文化与旅游融合发展的基础条件和核心内容，海洋文化与旅游融合的过程是资源要素流动的过程，成效则是资源利用效率和质量的提升，资源开发与融合发展作为一个问题的两面，实质彼此关联、互为因果。为此，本书基于海洋文化旅游资源价值，廓清海洋文化与旅游融合边界，形成不同层面的资源开发方案，并对开发过程中触及的多维融合机制进行优化、更新，可为促进各主体形成互惠、稳定、高效的产业共同体提供理论依据和实践手段，为海洋文化建设与全域旅游发展提供决策支撑。

在构建本书研究框架和内容时，笔者过去多年在海洋文化与旅游领域的学术探索和实践积累有了用武之处，在撰写过程中有了更具系统性、深切性的体会和收获。在此，特别感谢中国海洋大学研究生张路、段棒棒的鼎力协助，他们分别在海洋文化旅游资源价值评估和海洋文化旅游多维融合方面做出了突出贡献，同时感谢中国海洋大学管理学院、文学与新闻传播学院、海洋发展研究院和文科处的大力支持。由于资历较浅，本书诸多不如意之处恳请各位读者包容并指正，笔者对海洋文化与旅游理想之境的追寻尚未停歇。

高乐华

2021 年 7 月 31 日于青岛

前　言

21 世纪是海洋的世纪，世界各国对于海洋的认识已经上升到一个新的高度，海洋领域的竞争不再局限于军事、经济、科技等“硬实力”，海洋文化竞争日益凸显。在新的历史征程中，海洋文化已贯穿于各个海洋强省建设过程中，其繁荣兴盛对于加快我国海洋强国建设能起到促进新旧动能转换、提高产业链附加值、增强文化自信、创造美好生活等多重作用，而海洋文化的繁荣兴盛不仅需要无形的理论支撑，也需要有形的产业落实。随着人民生活水平的提高和消费结构的升级，文化产业与旅游产业边界逐渐模糊，两大产业呈现出你中有我、我中有你的互融趋势，游客在文化旅游方面的获得感和满意度逐渐提高。山东沿海地区海洋文化旅游产业的兴起是海洋文化产业化和文旅融合的典范，以海洋文化旅游产业之形，示海洋文化精神之核，达到了经济效益和社会效益的双丰收。

海洋文化旅游产业的形成依托于海洋文化旅游资源，海洋文化旅游资源实质上就是海洋文化的载体与内涵呈现，其价值大小是产业化开发利用的依据，也是影响海洋文化与旅游融合发展前景的核心要素。海洋文化旅游产业在海洋文化与旅游跨界融合形成后，既可以有效传播海洋文化、提高产业价值，又可以优化旅游结构、创新产品设计，能够产生扩大文旅市场规模、提高资源配置效率、完善城市空间区划、升级海洋产业结构、增强无形知识溢出等多重效应，助力海洋强省乃至海洋强国战略的实现。

为此，本书首先基于已有的相关研究成果，在对山东省海洋文化旅游资源进行实地调研和深入考察的基础上，构建海洋文化旅游资源价值评估理论和方法体系，从 1255 项资源中遴选出 49 项典型的海洋文化旅游资源进行价值评估，展示海洋文化旅游资源的综合价值，为海洋文化与旅游深度融合发展提供基石。其次，本书从宏观、中观、微观三个视角出发，基于调研数据、产业数据和企业数据对山东省海洋文化旅游资源开发现状进行诊断，全面探究当前山东省海洋文化与旅游产业融合的程度及已产生的融合效应，立体化解读山东海洋文化旅游资源开发及融合发展面临的障碍与挑战。最后，在构建各方主体协同机制的基础上，本书制定出符合各市各类海洋文化旅游资源多元价值的差异化开发方案，给出提升海洋文化与旅游融合度及其融合效应的具体措施和制度保障，以期填补海洋文化与旅游融合研究空缺，提升海洋文化旅游资源开发利用水平，实现海洋文化与旅游融合程度和效用结果的全面转变。

第一章是引言。首先，分析新时代下海洋文化及海洋文化旅游发展的形势、意义和重要性，明确海洋文化与旅游融合的研究价值。其次，对国内外关于海洋文化、资源价值、海洋文化旅游资源及其开发、文化与旅游融合、海洋文化与旅游融合等相关研究成果进行综述，总结其研究现状、研究特征和研究结论，明确已有研究的空白和缺陷，完成基础理论铺垫，提出本书研究逻辑。

第二章是山东省海洋文化旅游资源的构成与特色。首先，在界定海洋文化、海洋文化旅游资源范畴、特性和分类的基础上，根据前期进行的山东省海洋文化旅游资源普查，说明山东省海洋文化旅游资源的构成，即包括海洋景观资源、海洋遗迹资源、海洋文艺资源、海洋民俗资源、海洋娱教资源和海洋科技资源。其次对各类资源的数量、空间分布进行总结，开展山东省海洋文化旅游资源空间集中度和市场价值分异分析，根据山东省海洋文化历史演变过程，梳理出山东省海洋文化旅游资源的内在逻辑和独特优势。

第三章是山东省海洋文化旅游资源开发的新时代现实境遇。首先，回顾山东省海洋文化旅游资源的开发历程，揭示由于相关企业能力不足、市场发育尚不充分、海洋文化传承窘迫、复合创新人才缺乏等原因导致的海洋文化旅游资源“零散化”“碎片化”“低端化”开发现状，揭示其面临的重经济效益轻文化品质、重基础设施轻市场培育、重政策扶持轻制度规范的问题，以及亟须迎接的跨区域竞争激烈、管理制度不完善、资源保护力不强的挑战。其次，阐释新时代海洋强省建设背景下，对海洋文化旅游资源开发可形成的促进新旧动能转换、提高产业链附加值、增强海洋文化自信、创造沿海美好生活等综合功用的诉求。

第四章是山东省海洋文化旅游资源价值的系统评估。首先，以马克思主义理论为指导，以效用价值论和消费者剩余理论为支撑，结合已有研究成果和实地调研所得，将海洋文化旅游资源价值分为使用价值和非使用价值两大部分。其中，使用价值包括直接使用价值和间接使用价值，前者包括旅游服务价值、文化教育价值、科学研究价值；后者包括艺术欣赏价值、精神启迪价值、IP 授权价值。非使用价值包括选择价值、遗产价值、存在价值。其次，设计出旅游服务价值采用市场价格法、费用支出法和替代市场法评估，文化教育价值、科学研究价值和IP 授权价值采用费用支出法进行评估，艺术欣赏价值、精神启迪价值采用旅行费用区间分析法、基于旅行费用法的联立方程模型、意愿调查法评估，非使用价值采用条件价值法和层次分析法评估的一整套海洋文化旅游资源价值评估方法体系。

第五章是山东省海洋文化旅游资源价值的全面审视。首先，基于上述评估理论和方法，对山东省沿海7市49项典型海洋文化旅游资源的多元价值进行定量评估，得到各自价值量。其次，从横向和纵向两个角度对评估结果进行对比分析，总结各市、各类海洋文化旅游资源的价值特征和价值优势，得知海洋娱教资源的旅游服务价值量、非使用价值量、价值总量较高，海洋科技资源的文化教育价值量、科学研究价值量较高，未开发的海洋景观资源、海洋遗迹资源、海洋民俗资源、海洋文艺资源的消费者剩余价值量相近，海洋文艺资源（已开发）、海洋遗迹资源的IP授权价值量高。最后，从全省的角度分析海洋文化旅游资源价值，按照各市资源价值量的大小依次将东营、烟台划归为第一梯队，滨州、日照、青岛、威海划归为第二梯队，潍坊划归为第三梯队，并进行差异化功能定位。

第六章是山东省海洋文化与旅游多维融合的分层测度。首先，基于海洋文化旅游资源价值，剖析海洋文化与旅游融合发展的根源和动力，厘清两者融合发展的内在机理。其次，分别概括分析海洋文化与旅游在宏观层面的政策融合、市场融合、技术融合，在中观层面的资源融合、产业链融合、空间融合，在微观层面的机构融合、人才融合、产品融合，明晰两大产业多维融合的范围及内容，说明从宏观、中观、微观视角研究两者融合度的理论逻辑，并基于问卷调查数据计算两者的宏观融合度，借鉴离散系数法和均匀分布函数法计算两者的中观融合度，采用修正的赫芬达尔指数法计算两者的微观融合度。最后，对山东省海洋文化与旅游多维融合存在的问题进行归纳。

第七章是山东省海洋文化与旅游多维融合的效应衡量。首先，分别概括分析海洋文化与旅游在宏观层面推动经济增长、提高生产效率、拓展市场规模、增进社会福利的效应，在中观层面优化资源配置、升级产业结构、完善空间区划、提升产业竞争力的效应，在微观层面扩大规模经济、优化业务结构、增强知识溢出、提升产品创意的效应。其次，根据专家打分结果建立海洋文化与旅游融合效应评价体系，结合熵值法和菲什拜因—罗森伯格模型对两者的多维融合效应进行实证剖析，并将海洋文化与旅游的融合度同融合效应之间的关系进行回归分析，确定两者之间存在的因果关联。最后，总结出山东省海洋文化与旅游多维融合效应存在的突出问题。

第八章是山东省海洋文化旅游资源的多维开发策略。首先，基于上述评估结果和分析结论，遵循开发与保护结合、本真性与商品化均衡、传统性与时代性恰接、规划与管理并重、海洋与陆地联动、居民公共服务与游客服务协调、高端市场与大众市场互补的原则。其次，从宏观、中观和微观三个维度提出山东省海洋文化旅游资源开发对策。这些对策包括：宏观上，打造海洋观光旅游带、海洋科考研究带、海洋科技体验带、海洋风俗体验带和海洋技艺传承带五条海洋特色文化旅游带；中观上，确定各市海洋文化旅游资源开发基调，确定青岛海商文化区、烟台仙海文化区、威海海军文化区、日照渔家文化区、东营黄河文化区、潍坊海盐文化区和滨州庙会文化区的发展格局；微观上，依各类海洋文化旅游资源特色进行针对性开发，并借助学校教育、媒体宣传、公益演出等多种形式扩大其文化意义、价值内涵的影响与辐射。

第九章是山东省海洋文化与旅游多维融合发展的协同机制与提升方案。首先，根据全书对海洋文化旅游资源开发障碍、海洋文化与旅游融合问题的梳理，进一步明确政府、企业、消费者、社区、中介等相关主体在海洋文化与旅游多维融合发展中的角色定位。其次，构建涵盖保障协同机制、运营协同机制、创新协同机制、动力协同机制的海洋文化与旅游多维融合发展的协同机制体系。最后，从市场培育、资源使用、企业协作、产品打造的层面凝练出山东省海洋文化与旅游多维融合发展的提升方案，并建议通过延伸型融合模式、重组型融合模式、渗透型融合模式依次推进两者融合发展。

第十章是山东省海洋文化与旅游多维融合发展的制度保障。为确保海洋文化旅游资源的深度开发，全面推进海洋文化与旅游的多维融合，首先，从改善政府的综合协调职能、产业促进职能、宏观调控职能、法规建设职能、行业监管职能等角度，提出海洋文化与旅游多维融合的行政机制完善措施。其次，从企业主导、厘清权责、协调社区等层面提出海洋文化与旅游融合的管理体制改革措施。再次，从扩大财政资金投入规模、均衡财政资金投入领域、优化财政资金投入方式等途径提出海洋文化与旅游融合的财政资金支持措施。最后，给出促进海洋文化与旅游多维融合的优惠政策扶持、相关法规保障、人才培养强化、和谐环境构建的具体措施。

第十一章是结论与展望。首先，对本书研究内容作出总结，梳理本书主要研究结论，点明创新之处；其次，指出本书研究的不足之处及未来可能的研究方向。

目　录

第一章 引言

一、研究背景

21 世纪是海洋的世纪，世界各国对于海洋的认识已经上升到一个新的高度，海洋领域的竞争不仅局限于军事、经济、科技等“硬实力”，海洋文化竞争日益凸显。作为文化系统的有机组成部分，海洋文化是人类在认识、开发、利用以及保护海洋的长期实践中逐步形成的具有相对独立属性的精神与物质成果的总和。我国拥有长达 1.8 万多千米的海岸线，辽宁、河北、天津、山东、江苏、上海、浙江、福建、广东、广西、海南等省份均濒临海洋，沿海居民在长期的生产生活实践中创造了丰富的海洋文化，造就了各具特色的海洋文化品格。在党的十九大报告明确提出“坚持陆海统筹，加快建设海洋强国”的战略部署下，辽宁省成立了海洋产业技术创新研究院，集“政、产、学、研、金、介”等创新要素，大力推进海洋强省建设；山东省确定了以“海洋文化振兴”等“十大行动”为重点的海洋强省建设行动方案；广东省在海洋经济发展“十四五”规划中提出，加快发展包括海洋文化产业在内的海洋服务业，推进海洋文化工程建设。海洋文化贯穿于各个海洋强省建设的过程中，可谓建设海洋强省的基石和核心。毋庸置疑，海洋文化的繁荣兴盛对于新时代下加快我国海洋强国建设可起到开创新兴业态、集约使用资源、延长产业链条、提高生产效率、提升创意附加、增强文化自信、创造美好生活等多重作用。因此，提升我国海洋文化软实力，引导现有海洋文化存量实现流量增值，充分发挥海洋文化潜在的经济、社会等综合价值，对于提升综合实力，提高各省份乃至我国在全球海洋战略格局中的地位意义重大。

海洋文化的繁荣兴盛不仅需要无形的理论支撑，更需要有形的产业落实。以海洋文化产业之形，示海洋文化精神之核，以期达到经济效益和社会效益的双丰收。海洋文化产业的发展依托于海洋文化资源，而海洋文化资源实质上就是旅游资源的载体与内涵呈现，其价值大小是资源开发利用的依据，也是影响海洋文化旅游及其相关产业发展前景的重要因素。我国作为海洋大国，历史创造并遗留了丰富多样的海洋文化遗产，然而目前我国绝大多数海洋文化潜在的经济、社会等价值未得到充分彰显。

文化与旅游具有天然耦合性和互补共赢性，海洋文化作为文化系统的有机组成部分，与旅游同样具有本质的内在关联，海洋文化可作为旅游发展的重要根基和资源，旅游则是海洋文化走向市场的重要载体和途径。提升山东整体海洋文化与旅游融合水平，以协作和联合为主导，对海洋文化和旅游进行资源优化配置和产业组织再造，充分发挥海洋文化与旅游融合在宏观经济、中观产业和微观企业的多维积极效应，对于山东省实现新旧动能转换、立足海洋事业前列作用更为显著。因此，将海洋文化与旅游充分结合，将海洋文化发展的潜在力量视为旅游新兴的资源，厘清海洋文化旅游资源的价值体系、明确其价值大小具有重要的作用和意义：有助于公众意识到海洋文化旅游资源的独特性和重要性；有助于政府、企业等投资主体结合资源情况和经济形势实现人、财、物的合理调配；更有助于海洋文化实现自身价值并传承发展下去。

山东半岛属东夷海岱文化区域，先民自古在临海地区繁衍发展，3000 多千米海岸线、589 座岛屿孕育了丰富的海洋文化旅游资源。“黄海明珠”青岛、“鱼果之乡”烟台、“人间仙境”蓬莱、“海滨花园”威海、“世界风筝之都”潍坊、“水上运动之都”日照、黄河入海口东营，都有着丰富的海洋景观资源、海洋遗迹资源、海洋文艺资源、海洋民俗资源、海洋娱教资源以及海洋科技资源（高乐华和曲金良，2015），这些海洋文化旅游资源使得山东沿海城市在文化与旅游融合过程中迸发出巨大的潜力，为海洋文化旅游市场的培育提供了优异的基础。然而，山东沿海各市各类海洋文化旅游资源组合度较低，尚无法实现地区间自由流动，加之复合型人才较为缺乏，相关主体对海洋文化旅游资源的整合能力不足，部分文化和旅游企业只是在形式上将海洋文化旅游结合起来，而未能将拥有深刻文化内涵、强烈地域特色的海洋历史文化旅游、海洋民俗旅游、海洋文艺旅游、海洋科技旅游、海洋文创产品等进行有机整合。这些造成海洋文化旅游产品未能真正形成生产力和影响力，海洋文化与旅游融合后的效率效应、规模经济效应、产业结构升级效应、知识溢出效应等未得到充分释放，且同类产品竞争激烈，海洋文化旅游产品开发趋同，阻碍了山东省沿海地区进一步发展海洋文化旅游产业的步伐，也限制了发展格局的扩大。

二、研究意义

（一）理论意义

1. 丰富海洋文化理论体系

对海洋文化基础理论的研究，国外还处于初始阶段，我国则刚刚开始。界定海洋文化范畴并梳理其内在逻辑、特征和功能，论证山东省海洋文化旅游资源的内涵和特色，在海洋文化旅游资源分类、普查等前期工作的基础上，构建海洋文化旅游资源价值定量评估模型，全面解剖山东省海洋文化旅游资源的多重价值，总结其价值利用的基本方向和规律，解读海洋文化旅游资源开发面临的时代要求，能够在较大程度上完善海洋文化研究理论框架，提升该领域研究的完整性。

2. 拓宽资源价值评估范畴

目前，资源价值的定量评估成果丰硕，涉及自然资源（包括森林资源、矿产资源、生物资源等）、人文资源（包括文化资源、人力资源等）和旅游资源（包括自然旅游资源和文化旅游资源），尚未有学者探讨海洋文化旅游资源价值的定量评估。通过参考已有的资源价值评估成果，结合海洋文化旅游资源自身特质，基于海洋文化旅游资源的分类标准，融会经济学的方法和思路，构建海洋文化旅游资源价值体系，分别提出各类海洋文化旅游资源的价值构成和评价方法，设计出完善的海洋文化旅游资源价值评估路线，可拓宽资源价值评估范畴，丰富文化资源评估理论框架，促进海洋文化旅游资源领域研究的规范化、科学化和系统化，为全面认识海洋文化旅游资源价值提供理论支撑，亦可为其他资源价值的定量评估提供新思路。

3. 完善文旅融合研究框架

当下，学术界缺少全面、综合、多角度研究海洋文化与旅游融合发展的文献，现有研究多停留在对融合动力、融合路径、融合模式的定性分析，相关定量研究文献多从中观视角出发，尚未有学者从宏观、中观、微观三个视角进行全面综合研究。基于海洋文化旅游资源多元化的开发利用价值，在分析海洋文化与旅游融合发展内在机理的前提下，从宏观、中观、微观三个角度研究山东省海洋文化与旅游的融合状况；同时，深入市场、企业和社区内部，综合研究海洋文化与旅游的宏观、中观、微观多维融合度及其产生的多元效应，根据所发现的问题制定相应的协同机制和融合提升策略，构建出针对海洋文化旅游资源特色与状态的立体化综合开发模式与方案，有助于完善文旅融合研究范畴，为海洋文化旅游融合发展提供新思路。

（二）现实意义

1. 助推海洋文化遗产传承发展

通过对山东省49项典型海洋文化旅游资源的实地考察发现，大部分海洋文化旅游资源，仅靠政府扶持得以维存，企业、当地居民对其关注度低；小部分海洋文化旅游资源虽已开发为文化旅游产品，但仅是浅层开发，未充分挖掘其海洋文化价值。结合对河北、江苏、浙江、福建等沿海省份的海洋文化旅游资源开发现状的调查，沿海地区海洋文化旅游资源的发展境遇均与山东类似。造成这种现象的根本原因是社会各界对其价值没有全面、清晰的了解，致使其未能发挥应有作用。因此，对海洋文化旅游资源价值进行评估可使社会各界明确其价值和重要性，提高关注度，加大投入力度，进而实现众多珍贵海洋文化遗产高质量的传承与发展，完成其时代使命。

2. 提高海洋文旅资源利用水平

近年来，海洋文化旅游资源开发在多种因素的推动下，取得了前所未有的成就，诸多海洋文化旅游资源被发掘，经过展示、加工或使用进入大众视野，但海洋文化旅游资源的价值衡量、统筹规划、系统开发一直未全面推进。整体来看，海洋文化旅游资源开发存在范围小、层次低、手段单一、产品类型粗浅等问题，海洋文化与旅游融合后的海洋文化旅游产业发展较为“碎片化”。因此，通过对海洋文化旅游资源价值进行全面评估和审视，再对其综合开发利用方式进行动态选择，制定出符合各类海洋文化旅游资源独特价值优势的开发方案，能够增强海洋文化旅游研究的前瞻性与实用性，提升海洋文化旅游资源配置效率。

3. 提升海洋文化旅游融合效应

尽管在行政领域文化和旅游部门已进行了合并，山东省也确定了“海洋文化振兴”等海洋强省建设行动方案，但长期以来，文化部门更多关注文化的社会效益属性，注重文化基础设施建设及资源保护，旅游部门更加注重生产的经济属性，更强调资源的市场化开发和产业的经济效益，两者切实融合尚有较长道路要走。关于海洋文化与旅游融合的探索则尚未启动，特别是对海洋文化与旅游连接的多重效应还未重视，目前以海洋景观为主的资源关注面窄且开发方式单一，缺乏更深层次的基于不同海洋文化旅游资源特色优势的差异化融合路径和开发模式的全新探索，各方主体的协同机制构建也尚未得见。只有更为深入地连接文化与旅游的经营环节，才能实现两者的切实融合。为此，本书在对当前山东省海洋文化与旅游多维融合途径全面分析的基础上，深入探究影响海洋文化与旅游融合受阻的关键因素，制定出符合各类海洋文化旅游资源多重价值及可产生综合融合效应的方案，从微观操作层面加快两者融合发展生产力和影响力的形成，基于更加准确的吸引点和价值增值点，实现山东省海洋文化与旅游融合水平和效用结果的全面转变；同时，通过协同机制，全面理顺各方主体的协作和利益关系，使其认清不同海洋文化旅游资源的作用，审慎谋划差异化的融合方案和多元化的操作措施。

三、国内外研究综述

（一）海洋文化研究综述

1. 国外海洋文化研究综述

由于地理、历史等因素的影响，西方学者对海洋文化的研究起步较早，并习惯将海洋文化置于整体文化观框架下进行探讨。从东西方文化价值观的视角来讲，黑格尔（2006）在《历史哲学》中提出“海洋文化是西方文明的标志，西方文明是一种蓝色的海洋文化，东方文明是一种黄色的内陆文化”的观点，对后来的研究影响深远，如 Codell 和 Macleod（1988）基于东方主义的视角，分析了殖民文化对英国本土文化的作用。从海洋竞争观的视角来讲，西方学者更强调海洋贸易、海洋掠夺、海权控制和海洋科技的重要性（李百齐，2008）。2500 多年前，古希腊海洋学家狄未斯托克就曾预言“谁控制了海洋，谁就控制了世界”；之后美国人阿尔弗雷德·塞耶·马汉在《海权对历史的影响（1660—1783 年）》中提出了“海权论”，其核心思想同样是国家的兴衰在于能否控制海洋。进入 21 世纪以来，美国政府相继发布“21 世纪海洋蓝图”“美国海洋行动计划”等国家海洋战略，成立如斯克里普斯海洋研究所在内的众多海洋研究机构，在东卡罗来纳州立大学、夏威夷大学等众多高校开设与海洋文化相关的课程等，在海洋经济、海洋管理、海洋科技及海洋人才培养等方面取得了丰硕成果，为其成为海洋强国奠定了坚实的基础（苗锡哲和叶美仙，2010）。

在亚洲，海洋文化研究多以海洋史、海洋民俗等专题内容为主。日本东西学术研究所所长中谷伸生基于中日海洋文化交流的视角，深入开展了东亚海洋文化研究。关西大学亚洲文化研究中心主任 Akira Matsuura 以中日韩等国的史料为出发点，结合海盗和移民的历史性活动对近代东亚海洋文化交流进行了系统研究。韩国首尔大学教授朱京哲从全球史观的角度分析了海洋文化对近代文明产生的影响，《大航海时代》和《深蓝帝国》是其研究成果。2009 年，韩国《中央日报》连载“张保皋系列”，深入探究古代中日韩的海洋文化交流。2017 年 7 月，“第八届韩国海洋文化学者大会”在全罗北道群山大学召开，共同探讨海洋文化（河世凤，2015）。东南亚学者多以妈祖信仰、海神信仰等具体海洋文化习俗为研究对象，探讨其形成背景、发展脉络及影响力等。

综合来看，西方学者关于海洋文化的研究以西方中心论为立足点，目标是构建西方海洋文化价值标准及其话语权体系，为其海洋贸易、海洋掠夺和海权控制等提供理论支撑，但对中国海洋文化的研究较少且评价失之偏颇。亚洲学者则从海洋史、海洋民俗等具体领域研究海洋文化，对海洋文化的理论性总结较少。

2. 国内海洋文化研究综述

国内对海洋文化的研究起步较晚，但涉及面广，有效弥补了国外学者研究的不足，研究成果极大地丰富了海洋文化理论体系，为后来的研究者提供了宝贵的资料。凌纯声（1954）提出，“中国文化是多元的，文化的形成是累积的，最下或最古的基层文化，可说是发生和成长于亚洲地中海沿岸的海洋文化”，但该观点在很长时间内并未受到学界的重视，国内海洋文化研究始终处于停滞状态。40 多年后，开始有学者将目光投向海洋文化，但成果较少。1997 年，曲金良教授牵头于中国海洋大学成立了我国第一个海洋文化研究所，后来相继出版了《海洋文化概论》和《中国海洋文化研究》等系统介绍海洋文化的本质、内涵和特征的文献，标志着国内海洋文化研究的正式开端。此后，广东海洋大学、上海海洋大学、大连海洋大学、浙江海洋大学等高校纷纷成立海洋文化研究机构，开设海洋文化相关课程，学界也从各个角度对海洋文化进行解读。

关于海洋文化内涵和特征的研究。就其内涵而言，徐杰舜（1994）认为，海洋文化是人类社会历史实践活动中受海洋影响所生产的精神财富的总和，包括思想道德、民族精神、教育科技和文化艺术等方面；林彦举（1997）认为，海洋文化有三层含义：一是海洋，二是文化，三是海洋与文化的结合。后继学者在总结前人成果的基础上，从更广意义上界定了海洋文化；曲金良（1999）认为，海洋文化就是有关海洋的文化，就是人类对海洋本身的认识、利用和因有海洋而创造出的精神的、行为的、社会的、物质的文明化生活内涵，具有进取性、开放性、包容性、创造性和慈善性的特征；杨国桢（2008）认为，海洋文化就是在海洋发展历史过程中所体现的人类群体和个体的海洋性实践活动的方式，是与陆地文化相对应的文化类型；张开城（2008）认为，海洋文化是人类与海洋互动关系的产物和结果，是人类征服、依赖海洋生活的一种文化形式，囊括人类文化中具有涉海性的部分；霍桂桓（2011）从哲学反思的视角出发，认为海洋文化就是作为社会个体而存在的现实主体，在其具体进行的与海洋有关的认识活动和社会实践活动的基础上，在其基本物质性生存需要得到相对满足的情况下，为了追求和享受更加高级、更加完满的精神性自由，以其作为饱含情感的感性符号而存在的“文”来化“物”的过程和结果，包括物质文化、精神文化、制度文化和社会文化。就其本质而言，陈涛（2013）基于文化社会学的视角，认为海洋文化的本质特征为超自然性或社会性，其主要特征为社会性、涉海性、习得性、地域性、整合性和共享性；邓颖颖和詹兴文（2015）认为，中华传统海洋文化本质上是一种农业文化，其内涵随着海洋实践的深入而丰富；李国强（2016）认为，中国海洋文化既是历史现象，又是社会现象，其形成和发展离不开中国海域、人的活动和中国陆地文化。就其特征而言，张纾舒（2016）通过梳理国内海洋文化研究成果，将其特征概括为涉海性、互动性、商业性、开放性、民主性、本然性和壮美性；高雪梅等（2017）认为，中国海洋文化作为一种意识，具备海洋意识领域的包容性、海洋精神领域的进取性及海洋行为领域的共享性；欧阳焱（2017）认为，中国海洋文化的发展力在于其具备包容性、和谐性、开拓性及创新性；洪刚（2018）提出，中国海洋文化的研究应从历史自觉、价值自觉和主体自觉三个维度展开，在文化自觉的视角下探讨中国海洋文化的发展。

关于海洋文化与海洋强国建设的研究。励安平和张华行（2005）、王静（2020）从教育的视角论述了海洋文化在海洋教育中的作用，认为海洋教育是海洋强国战略实施的重要助推力；白燕（2014）认为，没有海洋文化就没有海洋强国，理清海洋文化理论问题对于海洋强国建设意义重大；杨威（2019）基于文化传播的视角，论述了海洋文化国际传播对于海洋强国建设的重要性，并探讨了海洋文化国际传播的基本路径；杨森（2019）基于出版的视角提出了繁荣海洋出版是建设海洋强国的文化基础的观点，并探讨了海洋出版创新路径；吴思（2019）基于符号学的视角，从海洋文化的图腾符号、人物符号和人文符号三个方面论述了海洋文化对于国家形象构建的作用；朱安琪（2019）基于法律的视角，从海洋非生物资源、海洋渔业资源、海洋安全、海洋航运和海洋环境五个方面论述了海洋文化对于海洋立法的影响；于凤静和王文权（2019）在“一带一路”倡议视角下提出，丝路文化中包含中国海洋文化，借助“一带一路”可以弘扬中国海洋文化，助推海洋强国建设。

关于中西方海洋文化对比的研究。徐晓望（1999）通过分析黑格尔的海洋文化理论体系，指出其偏执性，认为海洋文化既属于西方，又属于东方，它是人类区域文化研究的一个基本范畴；刘家沂和肖献献（2012）对中西方海洋文化的起源、发展、特点进行了对比分析，指出我国要树立正确的海洋文化观；张开城（2016）对中西方海洋文化进行了对比，认为西方海洋文化是侵略扩张、掠夺奴役型的海洋文化，中国海洋文化属于和平友好、互助合作型的海洋文化；张开城

（2020）基于历史的视角对中西方海洋文化进行了对比，认为海洋文化同农耕文化一样，既有积极的一面，又有消极的一面，中国不缺少海洋文明和海洋文化。

关于海洋文化与内陆文化关系的研究。林彦举（1997）认为，海洋文化与内陆文化是相对的，海洋文化是商业文化，内陆文化是农业文化；孟克满都胡（2015）将海洋文化与草原文化进行对比分析，指出了其形成和发展的差异性，但认为包容进取、崇尚自然、践行自由等优秀品质是其共性；郭展义（2018）认为，海洋文化是依托于内陆文化之上的成果，且海洋文化终将以回归内陆文化的方式获得新的发展；胡晓艺（2019）认为，属于农业文明孕育下的中国河流文化在面对新时代的冲击时，其重新焕发生机与活力的关键在于融汇海洋文化精神，实现与海洋文化的融合共生。

关于海洋文化与经济发展的研究。王颖（2010）采用SWOT分析法对山东省海洋文化产业进行了分析，并从宏观、中观和微观三个层次提出了海洋文化产业发展策略。苏勇军（2011）、郭旭（2018）基于产业融合的视角，分析了海洋文化与影视产业、旅游产业的融合发展，并提出了促进两者融合的策略；刘堃（2011）以文化和经济的关系为切入点，认为海洋经济是海洋文化的物质基础，海洋文化是海洋经济发展的精神动力，两者是辩证统一的；谭业庭和谭虹霖（2018）认为，海洋文化软实力的建设对于提高区域国际竞争力意义重大，提出应从海洋文化建设机制、建设格局、产业发展及人才培养四个方面促进区域海洋文化发展；张尔升等（2018）认为，中国崛起是海洋文化扩展的结果，即海洋文化扩展改变了中国社会的话语生态，催生了新的公共政策话语，进而催生了新的制度，促进了经济增长；赵子乐和林建浩（2019）采用定量分析的方式探讨了海洋文化对于企业创新投入的影响，得出了海洋文化有利于企业创新的结论。

关于民族性、区域性海洋文化的研究。陈思（2012）基于历史视角对福建、台湾海洋文化进行了对比，认为台湾海洋文化和福建海洋文化同根同源，台湾海洋文化是福建海洋文化的延伸和发展；兰波（2016）、何芳东（2018）通过对京族海洋文化及海洋文化资源进行梳理，指出其特色和优势所在，并为京族海洋文化的发展提供了对策；林燕飞（2019）在整合海洋文化相关理论的基础上，构建了南海海洋文化体系，提出了南海海洋文化体系建设的路径。

关于海洋文化与文学艺术的研究。刘立鑫和冷卫国（2012）、程洁（2016）、许桂灵和司徒尚纪（2017）、王子今（2019）以文学作品为切入点，分析了文学作品中的海洋文化特征、海洋文化价值观、海洋意识、海洋文化内涵及海洋文化精神；段芳（2016）从文化信仰的角度分析了近代中国的海洋文化崇拜，总结出海洋文化崇拜具有多样化、简约化、科技化和实用化的特征；李红和吴小玲（2017）通过对广西壮族自治区沿海古建筑的发展脉络进行梳理，总结出广西壮族自治区沿海古建筑的海洋文化具有融合性、务实性、变通性、情感性、崇商性和开放性的特征；杨茗然（2019）、李君琰（2019）从艺术的角度论述了海洋文化在粤西民歌和舞蹈传承与发展中的作用，并为海洋文化与具体艺术的融合发展提出了对策。

此外，庄国土（2012）、赵宗金（2013）探讨了海洋文化与海洋意识的关系，认为海洋文化的发展必须以构建现代海洋意识为前提；高雪梅等（2017）、于大涛等（2019）探讨了海洋文化与海洋生态文明的关系，认为海洋生态文明是海洋文化的重要表征，海洋文化是海洋生态文明的灵魂和海洋生态文明建设的重要组成部分。

由此可以发现，国内学者对海洋文化的研究涉及政治、经济、文化、社会、生态等多个领域，他们围绕海洋文化的本质、内涵、特征、作用等多方面，从文化学、传播学、经济学、政治学、出版学、历史学、建筑学等多学科的视角进行了分析，产出了丰硕的研究成果，形成了较为完整的海洋文化研究体系。然而，绝大多数研究成果皆为定性分析，有关定量和实证分析的研究较少，未能将理论研究成果很好地应用于实践。

（二）资源价值研究综述

1. 资源价值分类研究综述

本书通过对已有文献进行整理，发现资源价值分类的研究成果主要集中在生物资源、环境资源和文化遗产资源领域。国外学者 McNeely 等（1990）根据产品是否具有实物性将生物资源价值分为直接价值和间接价值；联合国环境规划署（UNEP，1993）基于人类中心的价值观将生物多样性价值分为具显著实物形式的直接价值，无显著实物形式的直接价值、间接价值、选择价值和消极价值；Pearce 和 Moran（1994）将环境资源价值分为使用价值和非使用价值两部分，前者包括直接使用价值、间接使用价值和选择价值，后者包括遗产价值和存在价值；经济合作与发展组织（1996）基本沿用了皮尔斯的分类系统，但将选择价值置于使用价值和非使用价值之间。

国内学者在继承国外研究成果的基础上加以改进。例如，薛达元（1999）将生物多样性经济价值分为直接实物价值、直接非实物服务价值、生态功能间接价值和非使用类价值（包括存在价值、选择价值和遗产价值）；李丰生（2005）、李向明（2006）、王尔大等（2012）将旅游资源价值，苏琨（2014）、杨玉（2017）将文化遗产资源价值均分为使用价值和非使用价值两部分，并将选择价值归入非使用价值中。

2. 资源价值评估研究综述

（1）关于资源价值评估主体的研究。薛达元（1999）在野外考察的基础上，评估得到 1996 年长白山保护区生物多样性旅游价值为 43205 万元；杜丽娟等（2004）核算了黄土高原水土流失区森林资源环境价值和实物价值的现值，呼吁人类重视森林环境；詹丽等（2005）对湖北省博物馆进行了评估，得到其 2004 年的国内旅游价值为 10363 万元；张红霞等（2006）从研究进程、研究方法、研究区域和研究内容四个方面论述了国外有关旅游资源游憩价值评估的研究进展情况；苏广实（2007）将自然资源价值分为经济价值、生态价值和社会价值，并将评估方法归为成本核算法、市场价格法、替代市场法和假设市场法四类；李秀梅等（2011）构建了旅游资源总经济价值分类框架，并以兴隆山自然保护区为例，得到其 2004 年旅游资源总经济价值为 404538 万元；彭和求（2011）以张家界世界地质公园为例，构建了地质遗迹旅游资源评估体系；刘琪和周家娟（2012）、张高勋等（2013）基于实物期权的思想，分别提出了人力资源价值评估模型、矿产资源价值评估模型；马春艳和陈文汇（2015）设计了野生动物资源商业价值的动态评估方法体系，给出了其评估公式；查爱苹和邱洁威（2016）运用条件价值法评估得到杭州西湖风景名胜区 2012 年的游憩价值为 7. 14 亿美元；徐凌玉等（2018）构建了明长城防御体系价值评估模型，以期为明长城军事防御体系的整体性保护提供支撑。

综合来看，可以发现资源价值的评估成果丰硕，且主要以定量分析为主。评估主体涉及自然资源（包括森林资源、矿产资源、生物资源等）、人文资源（包括文化资源、人力资源等）和旅游资源（包括自然旅游资源和文化旅游资源），但尚未有学者涉及海洋文化旅游资源价值的定量评估。

（2）关于资源价值评估方法的研究。通过梳理已有研究成果，可以发现资源价值评估方法分为三大类：直接市场法（包括市场价格法、成本费用法和费用支出法）、替代市场法（包括旅行费用法、收益还原法和影子工程法等）和虚拟市场法（包括条件价值法、选择实验法和条件行为法等）（闻德美等，2014）。

直接市场法即直接运用市场价格评估资源价值，因其简单易行，故有关理论研究较少。

替代市场法指借助相关花费、消费者意愿等替代市场信息间接评估资源价值，旅行费用法是其常见的评估方法。旅行费用法由 Hotelling 于 1947 年首次提出（Chen et al.，2004），Trice 和 Wood（1958）、Clawson（1959）对模型进行了具体化的理论推演和实证研究，之后国内外学者对其进行了多次改进。Brown 和 Nawas（1973）鉴于区域旅行成本模型易产生共线性，提出了个人旅行成本法；Willis 和 Garrod（1991）通过对个人旅行成本法进行实证分析，发现其评估结果与真实的消费者剩余之间的误差较小，个人旅行费用法逐渐成为旅行费用法的主流；但李巍和李文军（2003）认为，区域旅行费用法和个人旅行费用法不适用于

九寨沟这类旅游资源，故对其进行改进，采用旅行费用区间法评估其游憩价值；许丽忠等（2007）针对游客的多目的地旅游行为，提出了采用熵权分成法考虑各价值构成权重的观点，在很大程度上避免了主观因素的影响；彭文静等（2014）认为，个人的旅行行为是一个复杂的经济系统，旅行费用法作为主观的评估方法在评估消费者剩余时会产生偏差，故以 Ward（1984）的理论为基础构建了联立方程下的资源价值评估模型。

虚拟市场法适用于既没有市场价格又没有替代物的资源，是对上述两种方法的补充，条件价值法是其常见的评估方法。条件价值法由 Ciriacy-Wantrup（1947）首次提出，是非使用价值评估的重要工具；Davis（1963）首次将条件价值法用于实证分析，评估了美国缅因州海岸森林地带狩猎鹅的户外休闲价值；Randall 等（1974）对条件价值法的优点和特性进行了阐述，并将其用于环境质量改善研究；Hanemann（1984）建立了条件价值法与希克斯消费者剩余、支付预期等概念的有效联系；美国国家海洋和大气管理局将条件价值法作为评估自然资源非使用价值的有效方法（Arrow et al.，1993）。然而，因条件价值法在实施时易受被调查者、政策、环境等因素的影响，故学者将其研究重点转向了降低偏差、有效性检验、支付意愿偏好等方面。张志强等（2003）归纳了各种偏差及其降低方法；张翼飞和赵敏（2007）梳理了对各种偏差的解释；蔡志坚等（2011）总结了提高条件价值法有效性、可靠性的方法；肖建红等（2019a）以 6426 份调查问卷的数据为例，对支付意愿偏好进行了研究。

总体来看，有关资源价值评估方法的研究很多，这里仅做了重点论述。此外还有收益还原法、影子工程法、选择实验法等资源价值评估方法，资源价值评估已形成较为成熟的方法体系。

（三）海洋文化开发研究综述

海洋文化的主要开发方向是旅游，故国外学者通常将海洋文化视为旅游资源的一种。国外对海洋文化旅游资源的研究起步较早，多以实证方式对某区域特色海洋文化旅游资源产业化开发加以研究。McConnell 和 Sutinen（1979）对海洋休闲渔业资源价值进行了定量评估，并进行了消费者支付意愿研究；Ryan（2002）通过对以毛利人文化为基础的海洋旅游产品在国内外受欢迎程度的不同境遇进行分析，发现空间距离和熟悉程度是影响游客消费的重要因素；Ayres（2002）认为，独特的海洋文化资源是海岛旅游业的竞争优势来源，为增强海洋文化产品的多样化，应继续调整海洋文化产业发展战略；Pita 等（2018）以西班牙加利西亚地区的海洋休闲渔业为研究对象，收集并分析其关键的经济、社会和生态信息，从而为该地区未来活动管理和监测提供建议；Southwick 等（2018）采用数据收集和分析的方法论证了海洋休闲渔业对于新西兰经济发展和社会福祉的重要性，结果表明每年用于海洋休闲渔业的资金流入国民经济系统中，可以提供8000个工作岗位、刺激17亿澳元的GDP增长；Shkurti（2019）认为，Karaburun-Sazan海洋公园具有丰富的旅游开发潜力，并对其所拥有的自然资源进行了分析；Madariaga和Hoyo（2019）分析了文化渔业遗产如何成为社区经济发展的重要旅游资源，论证了旅游业如何促进渔业部门附加值的增长，提出了要将文化渔业遗产和旅游业相结合的发展策略。由此可以发现，国外研究主要以海洋文化旅游资源、休闲渔业资源等市场化开发为重点，未涉及海洋文化旅游资源价值评估。

国内学者对海洋文化资源（通常也将其视为一种旅游资源）的研究仅有十余年，关注点主要在海洋文化资源界定、分类和产业开发对策上，对资源的价值关注较少且仅为定性描述。吴建华和肖璇（2007）认为，海洋文化资源是人类海洋生活的遗迹和结晶，具有教育性、经济性、整体性、区域性和稀缺性的特点，将其价值分为现实使用价值、选择价值和存在价值三个部分；张开城（2009）将海洋文化资源分为海洋物质文化资源和海洋非物质文化资源，包括海洋渔业文化资源、海洋节庆文化资源、海洋历史文化资源、海洋旅游文化资源、海洋商业文化资源、海洋军事文化资源、海洋民俗文化资源、海洋饮食文化资源、海洋宗教信仰文化资源和海洋文学艺术资源；江志全（2009）认为，威海海洋文化资源包括滨海旅游资源、海洋历史文化资源、海洋民俗文化资源、海洋生态文化资源和海洋渔业文化资源，并从找准特色、分析市场、加大宣传、加强协作、培养人才、坚持可持续发展理念六个方面提出了资源开发对策；王颖（2010）将海洋文化产业资源分为海洋自然风光资源、海洋历史人文资源、海洋文学艺术资源、海洋风俗资源、海洋饮食文化资源、海洋生物和生态资源、海洋文化节庆资源、海洋科技资源和海洋产业资源，提出了提高创新能力、打造海洋文化品牌、整合海洋文化资源、打破人才瓶颈、加强政府作用等产业开发对策；郑贵斌等（2011）认为，海洋文化资源包括海洋旅游文化资源、海洋历史文化资源、海洋民俗文化资源、海洋节庆文化资源和海洋科技知识文化资源，提出从维权、聚智、集群和塑形四个方面实现资源的产业化开发；唐梦雪和谭春兰（2013）通过对海洋文化资源开发现状进行分析，提出海洋文化品牌打造、海洋文化氛围营造、产学研协同创新等开发策略；吴小玲（2013a）提出，要从发展目标、发展战略、产业结构、具体层面四个角度实现广西壮族自治区海洋文化资源的产业化开发；李立鑫和瞿群臻（2014）提出，海洋文化资源开发应平衡化、生态化，走“科技+文化”的发展道路，以文化产品的多元化和品牌化为目标，建立具有广泛共识的海洋文化主流价值观，在产学研的协同创新中实现海洋文化资源的开发；林红梅（2014）认为，海洋文化资源是以海洋文化为主要吸引物，为旅游者提供观光、

度假、科普、教育等需求的海洋旅游产品，具有艺术观赏价值、历史文化价值和科学考察价值；郑星宇和韩兴勇（2015）提出，要从完善海洋管理体制、提升资源开发水平、加强资源品牌化和产业化、倡导海洋思维四个方面促进海洋文化资源开发；高乐华和曲金良（2015）将海洋文化资源定义为人类在与海洋互动过程中生成的可以创造物质财富和精神财富的具有一定量的积累的客观存在形态，并将其分为海洋景观资源、海洋遗迹资源、海洋民俗资源、海洋文艺资源、海洋娱教资源和海洋科技资源六类；桂晶晶和卢山（2017）对钦州海洋非物质文化遗产的特点及种类进行了介绍，并提出其保护意义；高乐华和刘洋（2017）采用BP神经网络对山东半岛49项海洋文化资源产业化开发条件进行了实证评估；肖绯霞（2019）认为，特色小镇是海洋文化资源开发利用的重要载体，存在“海洋文化产业+”“+海洋文化旅游”“主导产业传承海洋文化精神”三种开发模式。

（四）文化与旅游融合研究综述

海洋文化与旅游融合属于文旅融合发展的一个分支，文旅融合发展的诸多研究结论同样适用于海洋文化与旅游融合。针对文旅融合研究，国外学者主要关注少数民族地区，且多从文化遗产、文化创意等角度进行阐述；国内学者对文化与旅游融合的研究更深一步，针对其融合动因、路径、模式和效应等都进行了表述。关于海洋文化与旅游融合研究，国外学者重点探讨的是人与海洋人文环境的关系，文化与旅游利益相关者之间的相互影响等；国内学者则针对不同区域研究了海洋文化对海洋旅游业的促进作用、发展海洋文化旅游的渠道等。

1. 文化与旅游的关系

国外学者最早开始关注文化与旅游的关系，着重探讨了文化与旅游两者间的相互影响。例如，文化遗产对城市旅游的促进作用（Romeril and Fuller，1985）、文化对旅游自然环境和旅游消费环境的塑造作用（Greg，2000）、特色美食文化可以带动当地旅游增收（Syahrivar，2019）、发展旅游引起的文化变迁（Leong，1989）、旅游开发带来的社区居民文化保护意识提升（Besculides et al.，2002）、文化旅游对游客满意度和忠诚度的影响（Santa-Cruz and López-Guzmán，2017）等。此外，国外学者进一步指出，文化旅游是一种复杂的旅游活动（Korunovski and Marinoski，2012），在现代旅游业中发挥着重要作用（Csapo，2012），其重心渐渐从有形遗产转向无形遗产，更多地关注土著和少数民族群体（Richards，2011），而在遗产类的文化旅游中，旅游资源的原真性成为衡量产品质量和游客满意度的决定性因素（Chhabra et al.，2003），旅游文化作为一种受目的地、外来游客和当地居民影响的新文化表现形式，与旅游业的可持续发展密切相关（Canavan，2016）。另有少数学者强调了创意产业、旅游业和经济复兴之间存在着协同作用（Rogerson，2006）。

国内学者着重探讨了如何利用旅游扩大对社会文化产生的积极影响，并克服其消极影响（徐崇云和顾铮，1984），同时强调社会文化是重要的旅游资源（陆立德和郑本法，1985），文化与旅游存在着相互依存、共生互融、互动共进的紧密关系（张海燕和王忠云，2010）。学者们进一步分析指出，旅游对文化有着引导和扩散作用，文化对旅游有着渗透和提升作用（尹华光等，2016），具体表现为旅游为文化提供发挥创意的平台和空间（赵华和于静，2015），文化为旅游提供发展的动力和资源（黄永林，2019）。同时，国内学者提出旅游文化、文化旅游等概念，如俞慈韵（1986）对文化和旅游追根溯源，通过阐述旅游文化包含的内容界定了旅游文化；郁龙余（1989）指明文化发展与旅游发展互为因果，与人类旅游活动紧密相关的精神文明与物质文明便是旅游文化；吴正光（1989）指出文化旅游是以参观考察文物古迹、风景名胜、风土人情为主要内容的一种文化活动；吴芙蓉和丁敏（2003）则进一步点明文化旅游是一种集文化、经济于一体的特殊旅游形态。

国外学者侧重于从微观层面探讨文化遗产和区域特色文化对旅游发展的促进作用，也会反过来研究旅游开发引起的文化变迁和居民生活方式的改变；国内学者进一步指出旅游对文化的促进作用主要表现为提供平台和空间，文化对旅游的促进作用主要表现为提供动力和资源。同时，国内外学者都对文化旅游、旅游文化等概念进行了探讨。

2. 文化与旅游融合的动因

国外学者指出，由于商业化进步或技术创新影响了企业产品开发、市场竞争和创造价值过程的性质（Lei，2000），企业选择将不同的技术集成在一起，从而模糊了行业界限（Cho et al.，2015），其中，互惠是这种技术融合现象的本质，其主要源于技术演进，而非技术革命（Kodama，2014）。此外，产业融合动因还包括政府对产业管制的放松（植草益，2001）、与产业产出侧相关的市场驱动因素（Bröring and Leker，2007）、有利的政府政策、新的创业资本以及新的消费者群体（Mitchell and Shannon，2018）等。

国内学者指出，“文化旅游”的发展为文旅融合提供了空间和平台（付瑞红，2012），技术进步、人力资本积累、制度变革和法制建设加强为两者融合提供了融合环境（陈红玲和陈文捷，2013），关联性强、市场契合度高的文化与旅游逐渐走向融合，其在技术、企业、市场等层面存在着八大动力因素（辛欣，2013），其中企业和旅游者是内部主体，政府、中介机构和市场是外部主体，它们在驱动因子中发挥着核心和纽带作用（张海燕和王忠云，2013）。另外，根据动力因素发挥具体作用的不同，可分为由市场需求变化形成的拉力，产品供给变

化形成的推力，由科技、政策等因素形成的支持力（杨园争，2013）。在此基础上，赵蕾和余汝艺（2015）补充了以体制为代表的融合阻力，构建了文旅融合发展的动力模型，并指出内在的拉力和推力是文旅融合的核心动力，外在的支持力和阻力则对文旅融合起到辅助和干扰作用；尹华光等（2016）进一步构建了文旅融合的动力机制模型，把文旅融合的动力特征总结为政府引领、民众参与、技术辅助和跨区域协作。

综合来看，国内外学者的研究成果大体一致，国外学者主要围绕技术演进，以技术为核心向外发散，延伸出企业寻求互惠、政府优惠政策、新的创业资本以及消费者群体等影响因素。国内学者则对这些因素进行扩展和归纳，总结出文旅融合的拉力、推力、支持力和阻力四大动力因素。

3. 文化与旅游融合的路径

国外学者认为在产业融合的过程中，融合的外在表现主要是产业边界、市场结构和企业战略的变化，融合的内在机理主要是技术或产品市场进行关联（Stieglitz，2003），其中由投入侧技术驱动的融合可归纳为技术融合，由产出侧市场驱动的融合可归纳为市场融合（Bröring and Leker，2007），此外还包括技术融合前的理论知识融合，产业融合完成前的技术应用融合（Hacklin et al.，2010），以及涉及社会业务创建、试图产生重大社会影响的社会融合（Geum et al.，2016）。总之，产业融合的本质在于以令人兴奋的新方式连接技术（Kodama，2014），其存在典型的演化模式，是与产业集群同时发生的现象（Heo and Lee，2019）。

国内学者首先对文旅在技术、产品、企业、市场等层面的融合路径进行了探讨，指出技术层面的融合是基础、产品层面的融合是标志、企业层面的融合是载体、市场层面的融合是动力（张海燕和王忠云，2010）；然后补充了资源融合、功能融合、业务融合、空间融合等融合路径，进一步分析了它们在文旅融合的初期进行研发设计、中期进行经营管理、后期进行市场管理的实际表现（辛欣，2013）。此外，基于政府规制和市场供给需求的视角，有学者还研究了文旅产业在组织、政策、人才、载体、平台层面的融合路径（黄益军和吕振奎，2019）；从具体产业融合的角度来看，还有影视传媒业与旅游业、工艺美术业与旅游业、休闲娱乐业与旅游业、演艺行业与旅游业等融合路径（兰苑和陈艳珍，2014）。

国外学者从内在机理、外在表现、投入侧驱动、产出侧驱动、产业集群组织的空间形态等不同角度探讨了文旅融合的路径，在描述产业融合不同阶段表现的同时强调了技术融合的重要性。国内学者在借鉴国外学者研究的同时另辟蹊径，把融合路径进一步明确为文旅融合的基础、标志、载体、动力等作用，并对具体文旅融合的路径做了相应补充。

4. 文化与旅游融合的模式

国外学者从产品供给和需求的角度，将融合分为供给替代型、供给互补型、需求替代型和需求互补型（Pennings and Puranam，2001）；从技术创新的角度，将融合分为应用融合、横向融合及潜在融合（Hacklin et al.，2005）；从技术和产品在市场中的表现的角度，将融合分为技术替代型、技术互补型、替代品中的产品趋同型和互补品中的产品趋同型（Stieglitz，2002）；从产业是否仍属于同一趋同群体角度，分为静态产业融合和动态产业融合（Heo and Lee，2019）；根据产业融合的具体案例，将其分为相似产业领域内融合的技术增强器、不同特征产业中融合的政策驱动的环境增强器、由新业务需求驱动融合的技术驱动的新价值生成器、涉及社会业务创建的服务集成的社会业务生成器（Geum et al.，2016）。此外，学者基于合作领域的指标，构建了可以区分融合不同阶段和不同类型的分析框架（Sick et al.，2019）。

国内学者根据文旅产业核心价值特征、两者融合互动方式及融合程度的不同，将文旅融合模式分为资源渗透型融合、产业延伸型融合、产业重组型融合（杨娇，2008）以及产业一体化融合（辛欣，2013），并指出延伸型融合属于初级阶段，重组型融合属于中级阶段，产业一体化融合属于高级阶段（尹华光等，2015）。从文旅产业融合的具体模式来看，还包括文化旅游圈融合运作模式、项目开发融合运营模式、文化旅游节庆与会展推广模式、文化旅游产品创新吸引模式（张海燕和王忠云，2013）。此外，根据融合主导资源类型的区别，文旅融合模式可分为非物质文化遗产依托型、物质文化遗产依托型、文化项目带动型和生态休闲观光型（杨霞等，2014）；根据融合主体发挥的不同作用，文旅融合模式可分为旅游经营主体主导的整合融合和吸纳融合、文化经营主体主导的渗透融合以及双方积极推动的资本融合（赵蕾和余汝艺，2015）；根据融合发展的不同目的，文旅融合模式可分为基于城市休闲和城市人文旅游的环产业融合园区的公园游憩带模式，以及基于核心企业带动的产业融合园区集聚模式（李景初，2015）。

国内外学者对文旅融合模式的研究采取了不同视角，国外学者主要围绕技术和产品，从替代和互补的角度进行了探讨，解析了两产业是否属于同一市场群体、产业特征是否相似、产业融合的最终目的是什么。国内学者则从文旅资源相互渗透、相互拓展以及创新性应用的角度，论述了产业延伸型、重组型、一体化型融合模式，还根据文旅企业的不同主营业务、资源类别、融合主体等进一步划分了融合类型。

5. 文化与旅游融合的效应

国外学者认为，特色文化旅游塑造了差异化的旅游产品，提高了传统旅游产品的附加值（Liu，2006），通过吸引国内外游客促进了旅游经济的增长（On-

dimu，2002），提高了居民生活水平，产生了良好社会效益并提升了社会形象（Bachleitner and Zins，1999），实现了旅游业的社会教育价值（Moira，2018），进而产生了强大的政治影响力，为国家树立了良好的国际形象（Cho et al.，2015）。国内学者则认为，文化对旅游的渗透和提升以及旅游对文化的引导和扩散（尹华光等，2016），催生了新产品、新市场，促进了产业链的价值增值，推动了组织创新和管理创新，延长了产业生命周期（但红燕和徐武明，2015），通过创新功能、整合功能和结构优化功能增强了产业竞争力（张海燕和王忠云，2010），提升了当地的经济价值、美学价值和生态价值（王振如和钱静，2009）。总之，如能综合考虑区域文化，发挥遗产资源的文化价值（陈卫国，2001），突出文化的民间特色（陈润，2017）和历史文化内涵（张忠，2015），将有利于旅游经济结构的调整（李陇堂和魏红磊，2012），促进当地经济社会发展、优秀文化传承及生态环境保护（喇明英，2016）。

6. 文化与旅游融合的程度

国外学者和国内学者在评测文旅融合程度时所使用的测量方法基本一致。在研究文化与旅游融合程度过程中，个别学者使用了定量模型，但数据主要来自中观产业层面，所用方法包括耦合模型（鲍洪杰和王生鹏，2010）、投入产出表（林玉香，2014）、模糊综合评价法（严伟，2014）、贡献度测量（梁君等，2014）、因子分析（陶长琪和周璇，2015）、耦合协调度计算（黄林，2016）等，由于企业融合、业务融合等微观层面，常用的赫芬达尔指数法（Tarald，2018）和专利系数法（Federico，2016）均是利用专利数据来测量企业在技术层面的融合，在文旅融合领域使用较少，而且未能使用企业调研、问卷调查等其他方法获取数据，至今学者们还未能准确描述出文化与旅游在宏观和微观层面真实的融合程度。然而针对文化与旅游融合的效应衡量，仅有学者利用广义最小二乘法分析了文化与旅游融合动力的影响效应（周春波，2018）。

（五）海洋文化与旅游融合研究综述

1. 国外学者的研究

滨海旅游是海洋文化与旅游融合发展的重要媒介。国外学者对滨海旅游关注较早，1990 年举办首届滨海旅游大会讨论滨海旅游业发展，此后这一会议逐渐成为科学家、政府机构和从业人员交流滨海旅游发展的平台（Orams，1997）。国外学者较为重视滨海地区文化习俗对旅游产业产生的影响，如 Orams（1997）结合大洋洲滨海地区人们与野生海豚互动的历史，研究了以海豚为基础的滨海旅游业发展状况；有研究者在关注社会新兴文化思潮时发现，以潜水为代表的新兴消费文化催生了潜水旅游，丰富了滨海旅游形式，并指出潜水旅游尚有很大的发展和管理空间（Garrod and Gössling，2008）。

同时，国外学者较为关注海洋文化与旅游融合发展中利益相关者之间的利益冲突，如 Oracion 等（2005）研究了马比尼市沿海地区管理和执法政策对渔业和旅游业的双重影响效应，指出旅游部门所享有的固有经济优势使渔业部门的发展处于边缘地位；Schuhbauer 和 Koch（2013）发现加拉帕戈斯海洋保护区渔业资源锐减后，当地渔民利用海洋娱教资源大力发展休闲渔业，虽然旅行社组织的钓鱼活动很红火，但却未使当地渔民受益，未来需要加强监管和执法力度，通过建立长期管理计划使休闲渔业得以可持续发展；同样地，Madariaga 和 Hoyo（2019）也指出，为使沿海地区渔业得到可持续发展，应大力保护和开发渔业文化遗产资源，发展海洋文化旅游业。

近年来，国外学者逐渐将研究聚焦于人的行为特征，着重研究了游客旅游行为对海洋文化与旅游融合发展的影响。如 Zhang 等（2020）对国际游客进行问卷调查，运用描述性分析和交叉分析评估了游客对海岛旅游的满意度及其行为特征，并建议岛屿旅游在保护生态环境的基础上应大力发展多样化旅游；Chakraborty 等（2020）通过深入访谈和焦点小组讨论研究了沿海地区当地居民和外来游客在休闲旅游活动所扮演的不同角色及其对沿海地区生态系统的影响，建议在发展滨海旅游时应对当地土著及居民的生活方式进行非经济评估，结合当地人的休闲价值观，提高对当地文化的认识。

国外学者对海洋文化与旅游融合发展的研究主要关注游客的消费行为与习惯、当地的民风民俗、海洋生态系统的保护、利益相关者的冲突等，尤其是指出了海洋文化与旅游融合发展后，滨海旅游业发展对传统渔业的不利影响，当地渔民转型发展休闲渔业遇到的利益分配失衡等问题。

2. 国内学者的研究

国内学者首先对海洋文化与旅游的关系进行了辩证，强调海洋文化建设十分重要，保护开发海洋文化有助于带动当地旅游业发展（任迪康，1996）；海洋旅游离不开海洋文化（董志文和张广海，2004）；海洋文化可用于开发滨海旅游纪念品（许丰琳，2008）；海洋文化可以提高旅游产品的体验性（赵晟媛，2015）；海洋旅游和海洋文化密不可分，海洋文化是海洋旅游发展的动力，海洋旅游是海洋文化发展的物质基础（陈润，2017）；海洋文化与海洋旅游纪念品的关系可以从海洋文化图形、海洋文化符号、海洋文化思想三个层面进行分析（王先昌等，2018）。

在此基础上，国内学者继续研究了海洋文化与旅游融合发展产生的具体作用。如沿海经济带发展海洋文化旅游可以有效带动居民就业（张陶钧，2013）；海洋文化有助于提升旅游产品质量、扩大旅游市场规模、提高旅游目的地知名度

（王苗和王诺斯，2016）；海洋文化与旅游融合发展可以催生新业态、扩大市场规模（李智和马丽卿，2018）；舟山“船”文化元素在海洋旅游发展中大有可为（安紫婷等，2018）。同时，相关学者探讨了海洋文化旅游资源的开发路径，强调在发展海洋旅游中需要突出海洋文化特征、强化海洋文化城市的发展建设、注重海洋文化意识与海洋文化人才的培养（杨国涛，2017）。

此外，国内学者界定了中国海洋文化的区域特征，对泛珠三角海洋文化特征、长江三角海洋文化特征、环渤海湾海洋文化特征做了相应总结，并提出了海洋旅游区域开发建议（刘丽和袁书琪，2008）。具体来说，舟山在发展海洋文化旅游的过程中，应该通过发掘海洋文化资源来提升舟山旅游产品的文化品位（骆高远和安桃艳，2004）；大连应深挖海洋文化资源，打造海洋文化旅游产品体系，实现滨海旅游业的可持续发展（赵一平和李悦铮，2005）；珠海发展海洋文化旅游需要提高市民的海洋文化意识，营造浓郁的海洋文化氛围（黎堂明，2007）；阳江发展滨海旅游业需要打造海洋文化与海洋旅游个性化结合的休闲旅游标识（许兆欢，2014）；福建省东山岛的海洋旅游文化创意产业可以在“活动着的”核心文化的基础上创造新的“历史文化”（王惠蓉，2013）；海南应该把海洋文化资源和海洋旅游资源相融合，以丰富海洋旅游产品内涵，提升其品位，实现多元化态势的可持续发展（巩慧琴和鲍富元，2014）；秦皇岛可以建设海洋文化产业基地，发展多季节、多层次、多色彩的滨海旅游业（徐春霞等，2014）；青岛应树立城乡海洋文化产业一体化发展意识，出台农村海洋文化产业发展专项规划，大力发展农村海洋旅游业，积极发挥其文化带动功能（张忠，2015）；海南潭门应突出海洋文化特色，建设有渔民精神的旅游风情小镇（李晓玲，2017）；烟台可以采取“搭建一个平台、优化整合 N 条适宜旅游线路、开发一款文创产品”的发展模式，促进海洋文化与旅游产业融合发展（陈艳丽，2019）。

通过梳理沿海地区海洋文化与旅游融合相关文献可知，国外学者侧重于研究海洋文化旅游中人与海洋生态环境的关系、人在海洋文化旅游中的行为特征、海洋文化旅游利益相关者的关系等。国内学者则重点研究了海洋文化与滨海旅游业之间的关系、海洋文化元素对滨海旅游产业的带动作用、利用海洋文化资源开发海洋文化旅游的策略与建议等。但总体而言，现有对海洋文化与旅游融合发展的研究大多停留在定性分析阶段，缺少定量测评，忽视了针对不同海洋文化资源与旅游融合发展的差异化方案制定，对海洋文化与旅游融合发展中各利益相关主体的角色定位也没有予以关注。

（六）文献述评

综上所述，国内外相关学者从不同角度对海洋文化进行了探讨，且国外已从单纯的理论探索向模型构建与实践论证转变，然而，对海洋文化旅游资源价值的全面评估及综合开发研究均尚未开始。一个可能的解释是海洋文化旅游资源价值及其展现受诸多因素影响，尤其是人文等社会价值难以精确计量，其开发利用过程也表现出一定的模糊性，限制了研究的推进。通过梳理国内外文旅融合研究文献发现，国外学者多从微观角度论述文旅融合的具体案例，同时兼具国际化的视野；国内学者对文旅融合的研究则较宏观，从整体上对文旅融合机制进行了抽象化、一般化，并鉴于国内文旅产业的发展现状，描述了文旅产业层面的融合现象及其对产业组织产生的影响，从而对文旅融合研究内容进行了有效补充，存在以下三个缺陷：

1. 研究进展严重滞后

在自然、人文、旅游等资源领域关于资源的综合价值、开发方案的研究早已成为关注重点，其成果为深化海洋文化旅游资源研究提供了良好的思想基础与实践借鉴，但在文化或旅游领域关于海洋文化旅游资源的全面探索迟迟未启动，特别是海洋文化旅游资源的多重价值还未引起人们的重视，该类资源在文化与旅游融合中的基础作用、连接作用均被忽视。目前，已有学者对文旅融合动因、路径、效应等进行了分析，但较少涉及基于海洋文化旅游资源的海洋文化与旅游融合发展的内在机理，缺少对海洋文化与旅游融合发展动因、演进过程、互动功能、基本模式的探讨。

2. 研究视角过于狭窄

国外关于海洋文化旅游多限于对休闲渔业、滨海旅游等开发的实证研究，资源关注面较小且开发方式单一，而国内关于海洋文化旅游开发的研究仅限于定性、基础的探讨，缺乏更深层次的基于资源优势特色和多重价值的新型开发模式、多元开发方案的全新探索，理论和实践体系还不健全。此外，学者们多从宏观视角对海洋文化与旅游融合现象进行定性分析，缺少宏观、中观、微观等多层次的全面解剖研究，研究多以定性分析和规范分析为主，尽管现有文献存在部分以区域性海洋文化与旅游融合现象为案例的分析，但仍然以理论化研究为主，缺少以资源开发为出发点和落脚点的海洋文化与旅游深度融合度及融合效应的系统性、精确性量化分析。

3. 研究结论不能满足实际需要

在已有的海洋文化旅游发展对策研究中，通常采用品牌打造、人才培养、政府扶持、产业集群等手段推动海洋文化与旅游的融合发展，过于泛泛而谈，立足于资源实际，从文化和旅游并行、事业和产业并重、经济与社会共赢、结构优化与创意附加、多元经营与全面利用等思路考虑其综合推进方案的研究成果尚未得见，融合发展涉及各方主体的协同机制也尚未建立，研究步伐未能跟上新时代海

洋文化和旅游融合发展的实际需要，产生了一定的资源浪费，文旅融合的效应也未能充分发挥。

因此，本书借鉴文旅融合的现有研究成果，补充并完善对海洋文化与旅游融合发展的内在机理，立足海洋文化旅游资源的根基及其多元价值，从宏观、中观、微观三个层面探讨海洋文化与旅游的融合过程，借鉴经济学、管理学、资源经济学等其他学科较为成熟的量化分析方法，实证研究海洋文化与旅游的多维融合度及其融合效应，针对海洋文化旅游资源开发现状，制定促进海洋文化与旅游融合发展的资源开发策略，定位各相关主体角色，构建各主体协同机制，给出融合度及效应提升的切实方案，以期弥补当前研究缺陷，并为海洋文化旅游资源的优化配置和海洋文化旅游的实际融合进程助力。

四、研究思路与方法

（一）学术构想与思路

基于应用经济学理论和国内外海洋文化旅游相关研究成果，在深入考察山东省海洋文化旅游资源类型构成、空间分布、特色优势的基础上，梳理山东省海洋文化旅游资源开发的进程、问题、障碍和挑战，明晰海洋文化旅游资源开发的新时代诉求，结合资源经济学、海洋文化学、文化产业学、旅游经济学等研究成果，构建海洋文化旅游资源价值体系，通过对以往资源价值评估方法的整合和改进，以旅行费用法、费用支出法、意愿调查法、条件价值法和层次分析法为主要模型，构建起海洋文化旅游资源价值评估路线。以山东省为例，对其 49 项典型海洋文化旅游资源价值进行定量评估，并对评估结果进行横向（各类海洋文化旅游资源）和纵向（各市海洋文化旅游资源）的对比分析，以资源为根基，对海洋文化与旅游融合的根源、动力、路径等内在机理进行论证，实证测评山东省海洋文化与旅游在宏观、中观和微观层面的融合度及其产生的融合效应，归纳总结海洋文化与旅游融合发展中存在的问题与障碍，从宏观、中观和微观三个视角为海洋文化旅游资源开发提供切实可行的策略，并探寻促进山东省海洋文化与旅游融合发展的协同机制与方案，以期充分发挥海洋文化旅游资源的应有价值，为山东省各沿海城市海洋文化与旅游的深度融合提供参考和借鉴。

（二）研究方法

1. 实地调查法

对山东省沿海7市的49项典型海洋文化旅游资源价值进行广泛的问卷调查，收集一手数据，对其概况、开发现状以及障碍因素等进行实地调研和访谈，为实证研究提供数据支撑；同时，对山东省7个沿海城市海洋文化与旅游融合发展的现状、动因、路径、模式、企业协作等基本信息进行调研，选择政府机构、企业、外地游客、当地居民等对海洋文化与旅游的宏观、中观、微观融合度和效应进行充分问卷调查，并针对融合存在的问题及障碍因素等进行深度访谈。

2. 数理建模法

综合旅行费用法、费用支出法、意愿调查法、条件价值法和层次分析法等资源评估方法，建立海洋文化旅游资源使用价值和非使用价值评估模型，展示其经济价值和社会价值，基于调查问卷数据、产业统计数据和公司财务数据，借鉴离散系数法、分布函数法、赫芬达尔指数法、回归方程等构建测量海洋文化与旅游融合发展的计量模型，实证分析山东省海洋文化与旅游融合度及融合效应，展示其多维融合水平和面临的障碍。

3. 归纳演绎法

解析山东省海洋文化旅游资源的构成与特色，梳理山东省海洋文化旅游资源开发的现实境遇，探讨新时代海洋强省建设对海洋文化旅游资源开发的诉求，就当前山东省海洋文化与旅游融合发展的演进过程、模式路径、存在问题、障碍因素以及资源开发设计、协同机制构建、融合度及融合效应提升方案制定等内容，综合运用归纳、演绎等方法进行推理、比较、论证和总结，制定差异化的综合方案，为山东省海洋文化旅游资源的开发利用以及文旅融合发展提供依据和启示。

第二章　山东省海洋文化旅游资源的构成与特色

一、海洋文化旅游资源的概念、特征与分类

（一）概念界定

1. 海洋文化概念界定

“海洋文化”一词最早由黑格尔在《历史哲学》中提出，曾一度影响了海洋文化研究者们的认知。随着对海洋文化研究的不断深入和海洋实践领域的不断突破，关于海洋文化的认知亦处在更迭中。其中，曲金良（1999）在《海洋文化概论》一书中的观点得到了学术界的广泛认同，即海洋文化是缘于海洋而生的文化，是人类对海洋本身的认识、利用和因有海洋而创造出的精神的、行为的、社会的、物质的文明化生活内涵，其本质是人与海洋的互动关系及其产物。此外，影响力较大的观点还有，海洋文化是与陆地文化相对应的文化类型，是在海洋历史发展过程中所体现的人类群体和个体的海洋性实践活动的方式（杨国桢，2008）；海洋文化是人类征服、依赖海洋生活的一种文化形式，是人类与海洋互动关系的产物和结果（张开城，2008）。参考以上观点，在结合文化定义和海洋特性的基础上，本书将海洋文化定义为：海洋文化是涉海人员在长期的生产生活实践中所产生的与海洋相关的全部精神活动及其产物，是涉海人员在与海洋互动过程中所创造的物质财富和精神财富的总和，包括海洋物质文化和海洋非物质文化两种。

2. 海洋文化资源概念界定

海洋文化资源，就字面意思而言，为包含海洋文化的资源。目前，尽管有许

多学者对海洋文化资源进行了概念界定，但并未在学术界形成认可度高的观点。其中，吴建华和肖璇（2007）认为，海洋文化资源是人类海洋生活的遗迹和结晶；林红梅（2014）认为，海洋文化资源是以海洋文化为主要吸引物，为旅游者提供观光、度假、科普、教育等需求的海洋旅游产品；高乐华和曲金良（2015）认为，海洋文化资源是人类在与海洋互动过程中生成的可以用来创造物质财富和精神财富的具有一定量的积累的客观存在形态。参考以上观点，在结合海洋文化定义和资源定义的基础上，本书将海洋文化资源定义为：海洋文化资源是涉海人员在与海洋互动过程中所产生的承载人类精神、信仰、习俗、意识形态等在内的客观存在形态，具备经济、文化、社会等多重价值。

3. 海洋文化旅游资源概念界定

作为一种独特的人文现象，旅游是指个体利用闲暇时间以寻求愉悦为目的而在异地获得的一种短时的休闲体验（谢彦君，2011），异地性是其本质属性（张凌云等，2013）。目前，随着旅游实践的发展，现代旅游所涉及的视角更为广泛，即只要包含游览、度假、观光等在内的各种活动皆可视作旅游，旅游的异地属性在逐渐模糊，现代旅游经济已成为囊括食、住、行、游、购、娱等多种综合性服务的综合经济（吕宛青和李聪媛，2018）。文化旅游作为旅游产品的重要分支，一直是旅游界研究的重点领域，但关于文化旅游及文化旅游资源的界定尚不明确。吴红超（2010）认为，文化资源包含了所有的文化旅游资源，只有那些能被旅游业所利用来开展旅游活动，吸引旅游者产生旅游动机，并能满足旅游者对文化需求的各种自然、人文客体或其他因素才能称之为文化旅游资源；孙春兰（2013）将文化旅游资源界定为具有某种文化内涵和吸引力的文化资源，被旅游企业开发为文化旅游产品，旅游者可借此了解、感受当地的文化特色，使精神文化需求得到满足，并促进旅游目的地经济、社会和文化发展；祥寒冰（2020）认为，文化旅游资源通常是在特殊的条件下产生，含有丰富、独特的文化信息，能够将文化旅游区域的地区风貌、宗教习俗、文化形态、建筑、服饰、娱乐等特点详细呈现出来；王克修（2020）提出，文化旅游资源是指能够刺激旅游者产生文化旅游动机并能为旅游业所利用的一切物质和精神文化；江俊章（2020）认为，文化旅游资源是能有效应对旅游季节性变化的资源，作为文化资源与旅游资源融合发展的产物，两者的融合有利于提升旅游产业抵御外界风险的能力。

可见，随着资源开发技术和水平的提升，目前绝大多数文化资源已具备旅游功能或拥有成为旅游产品的潜力，所以学者们一致认为文化资源与旅游资源的交错界限越来越模糊，交界区域越来越大，甚至在文旅融合的时代背景下，很多学者将文化资源等同于文化旅游资源。尚未有学者对海洋文化旅游资源进行界定，这里基于海洋文化资源的框定，参照文化旅游资源的定义，将海洋文化旅游界定为，以海洋文化特色为背景，以海洋文化资源为基础，满足旅游者某些精神需求，激起旅游动机，使旅游者在文化旅游过程中使用和消费并促成海洋文化感受的各类要素的综合。

（二）海洋文化旅游资源特征

作为与陆地文化资源相对的文化资源类型，海洋文化资源具有其特殊性，而作为文化旅游资源的一大分支，海洋文化旅游资源又具有文化旅游资源的一般特性。总的来说，海洋文化旅游资源具有五大特性。

1. 涉海性

就其定义可以发现，人类与海洋之间的互动是构成海洋文化旅游资源的必备要素（张纾舒，2016）。脱离了海洋、脱离了海洋元素，人类的意识与活动就失去了海洋这一客观存在，海洋文化就无法形成，海洋文化旅游资源也就无从产生；脱离了人类的意识与活动，海洋就只有自然属性，文化及文化类资源亦无从生成。因此，海洋文化旅游资源同草原文化旅游资源、河流文化旅游资源等陆地文化旅游资源最关键的区别在于其与海洋密切相关。

2. 地域性

作为文化、文化资源的公共属性，地域性在海洋文化旅游资源中亦表现鲜明，不同的地理位置、气候条件、历史风俗造就了具备各种海洋文化特色的海洋文化旅游资源。一方面，不同国家的海洋文化旅游资源之间存在差异，如西方多海洋军事遗迹资源、海洋科技资源，反映出西方对海权争霸、海洋竞争的欲望，而东方多海洋民俗资源、海洋文艺资源，反映出东方对和平安宁的追求（陈涛，2013）；另一方面，同一国家或地区的海洋文化旅游资源之间亦存在差异，以山东省为例，青岛海洋文化旅游资源以商贸文化为核心，威海海洋文化旅游资源以海军文化为核心，潍坊海洋文化旅游资源以海盐文化为核心，其鲜明的差异性正是其价值独特之处。

3. 系统性

海洋文化旅游资源类型多样，涉及面广。凡是能够体现海洋意识、海洋精神、海洋信仰等，能够给予人享受、启迪等的客观存在都属于海洋文化旅游资源。各种海洋文化旅游资源以不同的形态单独或交叉存在，彼此之间相互联系、相互影响和相互制约，共同组成了一个有机整体（吴建华和肖璇，2007）。

4. 经济性

海洋文化旅游资源能够满足人类观光、体验、教育、娱乐等多重需求，具有不可小觑的商业价值；又因具备涉海性，其对于庞大的内陆人群吸引力十足，故资源的资本化潜力巨大。然而，海洋文化旅游资源在资本化过程中应注意资源自身的价值特性，在不破坏其价值的前提下实现其经济价值。

5. 社会性

沿海地带通常是一个国家或地区经济文化交流最活跃的区域，来自不同地区的不同文明在此碰撞、融合，使得海洋文化旅游资源容纳了众多文化因子，更具包容性、开放性和适应性（欧阳焱，2017）。如青岛海洋文化受本土文化、外来文化、宗教文化和德日文化的综合影响，其海洋文化旅游资源亦呈现出鲜明的社会性和开放性。

（三）海洋文化旅游资源分类

从资源学角度讲，海洋文化旅游资源被视为文化资源和旅游资源的亚种，对其进行分类，审视大量海洋文化旅游资源特性的共性与差异性，可加深对此类资源的认知，使众多繁杂的海洋文化旅游资源条理化、系统化，为进一步开发利用、科学研究提供支撑。

具体来说，海洋文化旅游资源的科学分类应从整合性、独立性及实效性着手。所谓整合性，就是从特定角度将海洋文化旅游资源的基本架构分解为几大部类，而几大部类整合在一起仍能保持资源基本构架的完整性；所谓独立性，就是划分的几大部类之间应是对立的，不会出现相互包容或重叠的情况；所谓实效性，就是对海洋文化旅游资源的分类是建立在一定价值判断的基础上，从选定角度能够更加清楚地认知该资源的内容与特性，从而更准确地对之予以开发、利用与保护。

学术界已开始尝试对海洋文化资源进行分类，但大多是基于海洋文化资源的形式、成因、内容、特征等原本的“自然”条件进行类型划分，可归纳为四种：第一，按照资源的形态，可将海洋文化资源分为有形的和无形的海洋文化资源两种（贾鸿雁，2006）；第二，按照资源的成因，可将海洋文化资源分为海洋自然生态景观和海洋人文历史资源两大类（吴小玲，2013b）；第三，根据文化展示的内容，可将海洋文化分为海洋农业文化、海洋商贸文化、海洋宗教文化、海洋军事文化、海洋民俗文化、海洋旅游文化六类（席宇斌，2013）。第四，按照资源的特点，可将海洋文化资源分为八个主类，包括海洋自然风光资源、海洋人文景观资源、海洋文学艺术资源、海洋风俗资源、海洋饮食文化资源、海洋生物和生态资源、海洋节庆资源、海洋科技和产业资源（王颖，2010）。

为了推进海洋文化资源的开发与管理，也有个别学者尝试从市场化的角度进行海洋文化资源类型划分，如董志文和张广海（2004）从旅游开发的角度，将海

洋文化资源分为海洋民俗文化资源、海洋宗教文化资源、海洋艺术资源、海洋科技资源、海洋历史遗存资源、海洋饮食文化资源；秦波和徐兰芬（2009）基于数据库建设的视角，将海洋文化资源划分为海洋历史文化资源、海洋渔业文化资源、海洋工业文化资源、海洋宗教文化资源、海洋旅游文化资源、海洋民俗文化资源；张开城（2008）根据产业业态，将海洋文化产业划分为滨海旅游业、涉海休闲渔业、涉海休闲体育业、涉海庆典会展业、涉海历史文化和民俗文化业、涉海工艺品业、涉海对策研究与新闻业、涉海艺术业。

参照已有基于资源导向的海洋文化资源分类成果，遵循共轭性、排他性、系统性以及有利于凸显资源特性的原则，这里依据资源的自然条件将海洋文化旅游资源划分为海洋景观资源、海洋遗迹资源、海洋文艺资源、海洋民俗资源、海洋娱教资源和海洋科技资源六大主类，进行分类的判断标准主要是海洋文化旅游资源最突出的那一类特性。各类型海洋文化旅游资源的说明及包含亚类如表 2-1 所示。

表 2-1　基于资源导向的海洋文化旅游资源分类体系

主类	说明	亚类
海洋景观资源	依据海洋自然条件和人工建设而形成可供观光、鉴赏的存在物	城市滨海风光、农村滨海风光、海港码头风光、路桥工程风光
海洋遗迹资源	古代人类在进行海洋经济、社会活动时所遗留的文物、遗址及其展示场所	海洋商贸遗迹遗址（生产遗址、海关、商贸航线）、航海遗迹遗址（港口、灯塔、海船、渡口、码头、沉船）、海防军事遗迹遗址（防御设施设备、海战场）、海洋原始部落、古海城、涉海建筑遗址（殖民建筑、防灾建筑、纪念建筑、名人故居坟冢）
海洋文艺资源	借助语言、表演、造型等手段反映海洋生产生活的意识形式	涉海文学（散文、小说、诗歌、楹联、碑刻、谚语、传说）、涉海艺术（音乐、舞蹈、绘画、戏剧、戏曲、雕塑、电影）、涉海传统工艺品
海洋民俗资源	依靠海洋生存的人们在长期生产实践和社会生活中形成并相传的风俗习惯	涉海宗教信仰、涉海祭祀仪式、涉海节庆、涉海生产生活风俗与技艺（语言、生产加工技艺、服装制作技艺、住所建造技艺、饮食烹饪技艺、工具制作技艺）、涉海民俗区（民俗风情园区、民俗村、院落、集市）

续表

主类	说明	亚类
海洋娱教资源	依托海洋形成的、使与受者喜悦并带有一定启发性的活动或场所	涉海体育活动、海洋休闲度假区（公园、游乐场、俱乐部、度假区）、海洋馆（海底世界、水族馆）、海水浴场、滨海广场、涉海创意园区、涉海博物馆（展览馆、纪念馆）
海洋科技资源	研究海洋自然、社会现象而形成的知识体系、人才体系及相关场所	海洋研究院所、涉海科技园区

资料来源：笔者整理。

二、山东省海洋文化旅游资源的类型构成

山东省海岸线长达 3121 千米，500 平方米以上的海岛多达 326 个，拥有与陆域面积相当的海洋国土资源，地处暖温带，日照充足，海岸地貌类型多样，人文景观和自然景观较多，海洋文化旅游产业增势强劲。山东作为中国海洋文化的发源地之一，海洋文化积淀浓厚，且海洋文化旅游资源丰富，无论是数量还是质量在国内都是首屈一指。以全国重点文物保护单位为例，在我国先后公布的六批重点文物保护单位中，山东地区有 45 处入选，其中山东沿海七市共有 15 处，占比为 33. 33%①。根据实地调查，山东省沿海七市共查出在开发、未开发海洋文化旅游资源 1255 项，其中，海洋景观资源 109 项，海洋遗迹资源 360 项，海洋文艺资源 187 项，海洋民俗资源 179 项，海洋娱教资源 298 项，海洋科技资源 122 项。各项资源所属亚类如表 2-2 所示。

① 参见中国文物信息咨询中心网站。

表 2-2　山东沿海七市主要海洋文化旅游资源名录与所属类型

主类	亚类	青岛	烟台	威海	日照	潍坊	滨州	东营
海洋景观资源	城市滨海风光	青岛市南区前海一线（青岛滨海步行道）、青岛观光塔、青岛市石老人观光园、青岛崂山沙子口、信号山	烟台山、烟台昆嵛山、田横山、毓璜顶、登州海市	环翠楼、乳山银滩、幸福门	日照灯塔区	滨海开发区、央子欢乐海	滨州港	东营港
	农村滨海风光	青岛崂山仰口、青岛大珠山、青岛即墨鹤山、青岛胶南古月山庄（小珠山）、青岛即墨灵山、青岛灵山岛	长岛仙人望海楼、望夫礁	威海荣成成山头、威海荣成槎山、威海仙姑顶、威海文登区圣经山	日照御海湾生态观光茶园、奎山	潍坊寿光羊口小清河、昌邑下营、白浪河	滨州无棣碣石山、无棣大口河、无棣埕口、汪子岛、北部沿海景区、滨州沾化徒骇河入海口	东营黄河入海口生态农业观光园、龙门湾、仙河镇、瀚海观光林、孤东海堤、神仙沟入海口
	海港码头风光	青岛港、胶州港、薛家岛港、红岛渔港、黄岛油港、前湾新港、董家口港、琅琊港、沙子口港、积米崖港、鳌山港、女岛港	芝罘湾港、烟台港西港、龙口港、蓬莱东港、蓬莱西港、栾家口港、莱州港、海阳港、长岛港、牟平港、烟台救捞局港	威海老港、威海新港、龙眼港、蜊江港、张家埠港、乳山口港、朱口港、西霞口港、石岛港、远遥渔港、黄泥沟渔港、合庆渔港	岚桥港、石臼港、日照港、阜鑫渔港、东潘渔港、岚山港	森达美港、寿光港、昌邑下营港、羊口港	滨州港、东风港、沾化区裕泰港、沾化盐场港、富国港、埕口盐场港、码头	东营港、中心渔港、海红港、广利港、胜利港
	路桥工程风光	青岛胶州湾海湾大桥、前海栈桥、女姑口特大桥	海即大桥、长岛南北长山大桥、渤海湾大桥	—	—	—	—	—

续表

主类	亚类	青岛	烟台	威海	日照	潍坊	滨州	东营
海洋遗迹资源	海洋商贸遗迹遗址	即墨金口港	烟台东海关税务司公署旧址、烟台东海关码头验货房旧址	—	—	双王城盐业遗址群、丰台盐业遗址群、羊口镇王家庄子盐业遗址群、单家庄子盐业遗址群、大荒北央盐业遗址群	杨家盐业遗址群、郑家古窑址	南河崖遗址群
	航海遗迹遗址	青岛胶南琅琊台遗址、徐福东渡起航处、信号山蘑菇楼、小青岛白塔、游内山灯塔、马濠运河	烟台山灯塔、猴矶岛灯塔、崆峒岛灯塔、蛤堆后一号沉船、黄河营古港遗址	成山头灯塔、铁码头、金线顶灯塔	石臼灯塔	羊口老码头遗址	沾化徒骇河兔儿岛古渡口、佘家港遗址、久山古码头	—
	海防军事遗迹遗址	青岛山炮台遗址、炮台山遗址、汇泉炮台、台西镇炮台遗址、太平山北炮台及东炮台旧址、湛山炮台旧址、德国第二海军营部大楼旧址、俾斯麦兵营旧址、伊尔蒂斯兵营旧址、齐长城遗址、陈家岛海战遗址、毛奇兵营旧址；等等	烟台东炮台、烟台西炮台、赵疃地雷战遗址、烟台山狼烟墩台、雷神庙战斗遗址、福莱山烽火台、马山寨遗址、奇山所、解宋营古城、烟台山烽火台、宫家岛烽火台、北洋海军采办厅、红土崖烈士陵园、胶东军区四分所旧址、蓬莱沿海烽火台群	威海刘公岛甲午战争纪念地、威海炮台、威海卫（明城墙）、东泓炮台、旗顶山炮台、水师学堂、黄岛炮台、日岛炮台、麻井子炮台、迎门洞炮台、南嘴炮台、后双岛古兵寨遗址、罗山寨军寨、戚家庄烟墩、磨儿山烟墩遗址、九皋寨遗址、威海烈士陵园、海军礼堂、昆嵛山长城遗址、乳山安家军寨遗址、金港烟墩遗址	—	—	—	—

续表

主类	亚类	青岛	烟台	威海	日照	潍坊	滨州	东营
海洋遗迹资源	海洋原始部落遗址	北阡村大汶口文化遗址、胶州三里河文化遗址、东岳石遗址、胶州板桥镇遗址、东演堤遗址、丁戈庄遗址、南阡遗址、东皂户遗址、现子埠遗址、韩村遗址	白石村遗址、长岛北庄遗址、牟平照格庄遗址、蛤堆顶遗址、杨家圈遗址、大仲家遗址、邱家庄遗址、蛎碴土巷遗址、楼子庄遗址、庙后遗址、午台遗址、臧家遗址、北头营寨遗址、桃林遗址、北泊子鱼化石遗址、长岛北村遗址、长岛东村遗址、东山北头村村东石围子、长岛北隍城岛山前遗址	义和遗址、河口遗址、成山头秦汉遗址、刘公岛战国遗址	五莲丹土遗址、东海峪遗址、东两河遗址	寒亭前埠下古文化遗址	西封遗址、秦皇台遗址、陈家古窑址	垦利刘家遗址、垦利海北遗址、三柳遗址
	古海城	即墨故城遗址、雄崖所故城、鳌山卫城、灵山卫遗址、柜县故城	烟台蓬莱水城、归城城址、村里集古城址、三十里堡故城址、庙岛故城址、解宋营古城、徐乡故城遗址	成山卫古城、靖海卫古城、乳山育犁故城遗址	两城镇遗址、尧王城遗址、安东卫城	洛城街道斟灌故城遗址	沾化古城、蒲姑国故城、广武城遗址、官灶城遗址、光武城遗址	—

续表

主类	亚类	青岛	烟台	威海	日照	潍坊	滨州	东营
海洋遗迹资源	涉海建筑遗址	青岛德国建筑群（20处）、中山路近代建筑（12处）、青岛馆陶路近代建筑（8处）、八大关近代建筑群、栈桥回澜阁、田横岛五百义士墓、植物园法国楼、胶北鲁氏点将台、王吉墓群、六曲山古墓群、老舍故居、闻一多故居、萧红故居、萧军故居、舒群故居、朱树屏故居、梁实秋故居、束星北故居、童第周故居、赫崇本故居、齐燕会馆旧址、黄岛徐福石屋、财贝沟墓群、李秉和庄园；等等	烟台蓬莱阁、秦始皇东巡宫、太平楼、振扬门、丁氏故宅、嘴子前墓群、烟台山近代建筑群、戚继光祠堂、戚继光墓、三十里堡墓群、村里集墓群、芝罘俱乐部旧址、毛纪墓、毛敏墓、长岛珍珠门遗址、庙周家秦汉建筑遗址、小蓬莱阁、广东旅烟同乡会旧址、德国邮局、北头墓群、蛎碴堆遗址、朝阳庵墓塔、班仙洞、烟霞洞、玲珑通洞、莱山庙周家秦汉建筑遗址、上水门遗址、长岛王沟古墓群、南隍城摩崖石刻、近代建筑旧址、芝罘岛古墓群、登州府城墙遗址、龙口居留民会旧址、成章小学旧址、南庄汉墓群、西山汉墓群；等等	北洋海军提督署、威海英式建筑（40处）、收回威海卫纪念塔、秦皇庙、圣水岩金碑、丁汝昌寓所、北洋海军忠魂碑、邵氏宗祠旧址、荣成王家山石刻、荣成双石摩崖石刻、巍巍村海草房、东褚岛海草房、大庄许家海草房、烟墩角海草房、宋煊文旧居、文登旸里店古墓群	海上碑、涛雒丁氏建筑群	一孔桥、庵上石坊；等等	王海石桥、海丰塔	柏寝台、黄河水体纪念碑

续表

主类	亚类	青岛	烟台	威海	日照	潍坊	滨州	东营
海洋文艺资源	涉海文学	《山海经·海内东经》（不详）、《登琅琊台观日赋》（熊曜）、《书琅琊篆后》（苏轼）、《琅琊为秦碑布告游人诗》（刘翼明）、《太古园集》（王无竟）、《艮斋笔记》（李澄中）、《青岛海洋民间故事》、琅琊台传说、崂山民间传说、徐福传说、渔祖郎君爷传说、盐宗夙沙氏煮海成盐的传说、青岛田横岛海神娘娘传说、金口民间故事、即墨龙山秃尾巴老李传说、红岛民间文学集、道教音乐、城阳胡峄阳传说、即墨灵山老母传说、大珠山传说	蓬莱八仙过海传说、秃尾巴老李传说、望夫礁传说、徐福传说、丘处机传说、芝罘岛秦始皇东巡传说、阳主庙传说、姑嫂塔传说、玲珑传说、蓬莱传说、养马岛传说、九龙池传说、胶东第一封国——过国的故事、磁山民间故事传说、麻姑传说、芝罘民间故事	刘公岛汉代刘公刘母传说、文登秃尾巴老李传说、荣成秦始皇东巡传说、荣成赤山明神传说、槎山儿女石传说、郭仙姑传说、正棋山传说、“文登学”传说、道教全真派发祥地——圣经山传说、大乳山传说、木头鱼传说、岠嵎山传说、“龙石晒字”传说、昆嵛山传说	日照山东龙门崮传说、莒县秃尾巴老李传说、安东卫民间故事、东港区民间故事、九仙山传说、奎山传说、鱼骨庙传说	柳毅传说、秃尾巴老李的传说、刘伯温与峡山的传说	丈八佛传说、泰山奶奶传说	《海啸》（小说）、马跑泉传说

续表

主类	亚类	青岛	烟台	威海	日照	潍坊	滨州	东营
海洋文艺资源	涉海艺术	胶州秧歌、胶州茂腔、即墨柳腔、胶东大鼓、胶州剪纸、平度扛阁	海阳大秧歌、海阳沙雕、长岛海洋渔号、蓬莱大杆号吹奏乐、莱州蓝关戏、胶东大鼓、福山雷鼓、戚家拳、八卦鼓舞、蓬莱烧纸调、胶东道教音乐、芝罘咯鞭、只楚庙鼓、胶东蹦蹦戏、莱州玉雕、单山渔号	石岛渔家大鼓、渔家锣鼓、渔民号子、乳山大秧歌、威海剪纸、乳山威风锣鼓、彭调大鼓、荣成渔家蛋雕	鲁南五大调、岚山渔民号子、日照农民画、日照满江红、夹仓传统吹打乐、岚山民歌、日照水族舞、日照茂腔、安东卫舞龙灯、东港民间歌谣、东港民间谚语、东港打夯号子、石臼打花棍	东路大鼓、青州芯子灯、闹海	沾化渤海大鼓、锣鼓经——九龙翻身、聊斋俚曲《八仙过海》、无棣“武秧歌”、长山芯子、沾化渔鼓戏、无棣哈哈腔、滨州剪纸、中兴龙灯、葫芦刻画、阳信泥塑	黄河号子、利津北宋舞龙、芦苇作画技艺
	涉海传统工艺品	贝雕、青岛风光刺绣挂画、“青岛印象”建筑版画、帆船模型、帆板工艺品、海洋表、漂流瓶、珍珠、贝壳饰品、螺钿漆器、鲨鱼牙饰品、金王蜡艺、有孔虫陶艺、折叠长卷、草编、金钥匙、浮雕、帆船之都、沙雕、砂画、剪纸、崂山道士陶塑、海星吉祥	抽纱工艺品、草编、葫芦烫画，珍珠项链、贝壳、珊瑚，玉雕、内画、漆器、刻瓷、剪纸、炭雕、油画。例如，八仙葫芦空气净化器、果都风情彩塑、莱州玉雕《纵横四海》、内画《烟台八景》、“八仙过海”漆器屏风、刻瓷《蓬莱仙境》、剪纸	海草房模型、木制小舢板船、威海五福盘、海参拟人化形象、威海特色香包、定远舰模型、沙雕工艺品、多用途布艺旅游图、鱼竿	珍珠饰品、鱼骨饰品、珊瑚、贝壳、彩绘鱼、布艺民俗鱼、仿真船、沙画工艺品	—	草编、刺绣、海瓷、蓝花布	芦苇画、黄河沙画、黄河口泥陶、黄河口剪纸

续表

主类	亚类	青岛	烟台	威海	日照	潍坊	滨州	东营
海洋文艺资源	涉海传统工艺品	物、珍贝瓷盘、“即发”青岛国际帆船赛纪念T恤	《龙凤（逢）盛世》、炭雕《风景圆盘-蓬莱阁》、油画《“百年烟台新海海参”》	—	—	—	—	—
海洋民俗资源	涉海宗教信仰场所	天后宫、金口天后宫、海云庵、崂山道教建筑群（13处）、城阳朝阳寺遗址、城阳大通宫、城阳青云宫、天井山龙王庙、即墨灵山庙	烟台天后宫、庙岛天后行宫（福建会馆）、庙岛显应宫遗址、长岛妈祖庙、芝罘阳主庙、竹林寺、莱阳天后圣母宫、莱阳富山龙王庙、玉皇庙建筑群、太平庵遗址、养马岛三官庙、九龙池及龙王庙、岳姑殿古庙群遗址、东海神庙遗址、砣矶岛井口天妃庙（海会寺）	石岛天后宫、多福山碧霞宫、刘公岛龙王庙、靖子海神庙、仙姑庙	两城天后宫、五莲山光明寺遗址、回龙观遗址	羊口天妃庙	久山泰山娘娘庙、大觉寺、洪福园	垦利王王庄庙遗址
	涉海祭祀	青岛即墨田横岛周戈庄祭海	长岛显应宫妈祖祭典、东海神庙祭祀活动、海阳祭海	荣成渔民节祭祀仪式、荣成祭祀海神娘娘仪式、成山祭日	太阳崇拜	—	—	—

续表

主类	亚类	青岛	烟台	威海	日照	潍坊	滨州	东营
海洋民俗资源	涉海节庆	天后宫民俗庙会、国际海洋节、国际啤酒节、元宵山会、即墨天井山龙王庙会、即墨周戈庄上网节、海云庵糖球会、金口妈祖民俗文化节、即墨灵山庙会、即墨龙山庙会、崂山沙子口龙王节、青龙宫庙会、胶南民间艺术表演、胶南徐福节、红岛蛤蜊节、市南海之情旅游节、青岛之夏艺术节、国际航海博览会、金沙滩文化旅游节、龙湾沙滩文化节、胶南之夏艺术节、胶州秧歌会、青岛国际沙滩节、天后宫重阳庙会、中国青岛钓鱼比赛	毓璜顶庙会、烟台渔灯节、燕九节、蓬莱阁庙会、文化艺术节、昆嵛山踏青节、中国国际美食节、青少年文化艺术盛典、国际沙雕艺术节、沙滩运动会、长岛渔家乐民俗文化节	荣成国际渔民节、荣成谷雨节、多福山传统庙会、国际钓鱼节、中国威海海鲜节、荣成开洋谢洋节、成山头吃会、国际人居节、沙雕文化艺术节、海参养生文化节	日照渔民节、日照太阳节、林海风情旅游节、中国·日照海滩国际旅游文化节、海洋音乐节、阳光放鱼节、赶海节	寒亭盐神节、羊口开海节、潍坊滨海美食节、二月二龙抬头艺术节	渔业节、红庙庙会、碣石山古庙会、秦皇台庙会、洪福园庙会、胡集书会	垦利黄河口文化旅游节、东营啤酒文化节、六月六天贶节
	涉海生产生活风俗与技艺	海盐制作技艺、木质渔船制作技艺、马家台刺绣、劈柴院市井民俗	福山鲁菜烹饪技艺、长岛木帆船制造技艺、蓬莱小面制作技艺、福山大面制作技艺、黄县肉盒制作技艺、跑灯官、胶东面磕子习俗	荣成海参传统加工技艺、胶东饺子食俗、荣成海草房民居建筑技艺、荣成蠓子虾酱制作技艺、荣成桷蓬制造技艺、威海锡镶制作工艺、盛家火烧制作工艺、渔民跑	日照海水制盐、蓑衣编织技艺、踩高跷推虾皮技艺、日照传统小船制造技艺	寿光卤水制盐技艺	草编、无棣刺绣、蓝印花布制作技艺、无棣苇帘	码头苇席编织

续表

主类	亚类	青岛	烟台	威海	日照	潍坊	滨州	东营
海洋民俗资源	涉海生产生活风俗与技艺			篷制作工艺、文登鲁绣、文登温泉（养鱼）、荣成海蜇传统加工技艺、乳山镂绣、胶东回水咸鱼干传统制作技艺、荣成海带食俗				
	涉海民俗园区	青岛红岛韩家村、青岛崂山登瀛民俗村、甘水湾休闲渔业民俗村、竹岔岛、胶南王家台后渔家民俗村、城阳啤酒坊、劈柴院、城阳大集、李村大集、胶南泊里大集	仙境源民俗风情园、养马岛民俗村	荣成民俗村、桃园民俗村、华夏民俗村	海边民俗村（17个）	—	百万公亩盐田	—
海洋娱教资源	涉海体育活动	帆船、帆板、游艇、水上自行车、水上摩托、橡皮艇、豪华游艇、潜水、游泳、垂钓、滑翔伞	潜水、海上拖伞、摩托艇、游艇、孤岛求生、水上自行车、垂钓、悬崖速滑、帆船、帆板	滑水、潜水、拖伞、海钓、摩托艇、香蕉船、帆船、帆板、独木舟、摩托车	帆船、帆板、摩托艇、皮划艇、滑水、赛艇、滑翔伞	风筝冲浪、游艇、帆船、浅滩运动	垂钓	垂钓、快艇
	海洋休闲度假区	小青岛公园、鲁迅公园、小鱼山公园、青岛银海国际游艇俱乐部旅游区、青岛天泰温泉度假区、青岛开发区金沙滩景区、	烟台蓬莱八仙过海景区、三仙山景区、毓璜顶公园、南山景区、庙岛妈祖文化公园、烟台金沙滩海滨公园、烟台	威海乳山银滩旅游度假区、威海石岛赤山景区、威海大乳山度假区、威海华夏城、环翠楼公园、石岛凤凰湖景区、威海	日照海滨国家森林公园、日照万平口海滨旅游区、日照市刘家湾赶海	潍坊寿光林海生态博览园（盐业）、寒亭区禹王生态湿地景区、潍坊	无棣大口河海滨旅游度假区、塔影公园	利津黄河生态公园、垦利黄河人家旅游度假区、广饶瀚海海

续表

主类	亚类	青岛	烟台	威海	日照	潍坊	滨州	东营
海洋娱教资源	海洋休闲度假区	青岛市北天幕城、青岛奥帆中心、胶州少海景区、青岛即墨田横岛度假村、鳌山卫鹤山旅游度假区、青岛石老人国家旅游度假区、青岛薛家岛省级旅游度假区、青岛琅琊台省级旅游度假区、灵山湾省级旅游度假区、青岛凤凰岛省级旅游度假区、青岛珠山国家森林公园	养马岛旅游度假区、烟台山景区、烟台海阳省级旅游度假区、海阳国际沙雕艺术公园、黄海游乐城、惊险游乐城、崆峒岛旅游区、长山岛月牙湾公园、屺姆岛、莱阳丁字湾滨海旅游度假区、蓬莱省级旅游度假区、莱山省级旅游度假区、烟台莱州滨海生态省级旅游度假区、五龙河口国家级海洋湿地特别保护区	老虎山生态园、威海海上公园、威海多福山国际养生旅游度假区、荣成天鹅湖度假区、刘公岛博览园、文登南海公园、威海环翠省级旅游度假区、荣成石岛湾省级旅游度假区、西霞口景区	园景区、日照磴山寨景区、日照汤谷太阳文化源旅游风景区、日照山海天省级旅游度假区、岚山区阳光海洋牧场休闲垂钓园区	欢乐海省级旅游度假区、渤海湾畔万亩柽柳林自然保护区、国家海洋生态特别保护区		上休闲旅游区、黄河入海口生态农业观光园、东营黄河口生态旅游区、渤海湾畔柽柳林、万象游乐园、中心渔港“渔家乐”滨海旅游基地、中国死海项目
	海洋馆	青岛海底世界、青岛极地海洋世界、水族馆	烟台水族馆、海昌鲸鲨馆、蓬莱海洋极地世界、蓬莱鲨鱼馆	威海金海洋水族馆、威海神游海洋文化馆、威海刘公岛鲸馆	日照水下鲨鱼馆、日照海洋馆、日照刘家湾海洋生物馆	—	—	—
	海水浴场	龙湾海水浴场、仰口海水浴场、沙子口海水浴场、即墨鳌山海水浴场、灵山湾海水浴场、第一海水浴场、第二海水浴场、第三海水浴场、第六海水浴场、石老人浴	万米海水浴场、长山尾海水浴场、第一海水浴场、第二海水浴场、烟大海水浴场、开发区海水浴场、养马岛海水浴场、蓬莱海水浴场、长岛县半月湾海水浴场、	威海国际海水浴场、金海滩海水浴场、银滩海水浴场、葡萄滩海水浴场、半月湾海水浴场、中央电视台影视城海水浴场	日照港第一海水浴场、万平口第二海水浴场、吴家台海水浴场、山海天第三海水浴场、森林公园	寿光第一海水浴场、北海港海水浴场、开发区海水浴场、北海金沙滩海水浴场、央子港海水浴场	无棣贝壳堤岛海水浴场	东营海红港海水浴场

续表

主类	亚类	青岛	烟台	威海	日照	潍坊	滨州	东营
海洋娱教资源	海水浴场	场、金沙滩海水浴场、银沙滩海水浴场	莱州市金沙滩海水浴场、龙口市屺姆岛海水浴场、海阳市凤城海水浴场、黄海娱乐城海水浴场		第四海水浴场、金沙滩海水浴场、海洋馆海水浴场、董家滩海水浴场、刘家湾金沙岛海水浴场			
	滨海广场	五四广场、音乐广场、汇泉广场、八大峡广场、中苑海上广场	烟台天街广场、烟台站北广场、烟台滨海广场、烟台星颐广场、烟台啤酒海鲜烧烤广场、烟台啤酒夜市烧烤广场、烟台友谊广场、烟台文化中心广场、五彩文化广场、海阳新元广场	幸福广场、文化广场、新世纪广场、石岛广场、	太阳广场、浴月广场、临涛广场、映旭广场、泊烟广场、灯塔广场、万平口广场、信合广场、市政府广场、东港区政府广场	滨海广场	—	黄河广场
	涉海创意园区	青岛创意100文化产业园、青岛国际动漫游戏产业园、中联U谷25产业园、青岛国家广告产业园、青岛国际工艺品城、青岛金石文化产业园、银海大世界文化旅游休闲园区、万佳文化创意园、青岛文化街	蓬莱博展国际商贸城、烟台广告创意产业园区、中青文化创意信息产业园、烟台浪琴湾创意产业园、烟台五彩文化创意产业园、烟台山桥头堡文化创意园、芝罘区Chefoo文化创意街区、齐鲁古玩文化城	威海中韩影音创意基地、威海国家时尚创意中心、文化创意产业园	日照文化创意产业园、华侨创意科技园	潍坊坊子区坊茨小镇、广告产业园区、文化创意产业园、创意西街、中动数字出版创意研发园区、中动动漫基地、潍坊	滨州市鼎龙民俗文化产业园、滨州黄三角文化产业园、滨州市三河湖生态文化产业园区项目、中国海瓷	东营七星文化创意产业园、黄河三角洲国际创意园

续表

主类	亚类	青岛	烟台	威海	日照	潍坊	滨州	东营
海洋娱教资源	涉海创意园区					软件园山东数字出版基地项目、山东云计算版权交易园区、潍坊工业设计中心	艺术创意产业园项目、滨州阳信盘古民俗文化创意产业园、三阳翰墨文化创意产业园	
	涉海博物馆	青岛市博物馆、海军博物馆、青岛市南区民俗博物馆、青岛奥帆博物馆、青岛海产博物馆、青岛贝壳博物馆、青岛非物质文化遗产博览园、琅琊台海洋生物陈列馆、青岛琅琊文化陈列馆、四方区青岛民俗馆、贝雕艺术馆	烟台市博物馆（福建会馆）、烟台长岛航海博物馆、登州古船博物馆、中国船舶发展陈列馆（太平楼内）、戚继光纪念馆、海阳地雷战纪念馆、海阳市博物馆、烟台美术博物馆、长岛县博物馆	威海甲午战争博物馆、威海甲午海战纪念馆、丁汝昌纪念馆、中国甲午战争博物馆陈列馆、威海荣成市博物馆、荣成龙须岛镇海洋生物博物馆、威海定远舰景观、威海荣成民俗馆、威海市博物馆、文登区博物馆	日照海战馆、日照市博物馆、日照刘家湾渔家民俗馆	潍坊市寿光市羊口镇航海博物馆、北海渔盐文化民俗馆、寿光市博物馆	滨州乡土艺术博物馆、滨州海盐博物馆、滨州航海博物馆	东营市历史博物馆、黄河口湿地博物馆、黄河三角洲国家级地质公园博物馆、渤海垦区革命纪念馆、东营市艺术馆
海洋科技资源	海洋研究院所	中国海洋大学、中国科学院海洋研究所、黄海水产研究所、青岛海洋生物医药研究院、自然资源部第一海洋研究所、青岛海洋地质研究所、山东大学海洋研究院、青岛海洋科学与技术试点国家实验室	中国科学院烟台海岸带研究所、山东省海洋水产研究所	威海市海洋研究院、山东省海洋生物研究院威海分院、海洋与渔业研究所	日照市水产研究所	潍坊市海洋发展研究院、山东省海洋化工科学研究院	滨州市水产研究所	东营市海洋经济发展研究院、海洋渔业科研推广中心

续表

主类	亚类	青岛	烟台	威海	日照	潍坊	滨州	东营
海洋科技资源	涉海科技园区	蓝色硅谷、蓝湾药谷、青岛海洋装备产业园、青岛经济技术开发区、前湾保税港区、董家口循环经济区、中德生态园、灵山湾影视文化产业区、西海岸国际旅游度假区、新技术产业开发试验区、海西湾船舶和海洋工程产业园、崂山海洋生物产业园、黄岛海洋生物产业园、胶北现代海洋装备制造产业园、开发区前湾国际物流产业园、市南滨海文化旅游产业园、青岛海洋科技开发区、银色世纪海洋生物科技园、蔚蓝生物酶制剂与微生态产业化园区、胶南经济开发区海洋生物产业园；等等	兴瑞庄园、烟台贝尔特海洋生物产业园、中关村（烟台南山）科技产业园、中集来福士海工装备产业园、蓬莱海洋装备制造产业园、泊子东省级船舶工业园、银海海洋化工园、龙口湾海洋装备制造业集聚区、太平湾能源矿产综合开发利用示范区、套子湾临港工业聚集区、招远滨海科技产业园	海洋高科技产业园、文登区蓝海科技产业园、威海经济技术开发区船舶及零部件产业园、装备制造产业园和临港物流园、工业新区海洋新材料产业园、荣成经济开发区海洋食品药品经济园、荣成工业园船舶及配套零部件产业园、文登经济开发区的海洋生物科技产业园、文登南海新区的新能源特色产业园、乳山经济开发区的海洋食品产业园、双岛湾科技城、国家级海洋与渔业示范园区、省级牙鲆鱼良种繁育基地等示范园区	日照国际海洋城海洋科技产业园、日照海洋装备制造基地	潍坊滨海经济技术开发区、潍坊滨海科教创新园区	滨州海洋化工业集聚区、滨海生态文化旅游区、鲁北循环经济示范区、临港物流区、健康养殖区、浅海滩涂开发试验区、现代渔港经济区、新能源科技研发示范区	现代渔业示范园区、东营港物流园区、东营黄河口海洋经济产业园、东营经济技术开发区、胜利油田科技展览中心

资料来源：笔者整理。

三、山东省海洋文化旅游资源的空间分布

应用构建的资源分类体系，通过为期 56 天的实地走访调研，笔者对山东半岛七个沿海城市现今拥有的海洋文化旅游资源进行深入普查。直接进行统计，截至 2020 年 7 月山东省沿海七市共查出在开发、未开发海洋文化旅游资源 1255 项，各项资源空间布局如表 2-3 所示。

表 2-3　山东省七个沿海城市海洋文化旅游资源数量及分布

主类	亚类	青岛（项）	烟台（项）	威海（项）	日照（项）	潍坊（项）	滨州（项）	东营（项）
海洋景观资源	城市滨海风光	5	5	3	1	2	1	1
	农村滨海风光	6	2	4	2	3	6	6
	海港码头风光	12	11	12	6	4	6	5
	路桥工程风光	3	3	0	0	0	0	0
海洋遗迹资源	海洋商贸遗迹遗址	1	2	0	0	5	2	1
	航海遗迹遗址	6	5	3	1	1	3	0
	海防军事遗迹遗址	13	15	21	0	0	0	0
	海洋原始部落遗址	10	19	4	3	1	4	3
	古海城	5	7	3	3	1	5	0
	涉海建筑遗址	61	86	55	2	5	2	2
海洋文艺资源	涉海文学	20	16	14	7	3	2	2
	涉海艺术	6	16	8	13	3	11	3
	涉海传统工艺品	25	13	9	8	0	4	4
海洋民俗资源	涉海宗教信仰场所	9	15	5	3	1	3	1
	涉海祭祀	1	3	3	1	0	0	0
	涉海节庆	25	11	10	7	4	6	3
	涉海生产生活风俗与技艺	4	7	14	4	1	4	1
	涉海民俗园区	10	2	3	17	0	1	0

续表

主类	亚类	青岛（项）	烟台（项）	威海（项）	日照（项）	潍坊（项）	滨州（项）	东营（项）
海洋娱教资源	涉海体育活动	10	10	10	7	4	1	2
	海洋休闲度假区	17	20	15	7	5	2	9
	海洋馆	3	4	3	3	0	0	0
	海水浴场	12	13	6	11	5	1	1
	滨海广场	5	10	4	10	1	0	1
	涉海创意园区	9	8	4	2	9	6	2
	涉海博物馆	11	9	11	3	3	4	5
海洋科技资源	海洋研究院所	25	9	8	1	5	1	2
	涉海科技园区	21	22	11	2	2	8	5
合计		335	343	243	124	68	83	59

资料来源：笔者整理。

（一）山东省海洋文化旅游资源空间集中度分析

普查结果显示，山东省目前拥有的海洋文化旅游资源空间分布差异明显，数量最多的是烟台，占全省海洋文化旅游资源的27.33%，其次为青岛和威海，分别占26.69%和19.36%。资源拥有量最少的是东营，仅为59项，不到烟台的1/6，潍坊仅占全省海洋文化旅游资源的5.42%。

这里运用地理集中度测算海洋文化旅游资源在山东省七个沿海城市的空间分布状况（保继刚等，2002），具体公式为：

$$G = 100 \times \sqrt{\sum_{i=1}^{N}\left(\frac{x_i}{T}\right)^2} \tag{2-1}$$

其中，G表示地理集中度，x_i表示第i个城市海洋文化旅游资源的数量，T表示山东省海洋文化旅游资源总量，N表示城市个数，$G \in [0, 100]$，G越大表示海洋文化旅游资源分布越集中，反之越分散。根据计算得出山东省7个城市海洋景观资源、海洋遗迹资源、海洋文艺资源、海洋民俗资源、海洋娱教资源、海洋科技资源的地理集中度G分别为40.54、52.05、44.02、44.84、42.38和49.36，整体而言，七市全部的海洋文化旅游资源分布地理集中度G为45.07。如果各类海洋文化旅游资源都平均分布于七市，则$x_i/T=14.29$，地理集中度$G=37.80$。由此可见，山东省海洋文化旅游资源在各市的空间分布相对集中。

海洋文化旅游资源在山东省沿海七市分布呈现出明显的集中特征（见图2-1），

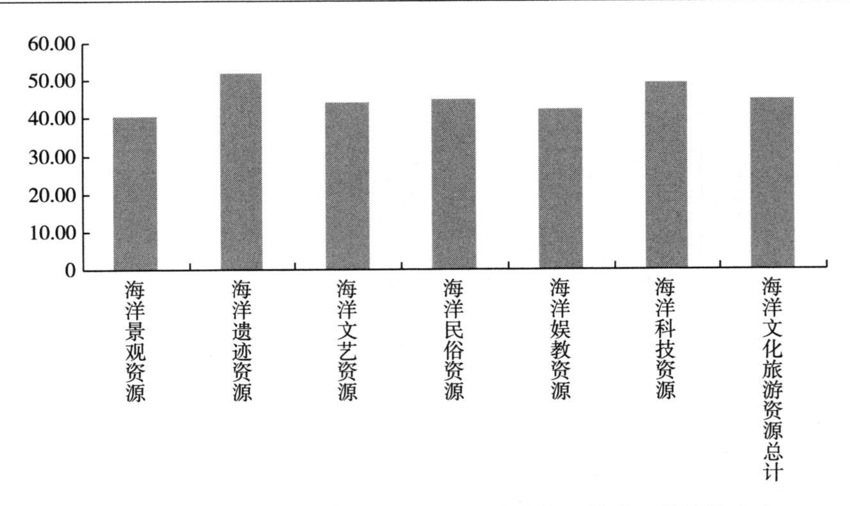

图 2-1　山东省沿海七市各类海洋文化旅游资源的地理分布集中度

资料来源：笔者整理。

分布不均匀，一方面表现为空间的不均衡，另一方面又彰显了烟台、青岛和威海容易形成聚集效应的优势，有潜力成长为山东省海洋文化旅游产业的增长极。

（二）山东省海洋文化旅游资源市场价值分异分析

由于以市场为导向的评判标准空缺，海洋文化旅游资源价值一直不能得到充分体现。海洋文化旅游资源的价值决定了产业化的潜力和开发配置的方式，而资源蕴含的突出价值也是左右市场中消费者选择的关键因素。因此，基于当前市场的主要需求方向，这里设定海洋文化旅游资源的观赏价值、教育价值、体验价值、服务价值四个方面的判断标准，如表 2-4 所示，用于发现不同海洋文化旅游资源蕴藏的价值并进行市场导向的类型划分。

表 2-4　基于市场导向的海洋文化旅游资源价值判断标准

资源价值	衡量指标	说明	评判标准				
			5 分	4 分	3 分	2 分	1 分
观赏价值	美感度	带给人视觉优美感受的程度	高	较高	一般	较低	低
	特色性	个性、特征或风格的凸显程度	突出，很少见	较奇特，少见	一般，较多见	常见	很常见
	整体性	与周围元素组合的完整程度	完整	较完整	一般	较缺	不完整

续表

资源价值	衡量指标	说明	评判标准				
			5分	4分	3分	2分	1分
教育价值	思想性	体现或蕴藏思想价值观的多寡程度	丰富	较丰富	一般	较贫乏	贫乏
	科学性	体现人类知识或科技发展的高下程度	高	较高	一般	较低	低
	历史性	历史年代的远近	远（唐以前）	较远（宋）	一般（明）	较近（清、民国）	近（中华人民共和国成立后）
体验价值	刺激性	让消费者认知的显著程度	强烈	较强烈	一般	较弱	弱
	情感性	让消费者认同的显著程度	愉快	较愉快	一般	较不愉快	不愉快
	情境性	将消费者带入某情境中的程度	深刻	较深刻	一般	较平常	平常
服务价值	艺术性	带给人精神享受的程度	高	较高	一般	较低	低
	实用性	带给人物质功能享受的程度	高	较高	一般	较低	低
	舒适性	带给人的方便、舒适程度	舒适	较舒适	一般	不太舒适	不舒适

资料来源：笔者整理。

邀请5位专家成员，对山东省沿海7市1255项海洋文化旅游资源的市场价值进行初步打分，发现其蕴藏最突出的价值，并由通过检验的Kohonen模型进行市场导向的类别划归（高乐华和曲金良，2015），得到山东省七市资源与市场双重导向分类的海洋文化旅游资源数量及分布（见表2-5）。

经统计分析发现，烟台市拥有的较丰富资源为教育型海洋遗迹资源、观赏型海洋遗迹资源、体验型海洋文艺资源、观赏型海洋民俗资源、观赏型海洋娱教资源，分别占全省的36.51%、50.00%、27.27%、42.11%、30.93%；青岛市拥有的较丰富资源为体验型海洋遗迹资源、观赏型海洋文艺资源、体验型海洋民俗资源、服务型海洋娱教资源、教育型海洋科技资源、服务型海洋科技资源，分别占全省的58.06%、30.00%、34.74%、23.66%、90.91%、34.25%；威海市拥有的较丰富资源为教育型海洋遗迹资源、体验型海洋文艺资源、体验型海洋民俗资源、教育型海洋娱教资源，分别占全省的 30. 29%、23. 64%、20. 00%、24. 24%；日照市较突出的资源为观赏型海洋文艺资源、观赏型海洋娱教资源和服务型海洋民俗资源，分别拥有 18 项、18 项和 17 项；潍坊市较突出的资源为服务型海洋娱教资源，拥有 14 项；滨州市较突出的资源为观赏型海洋文艺资源，拥有 12 项；东营市较突出的资源为服务型海洋景观资源，拥有 8 项。

表 2-5 双重导向分类的蓝色经济区七市海洋文化旅游资源数量及分布

主类	亚类	青岛（项）	烟台（项）	威海（项）	日照（项）	潍坊（项）	滨州（项）	东营（项）
海洋景观资源	观赏型	9	4	5	2	2	2	2
	教育型	0	0	0	0	0	0	0
	体验型	0	0	2	1	1	3	2
	服务型	17	17	12	6	6	8	8
海洋遗迹资源	观赏型	25	41	10	2	2	1	1
	教育型	52	88	73	6	8	10	4
	体验型	18	4	3	1	2	2	1
	服务型	1	1	0	0	1	3	0
海洋文艺资源	观赏型	33	25	13	18	3	12	6
	教育型	1	1	1	0	1	0	1
	体验型	14	15	13	7	2	2	2
	服务型	3	4	4	3	0	3	0
海洋民俗资源	观赏型	9	16	5	3	1	3	1
	教育型	2	1	8	1	1	1	0
	体验型	33	19	19	11	4	6	3
	服务型	5	2	3	17	0	4	1
海洋娱教资源	观赏型	21	30	16	18	4	3	5
	教育型	6	8	8	4	2	2	3
	体验型	18	18	13	13	7	2	4
	服务型	22	18	16	8	14	7	8
海洋科技资源	观赏型	2	0	0	0	0	0	0
	教育型	10	0	0	0	1	0	0
	体验型	9	11	6	1	2	4	3
	服务型	25	20	13	2	4	5	4
合计		335	343	243	124	68	83	59

资料来源：笔者整理。

根据空间分析结果，将占全省海洋文化旅游资源总量20%以上的城市划为山东省海洋文化旅游资源第一梯级，包括烟台市和青岛市；将占全省资源总量10%~20%的城市划为山东省海洋文化旅游资源第二梯级，包括威海市；将占全省资源总量10%以下的城市划为山东省海洋文化旅游资源第三梯级，包括日照市、潍坊市、滨州市和东营市。同时，根据海洋文化旅游资源市场价值的评估和双重分类结果，选定烟台市优势资源为教育型海洋遗迹资源；青岛市优势资源为服务型海洋科技资源；威海市优势资源为体验型海洋民俗资源；日照市优势资源为观赏型海洋娱教资源；潍坊市优势资源为服务型海洋娱教资源；滨州市优势资源为观赏型海洋文艺资源；东营市优势资源为服务型海洋景观资源。

四、山东省海洋文化旅游资源的特色

（一）山东省海洋文化发展的内在逻辑

山东海洋文化的源头是齐文化，而齐文化的根基是中国海洋文明最古老的部族创造的东夷文化。作为中国上古时期的东方古老部族，东夷人主要分布在山东东部、河北南部和江苏北部，在跨渤海和黄海的东西、南北方向上有较广泛的活动范围，其创造的东夷文化又被称为海岱文化，是中国海洋文明起源重要的一脉。早在六七千年前，东夷人就与外界有了跨海交流的联系，随着时间推移和技术创新，东夷人航海能力不断提升，东夷文化在更大范围内得以传播，除今环渤海地区外，也波及朝鲜和日本。因海岱地区靠海用海、智谋天道，尤其重视渔盐工商，成为春秋战国时期最强大昌盛的文明体（曲金良，2007），以“海王之国”（《管子译注》）、“洋洋哉，大国之风”（《史记》）雄踞于东方。在齐国时代，海洋文化、海洋经济获得了充分发展，开始占据主导地位，且这种主导地位的连续性奠定了现今山东海洋文化的历史基础和人文底蕴，与鲁国为代表的儒家文化相得益彰。

山东海洋文化一方面具有海纳百川的气魄，先后容纳了儒家、法家、墨家等百家思想，海岱文化圈也成为重要的百家争鸣与融合之地；另一方面，山东海洋文化又有很强的变通和民主精神，追求言论自由、政法开明，倡导分权式国家管理体制，且具有崇尚科学的意识，培养了扁鹊、公孙龙、孙武、孙膑、甘德等一批优秀人才，塑造了明显不同于中原农业的文明形态。山东海洋文化围绕东夷文化在隋、唐、宋时期达到鼎盛，海洋贸易快速崛起，海上交通更加通达，形成了登州、莱州、胶州、密州等港口贸易枢纽，货物往来密切，各地商人集聚，促使海洋文化交流更加兴旺。至元、明、清三代河流运输、禁海政策、海防工御都使得山东海洋文化发展受到打压和限制，山东海洋文化在夹缝中依然顽强，虽然对外贸易停滞了，但民间出海依然在进行，“今虽有海防之禁，而船只往来固自若也”（王宝德和李会勋，2012）。

1949 年至今，山东海洋文化在“重陆轻海”观念的转变下重新起航，从产业、港口、管理、科研等多个维度创新发展模式，走向了立体化复兴道路。依托庞大的海洋基础设施建设和更为完整的海洋产业体系，经过数代人的努力，山东省在沿海地区重新架构了海洋生产、贸易和文化交流多核式网络状空间结构，而且由环中国海挺进远海、深海、极地的力度显著增强，对外进行海洋贸易和交流的能力与影响力持续提高，力图完成由海洋大省向海洋强省的历史跨越。几百年的断裂，使得山东海洋文化至今依然处于整个文化体系的边缘位置，当前取得的成就仍是以观光休闲、科技研发为主，意识形态尚停留在民间文化层次。感悟历史辉煌，深挖海洋人文根脉，弘扬自古倡导的多元、开放、包容、共存的山东海洋文化精神，从文化认同中汲取凝聚人心和规范行为的力量，形成在国内乃至亚洲文化体系的话语权和影响力，尚有很长的道路要走。

（二）山东省海洋文化旅游资源的独特优势

1. 海洋文化发展历史源远流长

山东海洋文化的发展及其遗产积淀有着悠久的历史基础和得天独厚的自然保障，尤其广袤且多样的沿海地理环境为山东海洋文化格局提供了有力支撑，即形成了海陆兼具、多元互补、整合互动的文化有机整体。山东陆地和海洋面积广阔，沿海地貌、地形丰富多样，物产富庶，农业发达，为海洋文化的产生与发展提供良好的支撑，在历史长河中保持了中华民族“天下共享太平之福”（曲金良，2012）的根基与特色，维持了海洋文化的稳定发展。以儒家思想为尊崇的山东海洋文化形态，尊重先知和权威，注重群体价值和个人道德修养，经过对外文化交流，吸收外来文明成果，也促成了山东海洋文化开放、进取的一面。尤其是青岛、威海等地域海洋文化充分吸收了东亚、欧洲的文明特质，给建筑、艺术、文学、民俗等领域带来新鲜血液，并映射到物质创造与精神气韵上，充实发展了新的山东海洋文化特质，为如今的海洋文化旅游资源奠定了丰厚的人文底蕴和历史风采。

2. 海洋文化旅游资源数量庞大

山东海洋文化的精髓在于其开放性和兼容性，孕育出的海洋文化旅游资源数量丰富、种类繁多。据实地调研统计，山东省沿海七市共查出在开发、未开发海洋文化旅游资源1255项，拥有以琅琊台、古登州港、田横岛为代表的海洋遗迹旅游资源，以鲮䲢顶庙会、日照刘家湾赶海节、海盐制作技艺为代表的海洋民俗旅游资源，以蓬莱、刘公岛、崂山为代表的海洋景观旅游资源，以蓝色硅谷、深潜基地为代表的居于全国领先地位的海洋科技旅游资源，以海阳大秧歌、渔祖郎君爷传说、石岛渔家大鼓、日照满江红为代表的海洋文艺旅游资源等。其中，海洋景观旅游资源占8.69%，为海洋文化旅游产业发展奠定了优美的景观底色；海洋遗迹旅游资源占28.69%，可大大增强游客对山东海洋文化历史内涵的理解与认知；海洋文艺旅游资源占14.90%，是当代海洋文化具体呈现的重要载体，可为海洋文化旅游产品注入丰富的现代化创意；海洋民俗旅游资源占14.26%，形态丰富且极具各地山海相间的地方特色，可进一步提升海洋文化旅游产品的丰富度和体验度；海洋娱教旅游资源占23.75%，已在部分城市形成集聚优势，外部性逐步显现；海洋科技旅游资源占9.72%，具备独特的知识产业化开发价值，具有大众科普的属性，可增添海洋文化旅游新兴业务的重要一笔。

3. *海洋文化旅游资源分布广泛*

山东海洋文化旅游资源数量较多，且与其他旅游资源类型交叉融合，在沿海七市广泛存在。如前所述，山东海洋文化旅游资源分布呈现出典型的金字塔型等级结构，拥有海洋文化旅游资源数量最多的是烟台，占全省的27.33%，其次为青岛和威海，分别占全省的26.69%和19.36%，随后依次为日照、滨州、潍坊、东营。烟台市343项资源中，较丰富的是教育型海洋遗迹资源、观赏型海洋遗迹资源、体验型海洋文艺资源、观赏型海洋民俗资源、观赏型海洋娱教资源；青岛市335项资源中，拥有最多的是体验型海洋遗迹资源、观赏型海洋文艺资源、体验型海洋民俗资源、服务型海洋娱教资源、教育型海洋科技资源、服务型海洋科技资源；威海市243项资源中，拥有最丰富的为教育型海洋遗迹资源、体验型海洋文艺资源、体验型海洋民俗资源、教育型海洋娱教资源；日照市124项资源中，最突出的为观赏型海洋文艺资源、观赏型海洋娱教资源和服务型海洋民俗资源；滨州市83项资源中，最突出的为观赏型海洋文艺资源；潍坊市68项资源中，最突出的为服务型海洋娱教资源；东营市59项资源中，最突出的为服务型海洋景观资源。总之，各市居民与海洋频繁互动，创造出类型多样、各具特色的海洋文化旅游资源，且各地资源局部分布较为集中，适宜将其串联，形成海洋文化旅游聚集式融合格局。

4. *海洋文化旅游资源品质优良*

山东海洋文化旅游资源品质较高，很多归属于国家级/省级自然保护区、国家级/省级风景名胜区、国家级/省级非物质文化遗产、国家级/省级度假区、国家级/省级历史文化名城、国家级/省级历史文化名镇名村、A级景区等。通过综合评价得知（高乐华和刘洋，2017），山东各地海洋景观类资源不仅观赏价值较为突出，部分资源在体验价值和服务价值也有良好表现；海洋遗迹类资源除教育价值外，还具有一定的欣赏和体验价值；海洋文艺类资源和海洋民俗类资源通常欣赏价值和体验价值均较突出；海洋娱教类资源和海洋科技资源在观赏价值和服务价值方面得分都较高。在资源条件方面，由于资源价值和易接纳程度较高，烟台和青岛的海洋文化旅游资源条件普遍较好；在市场开发条件方面，相对较高的居民消费水平和优越的地方投资能力成为青岛和威海发展海洋文化旅游的良好市场基础；在区域条件方面，青岛、东营、威海三市的经济条件、科技优势和社会环境优于其他城市；在效用潜力方面，东营、滨州等后进城市则较好，原因是目前其海洋文化旅游发展相对落后，倘对其海洋文化旅游资源进行深度挖掘、合理开发，可带来的产业带动效应、资源保护与传承效应等上升空间更大。

第三章 山东省海洋文化旅游资源开发的新时代现实境遇

一、山东省海洋文化旅游资源开发的进程回顾

以政府出台的文旅政策和文旅部门调整为依据来划分海洋文化旅游资源开发的演进过程，并非是推倒海洋文化和旅游一开始就密切融合的实践事实，而是出于国家对文化和旅游综合治理层面的考虑，更深入、更系统、更全面地梳理海洋文化和旅游的融合发展进程，探索两者融合的关系层次和发展路径，为推进海洋文化旅游资源开发提供知识和决策参考。

（一）偶有交流的共生阶段（2000年之前）

在海洋文化与旅游平行发展的共生阶段，海洋文化作为沿海地区旅游产业发展中的不太重要的资料来源，重心仍然是塑造旅游产业的休闲观光功能。从两者的发展地位来讲，海洋文化与旅游的地位不对等，海洋文化资源只是旅游产业发展升级的补充和选择之一。

这一阶段山东省海洋文化与旅游的融合发展多为自发现象，两者偶有交流，但互动较少，滨海景区主要是宣传海洋自然景观，偶有涉及海洋文化的景点也多为历史故事和民风民俗。从旅游市场的角度来看，这一阶段山东省海洋文化旅游市场游客数量较少，且海洋文化旅游产品和服务较为单一，以旅游企业为主导，游客的消费模式多为被动消费。同时，旅游企业与海洋文化单位之间很少有业务往来，在大众认知中，海洋文化与旅游具有明确的产业界限，两者保持相对独立的发展态势，海洋文化旅游资源被挖掘较少，且开发层次较低。

（二）尝试融合的交叉阶段（2000~2018年）

2000年10月通过的《中共中央关于制定国民经济和社会发展第十个五年计划的建议》明确提出，要"推动信息产业与有关文化产业结合""完善文化产业政策，加强文化市场建设和管理，推动有关文化产业发展"。2001年3月，《关于国民经济和社会发展第十个五年计划纲要的报告》进一步表述为"深化文化体制改革，完善文化经济政策，推动有关文化产业发展"。自文化产业正式走进国家发展规划蓝图，这一节点成为文化产业蓬勃发展的新起点。虽然尚未有充分的数据统计表明文化产业对旅游产业的贡献率，但如果没有文化产业20年的发展，文旅融合的程度将会大打折扣，因此，两个产业的融合发展也是体制改革的产物（北京大学国家现代文化研究中心和北京市石景山区文化和旅游局，2019）。

随着国民生活水平的提高和文化的演进，文化对海洋经济的拉动作用开始凸显，居民的文化消费现象开始增多，文化经济成为国民生产中的一项新兴产业，文化软实力成为衡量综合国力的新指标，文化消费活动成为居民丰富娱乐生活的重要选择。从旅游市场的发展来看，这一阶段游客数量增多，旅游产品和服务也日渐丰富，游客的个性化需求开始对旅游产业产生影响，但随着旅游市场逐渐成熟，旅游产业面临着业务调整和产业结构升级的压力，一大批先行者开始探索"旅游+"的发展模式（向玉成，2016），其中，海洋文化因其独特性成为旅游产业优化产业结构的重要要素，海洋文化旅游业务融合既满足了消费者新增的文化消费需求，又促进了旅游市场的消费升级。

这一阶段，山东省海洋文化旅游资源开发变得频繁，海洋文化与旅游逐渐拓宽了合作领域，业务合作成为丰富、宣传海洋文化，优化旅游产业结构的重要方式。然而，由于海洋文化和旅游产业分别隶属于不同单位管辖，资源流通和项目合作仍然受到不同程度的阻碍，海洋文化旅游资源开发仍然受到许多阻力，这一时期海洋文化与旅游的融合发展属于尝试融合的交叉阶段。

（三）业务整合的一体化阶段（2018年至今）

2018年3月，根据党的十九届三中全会审议通过的《中共中央关于深化党和国家机构改革的决定》《深化党和国家机构改革方案》和第十三届全国人民代表大会第一次会议批准的《国务院机构改革方案》，将文化部、国家旅游局的职责整合，组建文化和旅游部。这标志着文旅融合的发展已经不单单局限于市场层面的企业自发行为，而是上升为国家战略指导层面，国家希望通过成立文化和旅游部统筹文化事业、文化产业发展和旅游资源开发，调整文化建设和旅游

发展所涉及的协调部门职责职能，推动文化事业、文化产业和旅游业融合进程。

文化和旅游部的成立进一步破解了文旅融合发展的产业壁垒，政府出台的支持性政策加速了文旅资源的流通和交换（李萌和胡晓亮，2020），乡村旅游和全域旅游成为旅游产业的新业态。2018年，国家统计局发布了最新文化产业分类，其中九个大类中的“文化服务业”的部分内容与旅游业直接相关，如森林公园管理、休闲观光活动、名胜风景区管理等，这表明政府出台的政策和文件规范了文旅融合渠道，明晰了文旅融合结构。从技术发展的角度来看，近年来互联网产业取得了新的进步和突破，大数据、云计算、5G、全息影像、人工智能等逐渐投入商业化使用，从产品和服务层面消解了山东省海洋文化与旅游融合发展进程中的障碍，进一步拓宽了海洋文化旅游资源开发使用的方向和领域。然而消费者的海洋文化旅游需求的日趋多元化和高级化，使得海洋文化旅游市场逐渐转变为以消费者体验为导向，这一时期山东省海洋文化旅游逐渐进入业务整合的一体化阶段，海洋文化旅游资源开发广度和深度得到前所未有的提升。

二、山东省海洋文化旅游资源开发的主要问题

（一）重经济效益轻文化品质

随着近年来大众旅游业的快速发展，山东沿海地区的游客量大大增加，当地海洋文化旅游相关企业为了迎合新兴的市场需求，往往对海洋文化旅游资源进行过度开发，在获取经济利益的同时，也给海洋文化旅游资源及当地的海洋环境带来了巨大压力，引发了海洋景观资源、海洋遗迹资源被破坏，海洋民俗资源、海洋文艺资源被庸俗化开发等问题。各地在挖掘本地海洋文化旅游资源时，把带动当地经济发展放在首位，进行资源开发的目的也仅限于经济收益，便导致了开发前缺少宏观把握、产业发展前瞻性不足、文化内涵令人担忧等问题。

山东沿海地区海洋文化旅游相关企业在开发海洋文化旅游产品或提供相应服务时，缺少科学合理的前期规划，导致产品或服务中缺少当地特色的海洋文化元素，再加上沿海的海洋文艺资源和海洋民俗资源大多面临失传或丧失本真的困境，如海洋非物质文化遗产日照踩高跷推虾皮技艺、荣成海草房民居建筑技艺、荣成海参传统加工技艺、寿光卤水制盐技艺、沾化渤海大鼓等，正面临着人才断档、后继乏人的局面，一些口口相传的海洋民间故事、生产生活风俗也面临着消

失的危险。许多海洋文化旅游项目对游客的吸引力并不强，游客对海洋文化的感受性也不强。山东沿海海洋文化旅游市场存在着海洋文化旅游产品肤浅、品位不高的现象，一些游客甚至表示不愿再到山东沿海重游。海洋文化旅游产业兼具经济功能和社会功能，但山东沿海地区在发展海洋文化旅游产业时，仅把重心放在了对当地经济的带动作用上，丢失了海洋文化对社会大众的教化美育作用，不仅引起海洋文化旅游资源遭到破坏性开发，短视的开发行为还让海洋文化旅游产品的品质禁不住市场的考验。

（二）重基础设施轻市场培育

基础设施建设相当于海洋文化旅游产品的一部分，属于产品供给，但产业发展仅仅重视供给不够，没有需求侧游客消费的拉动，整个海洋文化旅游产业很容易陷入发展的死胡同。目前，山东沿海在发展海洋文化旅游过程中，重点建设的还是滨海的豪华酒店、码头港口、运动项目等，投入了大量精力进行基础设施建设。反观海洋文艺资源、海洋民俗资源等作为当地典型的海洋文化形态，虽然丰富了海洋文化旅游的文化内涵，但围绕其进行的文化旅游产品或服务少之又少，旅游者在山东沿海地区的海洋文化旅游体验更多的是依托海洋景观资源进行的初级旅游活动，海洋文化内涵体验较少，给游客留下的海洋文化记忆也较浅。如青岛奥帆中心对其内部建筑进行了多次扩建、完善，帆船、游艇、帆板等海上运动活动日益丰富，但奥帆中心提供的海洋文化展示、讲解以及文化纪念品种类始终没有太大变化。

（三）重政府扶持轻制度规范

海洋文化旅游产业发展前期，政府扶持能够起到良好的推动作用，但在中后期，市场进一步开拓、产品优化升级需要更多地依赖制度规范来维持市场公平，确保产业的繁荣、可持续发展。由于海洋文化旅游产业涵盖面广，涉及的市场层次和管理部门较多，交叉重合现象普遍，原有的管理制度和规范难以适应海洋文化旅游融合发展的新要求。因此，海洋文化旅游的发展需要政府相关管理部门进行协调沟通，整合行政力量，共促发展。综观山东沿海各地区，虽然政府出台了许多海洋文化旅游产业扶持性发展政策，但在企业运营管理、市场营销拓展等方面仍缺少具体的制度性规范政策，造成了一定的市场乱象。忙于进行海洋文化旅游项目开发的企业，也往往将重点放在资金筹集方面，对产品品质和市场有序竞争的维护并不十分在意。

三、山东省海洋文化旅游资源开发的障碍因素

（一）相关企业能力不足

现有山东沿海海洋文化和旅游领域内小型企业居多，具有带动效应的大型海洋文化旅游集团发展滞后，还没有一个“文化航母”似的海洋文化旅游企业引领整个产业的发展。企业的小型化，造成了海洋文化旅游资源开发零散、人才匮乏、资金不足等问题，导致企业难以适应市场竞争的要求。海洋文化与旅游企业缺乏竞争力的另一个突出表现是没有活跃的民营经济成分。目前山东沿海还未形成规范的文化旅游投融资机制，由于产业性质的原因，绝大多数海洋文化和旅游企业属于国有性质，集体或民营海洋文化和旅游企业数量少、规模小，严重影响了海洋文化旅游资源的高效开发。

目前，海洋文化和旅游企业市场影响力不强集中体现为产品质量和品牌得不到良好的市场认同，宣传和销售渠道布局过于传统、狭窄，未能充分结合当下互联网平台和移动终端的优势，产品促销方案匮乏或缺乏特色，未能与海洋文化旅游产品自身优势相结合，导致客户流失和一次性消费现象越来越严重。海洋文化和旅游企业与多数文化、旅游企业类似，延续了计划经济时期事业单位、集体经济的经营管理模式，在政府支持和财政拨款下生存，养成了较为严重的依赖惯性，市场经济竞争意识较为薄弱，如胜利油田科技展览中心、赤山景区等。但随着市场外部环境的剧烈变化，海洋文化和旅游企业面临的压力和挑战越来越严峻，部分企业只一味获取眼前利益，缺乏对市场营销宣传推广方案的系统性、长远性规划，如胜利油田科技展览中心只是等着团体预约、日照海战馆只顾收取高门票而不改善展馆，致使其生产规模扩张缓慢，品牌知名度和美誉度皆受到较大限制。

海洋文化和旅游企业能力不足的另外一个表现是专营性和专业性差。由于海洋文化旅游开发尚处于起步阶段，产品设计和市场开拓仍需要积极探索，但目前除了少数企业专门从事海洋文化旅游经营，大部分企业都是专营其他业务。专营性企业如青岛海之帆文化传播公司，是一家致力于帆船、帆板、游艇等海上运动项目传播和推广的海洋文化旅游传播公司。专营性海洋文化企业占少数，绝大多数都是非专营企业。如威海的好当家海参集团，其博物馆中展出的海参传统加工技艺属于山东省非物质文化遗产，但好当家集团是一个以从事食品加工、医疗、化工、运输、餐饮、住宿、旅游等业务为一体的综合性公司；青岛的田横岛度假村，由主营商贸、房地产、传媒产业的三联集团投资兴建。这些企业集团对海洋文化旅游产业的投资，增强了海洋文化旅游产业的实力，但是从长远的角度看，这些企业涉及的经营范围广泛，极易出现对海洋文化旅游产品投入资金短缺，对海洋文化旅游产业运作认识不足等问题，再加上专业性不强，创作和营销人才较为缺乏，又会造成海洋文化旅游产品单一、档次不高，以及企业运行质量、管理水平较弱等问题，这都会延缓海洋文化旅游资源开发的进程。

（二）市场发育尚不充分

山东省海洋文化旅游资源丰富，但在开发海洋文化旅游市场、刺激游客消费方面显得力度不够，导致市场需求跟不上市场供给的发展。目前，山东沿海的海洋文化旅游资源开发仍未走出政府推动和高度管理的阶段，政企不分、管办不分、大包大揽的弊端依然存在。政府过多地干预企业的行为，不利于海洋文化旅游市场的良性发展。尤其是一些由事业单位转制的海洋文化或旅游企业，还停留在依赖政府资金的状态下，在运行机制上还不能适应市场经济和产业发展的要求，经济效益低下。这一点在东营胜利油田科技展览中心等景区的体现较为明显，胜利油田科技展览中心隶属于胜利石油管理局、胜利油田分公司和胜利石油工程公司，其经营不计成本，缺乏参与市场竞争的意识，该中心仅接待提前预约的考察团队，不向广大群众开放，使得群众失去了获取海洋石油科技相关知识的机会，其教育、科普、美化功能未能充分发挥。另外，山东沿海各地区缺乏有效的组织联合，未能在市场中形成海洋文化旅游协会组织，导致各地的优势资源无法形成系统合力。

（三）海洋文化传承窘迫

在互联网纷繁多样的现代文化冲击下，沿海地区一些优秀的海洋民俗资源、海洋文艺资源正面临市场丢失、后继无人的窘态。海洋民俗资源需要杰出的传承人进行文化传承和文化创新，他们在非物质文化遗产的传承、保护、延续、发展中起着重要作用，对海洋文化旅游产业的发展也起着十分重要的助推作用。作为海洋文化知识和创意的承载主体，传承人是海洋文化继承、传播、创新责任的担当者，然而，由于经济效益低、社会认同度不高且技艺烦琐，诸多海洋民俗和文艺遗产的传承危机不容小觑。长此下去，与老龄传承人辞世相伴的必然是一批又一批宝贵海洋文化传统知识和技艺永久性的丧失，如果没有提前进行系统整理和科学挖掘，失去文化源泉滋养的海洋文化旅游产品必然成为“无源之水、无本之木”。

（四）复合创新型人才缺乏

海洋文化旅游资源的开发需要创新，创新的关键在于人才，如今人力资本已成为影响海洋文化旅游资源配置的核心要素。任何一个产业对于人才的要求都很高，海洋文化旅游产业横跨两个领域，对从业者素质的要求更高。海洋文化领域是以海洋文化为主要内容和消费对象的产业，海洋文化是其价值内核，需要从业者具备综合的文化素养、广泛的知识面，对海洋文化的底蕴和涉及的自然景观、历史、艺术、民俗事项都有较好的领悟力，并具有一定的创新力。旅游产业的从业者应通晓旅游资源、企业管理、产品营销、服务操作等流程和内容。当海洋文化与旅游融合时，无论是基于资源的产品创作还是生产、销售，都需要既懂文化又熟悉企业管理、既了解市场实际又具备创新意识的复合型高素质人才。

然而，海洋文化作为一门新兴的学科，在学科建设和人才培养方面仍处于初级阶段。山东省只有中国海洋大学将海洋文化作为课程讲授，真正对海洋文化有系统了解和研究的人员数量较少，这些人员中能胜任市场化、产业化经营的人更是少之又少。同时，旅游产业中的经营管理人员又存在着不理解海洋文化的缺陷，以至于不少经营者不能充分地挖掘和利用丰富的海洋文化旅游资源，导致海洋文化旅游产品的文化内涵不足。此外，山东沿海地区海洋文化旅游景区的从业人员大多为周围居民，往往缺乏理解并有效利用海洋文化旅游资源的能力，更谈不上向游客传播丰富的海洋文化信息。因此，人才资源的严重不足和断层，已经成为制约山东省海洋文化旅游资源开发的重要因素。

四、山东省海洋文化旅游资源开发的现实挑战

（一）跨区域竞争激烈

基于对海洋文化旅游产业作用的深刻认识和厚望，我国沿海各省份都在通过不同的方式积极地培育和发展各自的海洋文化旅游产业。仅在山东所处的环渤海经济圈，就有大连、天津、秦皇岛等海洋文化旅游产业发展态势较好的沿海城市。海洋文化旅游产业已经成为我国沿海省份主要的关注领域和竞争市场，因此山东在发展的道路上难免遭遇其他省份强大的竞争压力。

浙江舟山市明确提出以建设现代化海洋文化名城为主要目标，先后出台了《舟山市建设海洋文化名城纲要（2001—2020）》《中共舟山市委关于加快建设

海洋文化名城的决定》等，通过不断深入挖掘海洋文化旅游资源，突出海岛生态特色，提升海洋文化旅游产业的发展水平，举办了国际沙雕节、海鲜美食节、贻贝文化节、渔民画艺术节等一批海洋文化节庆活动，在全国打响了海洋节庆旅游的品牌，并把舟山锣鼓、舟山渔歌、舟山布袋木偶戏等极具海岛特色的海洋文艺资源与旅游产业相结合，打造了富有海洋文化内涵和市场竞争优势的旅游新产品。此外，福建海洋文化旅游资源也十分丰富，不仅有厦门湾、鼓浪屿、泥洲湾、三都澳、三沙湾、罗源湾等秀丽的城市滨海风光，更有船政文化、妈祖文化、海上丝绸之路等独具特色的海洋遗迹资源，打造出了颇具竞争力的海洋文化旅游产品。海南是久负盛名的海洋文化旅游胜地，以“碧海、沙滩、椰树”为特色的海口、三亚、琼海等城市都在大力发展海洋文化旅游产业，进行了人力、物力和财力的全力保障，倾力打造的《印象·海南岛》已成为海南标志性演艺项目，海洋文化旅游产业的整体实力不断提升。广州作为中国沿海发达的城市之一，是国际化大都市也是与国外联通的重要交通枢纽，无论是在旅游产业发展的硬件设施建设方面，还是贯通中西的海洋文化包容能力方面都具有很强的综合竞争力。由此可见，山东海洋文化旅游资源开发面临着强大的竞争威胁。

（二）管理制度不完善

山东海洋文化旅游发展已取得了长足进步，但与发达地区相比，仍有较大差距，尤其是管理方面仍存在不少问题。经过多年的开发，有些沿海地区由于经营不当致使海洋生态环境雪上加霜，严重影响了海洋文化旅游的可持续发展。海洋环境保护问题虽然已成为人们关注的焦点，但由于环保政策制定落实不到位，在渔家乐、景区点、餐饮店、宾馆等经营过程中，生活污水、生产废水、消费垃圾在内的大量污染物流入海洋，导致山东近海出现漂浮垃圾、海水富营养化等生态环境问题。同时，部分地区政府在海洋文化旅游地形象塑造上，存在宣传力度不够、宣传手段落后、缺乏整体性规划等问题，导致海洋文化旅游资源得不到有效的关注度，难以形成市场吸引力。如威海荣成海参传统加工技艺，作为山东省非物质文化遗产，于明代中期就已形成刨参、煮参、拌盐、拌灰、晾晒五道完善的工序，纯物理方法所加工的海参涨发率高、营养保留完全、口感极佳，可长期储存，但当地仅有一家好当家海参博物馆进行相关介绍，博物馆中关于海参传统加工技艺只有一幅图展示，连博物馆内讲解员都知之甚少。日照地区的大型民歌套曲“满江红”，是鲁南五大调之一，曲调细腻、优雅，有“细曲”“雅曲”之称，是在长期的渔业生产中发展而成，具有独特的历史、文化和艺术价值。政府在对“满江红”进行保护及传承时，宣传力差，致使本地居民对其都不了解，附近居民甚至没有听说过。

（三）资源保护力不强

海洋文化旅游资源开发的基础是对相应的资源进行完整、科学的保护，但由于历史原因，民众仍然存在海洋意识淡薄、海洋文化认识不足等问题。在海洋文化旅游资源开发建设中，由于政府和企业缺乏对原汁原味海洋文化旅游资源的保护，在经济利益至上的观念驱使下，对部分海洋文化旅游资源进行过度开发、篡改开发，使得海洋文化旅游庸俗化、商业化发展问题愈加严重，正常的海洋文化意境、功能和价值被损害，海洋文化旅游资源不能被持续利用，海洋文化旅游产业辉煌的可能性也随之大大降低。

文化价值引导使开发主体（主要为政府和企业）在鳞次栉比的海洋文化旅游资源挖掘过程中，将富含海洋文化精神的旅游产品及服务呈现在游客面前，使游客在欣赏和消费海洋文化旅游产品及服务过程中得到人生观、价值观和世界观的提升。但是受开发主体目标取向偏差的影响，多数海洋文化旅游资源开发活动仅片面追求经济利益，弱化了审美、教育、启迪等社会效益，大部分物质性海洋文化旅游资源被挖掘开发，但却轻视了精神性海洋文化旅游资源，尤其是休闲娱乐、时尚流行甚至庸俗的海洋文化旅游资源被过度重视，而一些高雅的、精英的、严谨的、朴素的海洋文化旅游资源倍受冷遇。泥沙俱下的市场形势下，打着“弘扬海洋文化”的“伪文化、假文化”也横行其中。青岛胶州的板桥镇、威海的仙姑顶、无棣的大河口海滨旅游度假区等开发全是政府行为，往往单纯地以增加资源开发的资金投入规模，换取海洋文化旅游产品生产数量的激增，利用手段简单粗放，造成了海洋文化旅游产品生命周期短暂、发展后劲不足甚至海洋文化生态消失的弊病。依存于海洋文化的旅游企业，在不良价值观的引导下，开发利用海洋文化旅游资源的过程没有成为一个文化本身提升和蝶变的过程，却出现了“自身解构却恶性重构、破坏而不重建、改变却不创新、恶化却无提升”的现象，从长远来看，这种竭泽而渔式的开发与管理方式将缺乏后劲，在未来定会面临重新投入巨资保护海洋文化遗产及其生态的尴尬境地。

五、山东省海洋文化旅游资源开发的新时代诉求

（一）促进新旧动能转换

文化旅游产业的发展空间是由游客消费的内需潜力确定的。海洋文化旅游产

业正是在这一背景下，由海洋文化与旅游产业融合发展而成。与相同发展程度国家相比，我国居民文化旅游巨大的消费潜力还远未释放，文化旅游消费具有很大的后发优势。如果能够激活人们的海洋文化旅游消费需求，就能够很快形成一个庞大的新兴消费市场，成为文化旅游产业快速发展的绝佳机遇。随着居民收入的持续上升，山东省城乡居民消费结构和层次不断变化，文化娱乐消费已逐步成为消费增长的主要动因，并呈现快速增强的势头。据统计，山东省 2019 年国内旅游收入 10851.33 亿元，增长了 12.32%，入境旅游收入 34.13 亿美元，增长了 1.46%，接待的国内游客人数、入境游客人数分别为 93288.04 万人次、521.26 万人次。[①] 另外，2019 年山东省实现海洋生产总值 1.46 万亿元，增速为 9%。其中，滨海旅游业生产总值为 6876 亿元，占比为 47.1%。[②] 在教育和生活水平提高的情况下，游客更加注重文化旅游产品的品位，更加追求时尚性、娱乐性和体验性，相关企业可以通过海洋文化旅游资源多样化、差异化的开发途径满足人们的新兴需求，持续扩大文化旅游市场空间。

就旅游产业而言，旅游结构状况反映一个区域旅游经济的发展方向和发展水平，制约着旅游经济发展的速度和水平（江世银，2004）。当前，单纯强调旅游观光的旅游产业难以满足游客的多元化需求，产业附加值低是旅游产业发展大幅度依靠门票经济支撑的本质原因（马宏丽，2018）。从旅游盈利结构来看，延长游客在旅游目的地的停留时间，给予游客更多旅游消费选择，借此延长游客在旅游过程中的消费链，既能够满足游客旅游过程中的多元化需求，又可以丰富旅游产业的收入种类，优化旅游经济结构。海洋文化旅游资源的开发能够丰富旅游产品种类，扩大旅游产业的收入来源，并有利于旅游产业开发利用海洋文化旅游资源，在产业内部完成从前到后的产品设计、研发、制造、销售等一系列业务流程，从而有助于减少资源流动中的耗散现象，大幅节约业务对接的时间资源，提高海洋文化旅游资源转化率，优化旅游结构，完成其新旧动能转换。

（二）提高产业链附加值

海洋文化旅游产业能够扩大内需、促进经济增长，加快经济结构的战略性调整。在国民经济发展过程中，海洋文化旅游产业作为新的增长点，将以更快的速度发展。山东沿海人民生活水平的不断提高，带动着海洋文化旅游产业需求提升，海洋文化旅游市场有着巨大的潜力和前景。随着国家发展战略的调整，作为第三产业的海洋文化旅游在国民经济中会逐步占有重要地位。“加强第一产业，提高第二产业，发展第三产业”是全国产业结构调整的基本思路，据统计，山东

① 参见 2020 年《山东旅游统计便览》。

② 参见山东省政府新闻办召开的“十三五”成就巡礼系列新闻发布会。

省第三产业的国民经济核算在2016年首次超过第二产业，并且保持着高速增长的趋势，据2019年国民经济核算数据，一二三产业的增长速度分别为1.1%、2.6%和8.7%。[①] 拥有优质海洋文化旅游资源的山东应该抓住机遇，利用第一、第二产业的资金、技术、人才等发展优势带动第三产业发展，实现山东经济发展重心由重工业向服务业的转移，如青岛的海洋文化旅游主要是围绕海洋娱教资源开发的涉海体育活动，利用第一、第二产业成熟的产业链，成功实现了帆船制作组装、海洋工艺品设计加工与帆船运动培训推广、水上娱乐营销等环节的结合，形成了更为完整的海洋文化旅游产业价值链。

产业链增值是产业融合发展过程中，产品附加值得到提升并客观反映在产品生产、营销推广等各个环节（陈景翊，2015）。由于文化产品天然具有高附加值的特点，海洋文化旅游资源的开发在产品层面最直观的反映便是融合了海洋文化的旅游产品附加值得到提升。同时，海洋文化旅游融合发展引起的产业结构调整，有助于优化产品生产过程中的产业链，减少资源流通障碍，降低产品和服务综合生产时间，扩大产品销售推广范围，这些优势既是海洋文化旅游融合本身的特点，又因为海洋文化旅游资源的特殊性而得到加强。创意和智力附加在海洋文化旅游资源开发中，占据着重要地位、发挥着重要作用，而创意既是知识经济的核心，又是知识经济的诠释和载体，能够有效提升产业附加值和竞争力（杨颖，2009），这意味着海洋文化旅游资源的价值与优势能够更快体现。

（三）增强海洋文化自信

从社会影响力来看，中国文化的根基在黄河、长江流域的农业文明（冯天瑜，2018），海洋文化在大众传播上存在一定的局限。海洋文化与旅游的融合，使得海洋文化从单一的文化领域扩展到旅游领域，游客在跨地域旅游过程中，通过感受体验滨海地区的风土人情、节日民俗，甚至参与特定的海洋文化娱乐活动中，得以亲眼所见、亲身感悟海洋文化的魅力，能够有效增强海洋文化的传播力，扩大海洋文化的影响范围，并在一定程度上，使得游客自愿向亲朋好友分享自己的旅游体验，形成海洋文化的大众传播效应。从国际文化传播角度来看，中国海洋文化在国际上令名不彰，海洋文化的研究、建设仍然滞后（徐文玉，2020），在全球一体化的今天，迫切需要改变文化传播这一被动局面，主动抓住国际变化潮流，以海洋文化与旅游融合的方式打造知名海洋文化旅游产品，借此向外传播海洋文化。如青岛西海岸建成的东方影都，其定位既是影视制作中心，又是滨海地区的海洋文化旅游基地，随着知名度的提升，越来越多的人开始认识

---

① 参见《2020年山东省统计年鉴》。

和了解青岛地区的海洋文化。

以史明志，山东海洋文化以经过历史反复检验的正向人文精神为依托，选择恰当的开发根基、路径和方式，既考虑自身海洋文化的发展特质和优势，又重视当前旅游业所处内外环境及面临的挑战机遇，沿着历史造就的多元、开放、包容、和谐、互惠的方向前行，重拾失落的海洋文化自信，衔接和平海洋贸易与文化交流模式，展现和谐共存、平等共赢的交融传统，在推进各类海洋文化旅游资源可持续开发利用、实现山东沿海旅游经济健康繁荣的基础上，重塑海洋文化发言权乃至盈利权，赢得国内外游客认知、认同。

（四）创造沿海美好生活

通过造型元素、材质元素和色彩元素将地域文化基因融入旅游产品中，能够在产品设计中体现文化特色（韦艳丽等，2021）。旅游产品的发展创新需要接纳、整合其他元素，而海洋文化以其独特的文化魅力和资源禀赋，成为旅游产品创新设计不可多得的补充元素，因此，海洋文化与旅游产业的融合有助于为旅游产品的设计构造提供创意。同理，海洋文化借助旅游产业中的产品设计、创意理念等优势，有助于丰富海洋文化产品种类，提高海洋文化产品质量。从系统论的角度来看，海洋文化与旅游产业的融合发展是跨学科的有机合作，能够有效拓展两者的业务范围，两者在碰撞交流过程中极易催生出思维灵感的火花，并进一步反映到产品服务上，达到产品优化的目的，从而让游客在旅途中多些停留，让居民多些文化体悟，更能够放松心情，感受生活中的美好。

美好生活是海洋文化发展的内驱力，也是海洋旅游升级的新动能，只有当文化追寻成为每个人自觉的行为，成为居民生活中不可或缺的构成，海洋文化才能从国民素质和生活品质的提升中汲取生生不息的传承动力，海洋旅游才能有取之不竭的源头活水（戴斌，2019）。可见，海洋文化、旅游等相关企业加强沟通和认知，发挥各自资源、要素、能力优势，聚焦为人民创造美好生活这一根本出发点，从有利于市场发展的视角探索产业融合方式和资源开发方式，能够形成更多彰显生活趣味和文化品质的深度旅游产品与服务，促使主客共享的优质产品和服务成为沿海地区经济发展的新动能，在融合发展中创造并满足愈加丰富而优质的生活之需。

第四章　山东省海洋文化旅游资源价值的系统评估

一、海洋文化旅游资源价值研究的理论基础

在马克思主义政治经济学中，劳动价值论认为价值是凝结在商品中无差别的人类劳动，劳动是价值的源泉和衡量尺度（马克思和恩格斯，1972）。海洋文化旅游资源在诞生、保护及开发过程中都需要付出人类劳动，因此海洋文化旅游资源是有价值的。然而，其最终形态的呈现是在漫长历史进程中，由多元地域的不同人群、多代人群持续不断地付出劳动所形成，而且业已形成的海洋文化旅游资源亦时刻处于变化之中，其凝结着的人类劳动难以衡量，故引入西方经济学的理论作为海洋文化旅游资源价值评估的具体依据。

在西方经济学中，效用价值论认为，价值是一种主观心理现象，物品的价值取决于其满足人的欲望的能力或人对其效用的主观评价，效用是价值的源泉和形成价值的必要条件（李丰生，2005）。由效用价值论演绎来的消费者剩余理论认为消费者在消费某种商品时愿意支付的最高价格总是大于实际支付的价格，两者的差值即为剩余价值（马歇尔，1985）。海洋文化旅游资源兼有旅游资源和文化资源属性，可以认为其价值取决于它的效用性，其价值大小取决于它的稀缺性（李金昌，1994）。

因此，以马克思主义为指导，以效用价值论和消费者剩余理论为基础，从海洋文化旅游资源的使用者和消费者的视角出发，以海洋文化旅游资源能够满足人们多样化的需求为切入点，构建海洋文化旅游资源价值体系。

二、海洋文化旅游资源价值构成的分类体系

以对山东省海洋文化旅游资源的普查结果（见表2-2）为基础，在对其进行文献查阅、网络检索、受众（以资源所在地的学生为主）访谈的情况下，按照知名度、认可度、典型性从1255项海洋文化旅游资源中初步筛选出432项海洋文化旅游资源（见表4-1）。随后，经过2019年3月6日至5月29日的实地预调研、相关文献资料的查阅、同利益相关者的谈话等了解情况，依照典型性、知名度、数据易获取性、民众认同性、开发必要性、开发可行性、可比性的原则，从山东沿海七市中各选取7项共计49项海洋文化旅游资源作为评估对象（见表4-2），能够较好地代表山东省海洋文化旅游资源的价值水平和开发利用潜力，进而助力海洋强省建设。49项典型海洋文化旅游资源的名称如表4-2所示。

表4-1　山东省海洋文化旅游资源初步筛选情况

类别	青岛（项）	烟台（项）	威海（项）	日照（项）	潍坊（项）	滨州（项）	东营（项）	总计（项）
海洋景观资源	15	9	7	3	4	4	5	47
海洋遗迹资源	26	40	22	4	7	8	3	110
海洋文艺资源	20	18	14	9	3	6	3	73
海洋民俗资源	18	15	16	11	3	8	2	73
海洋娱教资源	22	26	11	10	8	5	7	89
海洋科技资源	14	11	8	1	2	2	2	40
合计	115	119	78	38	27	33	22	432

资料来源：笔者整理。

表4-2　山东省49项典型海洋文化旅游资源

类别	青岛	烟台	威海	日照	潍坊	滨州	东营
海洋景观资源	胶州湾海湾大桥	—	威海仙姑顶	—	潍坊寿光羊口港	沾化徒骇河入海口	东营港、东营仙河镇
海洋遗迹资源	马濠运河、胶州板桥镇遗址	长岛北庄遗址、庙岛显应宫遗址	靖海卫古城、威海卫塔	岚山海上碑、两城镇遗址	双王城盐业遗址群	杨家古窑址、海丰塔	垦利海北遗址、南河崖遗址群

续表

类别	青岛	烟台	威海	日照	潍坊	滨州	东营
海洋文艺资源	渔祖郎君爷传说	—	石岛渔家大鼓、荣成赤山明神传说	鱼骨庙传说、满江红	柳毅传说	沾化渤海大鼓	芦苇画
海洋民俗资源	即墨金口天后宫、即墨田横岛周戈庄祭海	长岛海洋渔号、毓璜顶庙会、海阳大秧歌	荣成海参传统加工技艺、荣成海草房民居建筑技艺	日照渔民节、日照踩高跷推虾皮技艺	羊口开海节、寿光卤水制盐技艺	碣石山古庙会、红庙庙会	—
海洋娱教资源	—	登州古船博物馆、莱阳丁字湾滨海度假区	—	日照海战馆	北海渔盐文化民俗馆	无棣大口河海滨旅游度假区	黄河口生态旅游区
海洋科技资源	海洋科学与技术试点国家实验室	—	—	—	潍坊滨海经济开发区	—	胜利油田科技展览中心

资料来源：笔者整理。

目前，资源价值分类的研究成果主要集中在生物资源、环境资源和文化遗产资源领域，而且已经形成成熟的理论体系，一般将资源价值分为使用价值和非使用价值两大类。然而，学界对于海洋文化旅游资源价值的研究刚刚起步，关于其价值构成的论述往往泛泛而谈，并未形成一定的理论体系，无法体现海洋文化旅游资源的多元价值。基于此，在参考已有研究成果的基础上，结合海洋文化旅游资源自身特性，通过对山东省 49 项典型海洋文化旅游资源的实地调研，将海洋文化旅游资源价值分为使用价值和非使用价值两大类。

（一）使用价值

使用价值包括直接使用价值和间接使用价值。陈应发（1996）以森林资源为例，认为使用价值即森林资源当前可为人类提供的游憩价值；陈炜（2019）认为，使用价值能够直接或间接满足人类需求，包括旅游价值、科学价值、历史价值、美学价值和品牌价值等。基于此，这里提出海洋文化旅游资源的使用价值是指能够满足人们休闲娱乐、知识汲取、精神享受和物质消费等多重需求的价值形式。

直接使用价值指人们可直接从海洋文化旅游资源中获取收益。海洋文化旅游资源类型多样且现有境况不同，按服务对象划分，已开发成旅游产品的海洋文化旅游资源可直接被游客消费，故具有旅游服务价值；反映沿海社会变迁、渔民生产生活方式等信息的海洋文化旅游资源可为科研工作者提供直接考察、研究的对象，故具有科学研究价值；作为实习基地及学生受教育对象的海洋文化旅游资源可为相关人群提供获取海洋文化知识的途径，故具有文化教育价值。因此，海洋文化旅游资源直接使用价值应包括旅游服务价值、科学研究价值和文化教育价值。

间接使用价值是一种无形的、不易量化的价值，指人们从海洋文化旅游资源中获得的间接效用。类型多样、呈现形式丰富的海洋文化旅游资源可给人们带来美的享受，其所蕴含的海洋精神发人深思，故具有艺术欣赏价值和精神启迪价值。这两种价值取决于人们对其的心理评价，且通常同时作用于人，故评估时将两者视作一个整体。海洋文化旅游资源还能以文化符号、知识载体等形式作为 IP 授权给第三方发挥其价值，故具有 IP 授权价值。因此，其间接使用价值包括艺术欣赏价值、精神启迪价值和 IP 授权价值。

（二）非使用价值

非使用价值包括选择价值、存在价值和遗产价值。肖建红等（2019b）以海洋旅游资源为例，认为非使用价值是指海洋旅游资源可持续存在、可供人们未来使用的价值，涉及人们的偏好，与非使用满足收益有关；张纯等（2019）认为，非使用价值是指人们现在尚未利用，但在未来某一时间段可以使用或者留给子孙后代利用的价值。基于此，这里提出海洋文化旅游资源的非使用价值是指目前人们还未利用到的海洋文化旅游资源中的那部分价值，其与人们对海洋文化旅游资源的认知程度、使用偏好、心理诉求等密切相关。海洋文化旅游资源具体价值构成见表 4-3。

表 4-3　海洋文化旅游资源价值构成

价值名称		价值界定
直接使用价值	旅游服务价值	指已开发的海洋文化旅游资源为人们提供休闲、观光、娱乐、体验、购物等服务时所产生的价值
	科学研究价值	指人们（一般为科研工作者）在对海洋文化旅游资源进行实地考察、研究等过程中所产生的费用
	文化教育价值	指海洋文化旅游资源作为教学实习基地或对象时吸引的学习团体产生的费用支出，包括学生对其学习、研究过程中所产生的费用支出；大众为了解其海洋文化内涵所采取的手段（如网络、书籍、课堂等）而产生的费用支出等

续表

价值名称		价值界定
间接使用价值	艺术欣赏价值	指海洋文化旅游资源通过视觉上的冲击、美的享受，给人们带来的心灵上的愉悦感
	精神启迪价值	指人们在对海洋文化旅游资源的了解逐渐加深时，其所蕴含的海洋精神也不断影响着人们的精神世界，使其能够得到启发、获得鼓舞
	IP 授权价值	指将海洋文化旅游资源及其拥有的内涵作为知识产权授予第三方开发，以获得出版物、影视产品、网络内容等衍生产品收益
非使用价值	选择价值	指人们为了将来自己能够再次利用海洋文化旅游资源而愿意付出的费用
	存在价值	指当代人为了使海洋文化旅游资源永续存在而愿意付出的费用
	遗产价值	指当代人为了将海洋文化旅游资源留给子孙后代而愿意付出的费用

资料来源：笔者整理。

（三）各类海洋文化旅游资源价值构成分析

由非使用价值的定义可知，非使用价值是海洋文化旅游资源价值的必要组成部分。因各类海洋文化旅游资源自身特质、开发情况不同，其使用价值构成存在差异，但亦存在共同点。首先，人们在与海洋文化旅游资源（多为实物形式）互动的过程中会对其表现形式、文化内涵和精神启发做出主观评价，这种因人而异的艺术欣赏价值和精神启迪价值是多数海洋文化旅游资源间接使用价值的必然组成部分；其次，海洋文化旅游资源属于文化资源，文化属性决定了文化教育价值是其使用价值的必然组成部分；最后，海洋文化旅游资源作为一种特殊创意资源具有买卖属性，可通过文化符号等形式获得多种衍生收益，故 IP 授权价值也是其使用价值的重要组成部分。

海洋景观资源：该类资源多已开发，其旅游服务价值突出，而其定义中的“观光”“鉴赏”说明其科学研究价值通常较低，可忽略不计。

海洋遗迹资源：资源特性决定其通常具有较高的科学研究价值。庙岛显应宫遗址、胶州板桥镇遗址等已开发的海洋遗迹资源可向人们提供参观、休闲等有偿服务，故具有旅游服务价值。两城镇遗址、南河崖遗址群等未开发的海洋遗迹资源受多种因素限制，仅作为文物保护单位存在，其旅游服务价值目前可忽略不计。

海洋民俗资源：即墨田横岛周戈庄祭海、日照渔民节等已开发的海洋民俗资源可吸引大量游客参与并带动消费，故具有旅游服务价值；荣成海草房民居建筑技艺、寿光卤水制盐技艺、日照踩高跷推虾皮技艺等面临传承困境的资源需要依靠政府资助，市场化相对困难，旅游服务价值可忽略不计。此外，海洋民俗资源代表了沿海地区较高的技艺水平，体现了沿海居民的智慧，故通常具有较高的科学研究价值。

海洋文艺资源：以潍坊柳毅传说、青岛渔祖郎君爷传说、荣成赤山明神传说等为依托打造的旅游景区，获得了游客的喜爱，旅游收入颇丰，故具有旅游服务价值；然而石岛渔家大鼓、长岛海洋渔号、日照满江红等面临传承困境的资源，市场化相对困难，其旅游服务价值可忽略不计。同时，已开发的海洋文艺资源在沿海地区的知名度较高，对沿海居民的生产生活影响较大，如赤山明神传说吸引了众多专家和学者的关注，故具有较高的科学研究价值。

海洋娱教资源：该类资源多已开发，故具有旅游服务价值。同时，其多具观赏性和体验性，商业化气息较浓，故科学研究价值较低，可忽略不计。

海洋科技资源：资源特性决定了其具有较高的科学研究价值。此外，因科研活动的保密性要求较高，基本不对外开放，因此旅游服务价值可忽略不计。同时，该类资源的呈现形式多为数据，缺乏实物吸引，其艺术欣赏价值和精神启迪价值也可忽略不计。

各类海洋文化旅游资源使用价值构成如表 4-4 所示。

表 4-4　各类海洋文化旅游资源使用价值构成

<table>
<tr><th rowspan="2">资源类型</th><th colspan="2">使用价值</th></tr>
<tr><th>直接使用价值</th><th>间接使用价值</th></tr>
<tr><td>海洋景观资源、海洋娱教资源、海洋民俗资源（已开发）</td><td>旅游服务价值、文化教育价值</td><td rowspan="4">艺术欣赏价值、精神启迪价值、IP 授权价值</td></tr>
<tr><td>海洋遗迹资源（已开发）、海洋文艺资源（已开发）</td><td>旅游服务价值、科学研究价值、文化教育价值</td></tr>
<tr><td>海洋遗迹资源（未开发）、海洋民俗资源（未开发）</td><td>科学研究价值、文化教育价值</td></tr>
<tr><td>海洋文艺资源（未开发）</td><td>文化教育价值</td></tr>
<tr><td>海洋科技资源</td><td>科学研究价值、文化教育价值</td><td>IP 授权价值</td></tr>
</table>

资料来源：笔者整理。

三、使用价值评估方法

使用价值包括直接使用价值和间接使用价值，前者包括旅游服务价值、文化教育价值和科学研究价值，后者包括艺术欣赏价值、精神启迪价值和 IP 授权价

值。其中，旅游服务价值、文化教育价值、科学研究价值和IP授权价值皆可通过具有交易属性的海洋文化旅游产品或服务所获得，故其采用直接市场法进行评估；艺术欣赏价值、精神启迪价值来源于人们的心理预期，取决于海洋文化旅游资源满足人们效用的大小，可通过相关花费、消费者意愿等替代市场信息推出，故其采用间接市场法进行评估。此外，对于未开发利用的海洋文化旅游资源，其艺术欣赏价值和精神启迪价值缺乏直接的市场价格，亦无法由可替代的市场费用信息所推出，故采用虚拟市场法进行评估。因此，海洋文化旅游资源使用价值的评估综合采用直接市场法、替代市场法和虚拟市场法三类。

（一）直接使用价值评估方法

1. 旅游服务价值

游客为旅游所付出的花费亦不仅局限于海洋文化旅游资源本身，而是贯穿于其旅游行为的始终。旅游服务价值是指游客为使用海洋文化旅游资源而产生的全部直接费用和间接费用的总和。如果只考虑瞬时性，仅统计游客在使用海洋文化旅游资源时所产生的门票费、缆车费、纪念品费等景区内直接花费，忽视游客旅游行为的阶段性、持续性，忽视游客为使用海洋文化旅游资源所做出的工作花费、所放弃的机会成本等间接费用，得到的旅游服务价值量将无法全面、准确地衡量其享受的旅游服务功能，旅游服务价值量将远低于实际价值。因此，旅游服务价值量的估计要综合考量游客所支出的全部直接费用和间接费用。

其中，对于景区门票、交通票、住宿票等具有市场价格的商品，可采用市场价格法进行评估；对于游客在旅游全过程中所产生的餐饮费用、自驾出行所耗用的油费、其余的零散支出等，其形成通常具有一定的时间间隔，且绝大多数游客并无随时记账的习惯，故可采用费用支出法，设计合理有效的引导手段，从而使游客较为准确地估计其各项总费用；对于机会成本（这里主要指时间机会成本）这类无形的费用支出，其没有明确的市场价格，只可通过游客所在地的工资水平、法定工作时长等替代信息所推出，故引入替代市场法进行评估。构成旅游服务价值的各项费用信息通过问卷调查的方式获得，具体信息如表4-5所示。

表4-5　旅游服务价值各项费用信息

费用	含义	评估方法	计算方式
交通费用	游客通过飞机、火车、长途汽车、轮船、自驾游等交通方式从出发地到达海洋文化景区的往返花费金额，包括主交通费用和副交通费用两个部分	市场价格法、费用支出法	总交通费用=主交通费用+副交通费用； 往返交通费=总往返交通费用×该海洋文化景区旅程在整个旅程中所占比重

续表

费用	含义	评估方法	计算方式
餐饮费用	游客为参观海洋文化景区而产生的全部饮食费用	费用支出法	餐饮费=总餐饮费×该海洋文化景区旅程在整个旅程中所占比重
住宿费用	游客为参观海洋文化景区而支出的酒店费用	市场价格法	住宿费=总住宿费用×该海洋文化景区旅程在整个旅程中所占比重
景区内费用	游客在景区内所支出的费用，包括门票费、设施使用费、购买纪念品费、照相费、上香费等	市场价格法、费用支出法	景区内费用=门票费+设施使用费+购买纪念品费+照相费+上香费+其他费用
时间费用	游客为参观海洋文化景区所放弃的全部机会成本	替代市场法	时间费用=游客的旅游时间×游客所在地的工资水平×40%

注：该海洋文化景区旅程在整个旅程中所占比重=该景区旅行时间/（该景区旅行时间+其他地点旅行时间）；游客的旅游时间=2×游客到达海洋文化景区所花费的时间+游客在海洋文化景区的游览时间；游客所在地的工资水平=游客所在地在岗职工年薪÷240÷8（240为一年的工作日，8为一天的工作时长）

资料来源：笔者整理。

综上所述，海洋文化旅游资源旅游服务价值的测算公式为：

$$V_{旅游服务价值}=S_{单个游客支出费用}\times景区游客总人数 \tag{4-1}$$

$$S_{单个游客支出费用}=交通费用+餐饮费用+住宿费用+景区内费用+时间费用 \tag{4-2}$$

2. 文化教育价值

海洋文化旅游资源具有文化属性，可作为教学实习基地供学生团体参观学习，了解海洋文化相关知识；可作为研究选点对象供学生钻研学术，深挖海洋文化旅游资源未现知识；可作为拓展知识、额外技能供大众学习和了解，扩大海洋文化旅游资源的文化影响力。由此可知，海洋文化旅游资源在文化知识普及和学术研究探讨两个方面发挥着文化教育服务功能，且海洋文化旅游资源受众是在真实的市场环境中主动使用其文化教育功能，因此产生的各项支出、各种成果皆能在市场中找到与之对应的市场价格，故海洋文化旅游资源的文化教育价值采用费用支出法进行评估，其测算公式为：

$$V_{文化教育价值}=V_{学生团体参观学习价值}+V_{学生研究选点价值}+V_{大众获取海洋文化信息价值} \tag{4-3}$$

各部分价值的计算公式为：

$$V_{学生团体参观学习价值}=单个学生年培养费（P_1）\times参观学习占P_1的比例\times总人数 \tag{4-4}$$

$$V_{学生研究选点价值}=单个学生的总培养费（P_2）\times论文占P_2的比例\times总人数 \tag{4-5}$$

$$V_{\text{大众获取海洋文化信息价值}} = \sum P_{\text{途径}i} \times \text{次数} \tag{4-6}$$

其中，$P_{\text{途径}i}$ 表示通过途径 i 获取海洋文化信息所支出的费用，i = 1，2，3，…。

3. 科学研究价值

作为沿海人民的劳动产物，海洋文化旅游资源是劳动人民生产生活智慧的承载物，吸引了众多科研工作者的关注和研究，并通过实地科考产出了多项理论成果和应用成果，其价值包括基础研究价值和应用开发研究价值两部分。然而，绝大多数理论成果和应用成果的具体完成时间无法确定，其具体价值亦须经过较长时间的检验，即科研成果的价值量没有科学、合理的衡量标准。因此，从海洋文化旅游资源使用者的视角出发，把科研工作者为从事基础理论研究和应用成果研究所产生的费用作为计量依据，可以较为精准地反映海洋文化旅游资源在科学研究方面的吸引力和价值量。海洋文化旅游资源的科学研究价值采用费用支出法进行评估（彭和求，2011），其测量公式如下：

$$V_{\text{年科学研究价值}} = V_{\text{基础研究价值}} + V_{\text{应用开发研究价值}} \tag{4-7}$$

$$V_{\text{基础}} = \text{每年到此研究人次} \times (\text{每人次出差费} \div 15\%) \tag{4-8}$$

$$V_{\text{应用}} = \text{年研究人数} \times (\text{人均事业费等} \times 50\%) \tag{4-9}$$

此外，海洋科学与技术试点国家实验室、东营市海洋经济发展研究院、日照市水产研究所等海洋研究机构，其性质为政府事业机构，本身就会聚了大批海洋科研人才从事海洋科研，负责智力输出和成果孵化，而且定期有上级单位和主管部门予以政策支持和资金资助，式（4-7）不适用于这类海洋文化旅游资源。因此，以该海洋研究机构所得资助和其从事科研活动所支出费用作为计量依据，可以较客观地反映该类海洋文化旅游资源的科学研究价值。海洋研究机构类文化资源的科学研究价值采用费用支出法进行评估，其测量公式为：

$$V_{\text{年科研价值}} = V_1 + V_2 + V_3 \tag{4-10}$$

其中，V_1 指当年该科研机构的一般公共预算财政拨款；V_2 指当年上级机构对该科研机构的补助；V_3 指当年该科研机构的科学技术支出。

（二）间接使用价值评估方法

1. 艺术欣赏价值、精神启迪价值

大众在使用海洋文化旅游资源的过程中通常会得到视觉享受、心灵放松和精神启迪等无形收获，其来源于人们的心理预期，难以直接衡量。对于未开发的海洋文化旅游资源，缺乏直接和间接的市场信息，故采用意愿调查法进行评估，借助调查问卷的方式引导被访者（以海洋文化旅游资源所在地及其周边居民为主）做出自己的期望意愿判断。对于已开发的海洋文化旅游资源，游客在使用过程中所支出的费用与自身实际的支付意愿值存在差距，两者间的差值本质上为消费者剩余，可视为游客在艺术欣赏、精神启迪方面所得的收获，其可以借助消费者支出所推出，引入旅行费用法这一替代市场法进行评估。

旅行费用法作为学界认同度高、使用频繁的评估模型，最大的贡献就是将消费者剩余理论用于公共物品的价值研究中，使资源的经济价值评估迈上了一个新的台阶（Chen et al.，2004）。海洋文化旅游资源为全民所有，属于中华民族的共同财产，完全满足旅行费用法的适用情况。经整理发现，旅行费用法主要包括个人旅行费用法（Individual Travel Cost Method，ITCM）和分区旅行费用法（Zonal Travel Cost Method，ZTCM）两种。其中，个人旅行费用法以个体为单位，以个体在一定时间段内的旅游次数为变量，结合旅行时间、旅行费用等因素建立需求函数，较为全面地考虑了影响游客消费的各种因素，但对于资源所在地偏远、游客游玩次数较少的景区则不适用（Clawson and Knetsch，1966；赵玲等，2009）。分区旅行费用法将游客划分为不同的小区，认为区内游客消费水平相似，计算简便，但忽视了影响游客消费水平的众多社会经济因素，评估结果存在较大偏差（Ward and Loomis，1986；Kawabe and Oka，1996；谢政贤和马中，2006）。基于此，有学者以游客的消费水平作为划区依据，提出了改进后的旅行费用法——旅行费用区间分析法（Travel Cost Interval Analysis，TCIA）（李巍和李文军，2003；李娜和潘文，2010），较好地避免了上述部分问题。海洋文化旅游资源具有涉海属性，决定其距离人群聚居地较远，游客游玩次数较少，综合考量影响游客消费水平的各种社会经济因素，降低计算复杂度、计算难度，提高评估结果的准确性，其艺术欣赏价值、精神启迪价值采用旅行费用区间分析法进行评估。评估路线分五步：

第一步，确定样本数量 N；

第二步，依据式（4-2）计算每个游客的全部费用；

第三步，将 N 个游客分到 N+1 个集合中：将所有样本的费用按照由低到高的顺序排列并划分区间，区间的数量通常在 20 个以上；

第四步，求出个人意愿需求曲线；

第五步，利用个人意愿需求曲线求出消费者剩余，即得到艺术欣赏价值和精神启迪价值。

然而，因个人的旅行行为是一个复杂的经济系统，改进后的旅行费用区间分析法作为一种主观的估计方法在评估消费者剩余时仍会产生偏差，学者们对其进行了多次改进。Ward（1984）、Randall（1994）认为，旅行成本由固定成本和变动成本两部分组成。前者指游客在旅行前就已知道且不可避免的支出，如交通费用、门票费用等；后者指游客在旅游地受各种因素影响所产生的不可预测的支出。为了更加精确地评估个人的消费者剩余，有学者以 Ward 的理论为基础重新构建了评估模型（彭文静等，2014）。

$$C_i = EXC_i + EDC_i \tag{4-11}$$

$$T_i = EXT_i + EDT_i \tag{4-12}$$

其中，C_i 指个人的旅行成本；T_i 指个人的旅行时间；EXC_i 指固定成本；EDC_i 指变动成本；EXT_i 指固定时间；EDT_i 指内生时间。此外，假设变动成本、内生时间是由固定成本和社会或个人因素共同决定，于是有：

$$EDC_i = EDC_i(EXC_i, s) \tag{4-13}$$

$$EDT_i = EDT_i(EXC_i, s) \tag{4-14}$$

其中，s 指可能影响个人旅行成本和旅行时间的社会或个人因素，它们同时影响旅行次数、变动成本和内生时间，从而导致消费者剩余的估计出现偏差。该问题可以通过建立联立方程来解决：

$$q_i = \beta_c C_i + \beta_{j1} s + \varepsilon_{1i} \tag{4-15}$$

$$EDC_i = \beta_{ec} EXC_i + \beta_{j2} s + \varepsilon_{2i} \tag{4-16}$$

$$EDT_i = \beta_{et} EXC_i + \beta_{j3} s + \varepsilon_{3i} \tag{4-17}$$

$$C_i = \beta_{tc} EXC_i + \beta_{j4} EDC_i + \varepsilon_{4i} \tag{4-18}$$

$$\beta_d = \beta_c [1 + \beta_{ec} + \beta_{et} oc_i] \tag{4-19}$$

其中，q_i 指个人在一年内的游玩次数；ε_{ji} 指残差项；β_d 指调整后的需求弹性系数；oc_i 指时间成本。考虑游玩次数的非负性，上述假设必然存在偏差，于是借鉴多数研究的处理方式假设需求函数为半对数形式，对上述线性模型进行修正：

$$\log q_i = \beta_c C_i + \beta_{j1} s + \varepsilon_{1i} \tag{4-20}$$

$$EDC_i = \beta_{ec} EXC_i + \beta_{j2} s + \varepsilon_{2i} \tag{4-21}$$

$$EDT_i = \beta_{et} EXC_i + \beta_{j3} s + \varepsilon_{3i} \tag{4-22}$$

$$C_i = \beta_{tc} EXC_i + \beta_{j4} EDC_i + \varepsilon_{4i} \tag{4-23}$$

调整后的需求弹性系数为：

$$\beta_d = \beta_c \exp(1 + \beta_{ec} + \beta_{et} oc_i)(\beta_c C_i + \beta_{j1} s) \tag{4-24}$$

消费者剩余（即艺术欣赏价值和精神启迪价值之和）为：

$$CS_d = -\frac{1}{\beta_d} = -\frac{1}{\beta_c \exp(1 + \beta_{ec} + \beta_{et} oc_i)(\beta_c C_i + \beta_{j1} s)} \tag{4-25}$$

2. IP 授权价值

海洋文化旅游资源具有经济性，由其而来的海洋文化元素、海洋文化精神能以文化符号即 IP 的形式转化为具体可观的存在物，如可以作为图书内容供读者学习；可以作为影视素材供影视从业人员使用、观众观看；可以作为网络知识供网民了解，这些存在物皆具有明确的市场价格，故采用费用支出法评估其 IP 授权价值。其测算公式如下：

IP 授权价值=出版物价值+影视相关产品价值+浏览相关网页的价值 (4-26)

其中，浏览相关网页的价值=年浏览量×知识量比例×浏览单个网页的费用 (4-27)

四、非使用价值评估方法

条件价值法是评估公共商品无形效益的常用方法（Vincenzod and Pierfrancescod，2016），而非使用价值是指人们目前还未利用到的海洋文化旅游资源的那部分价值，其无法确定、无法预估，本质上属于无形价值，故条件价值法现已成为非使用价值评估的重要工具。条件价值法通过调查问卷的方式了解人们的支付意愿，其技术难点在于支付意愿的引导。目前，存在投标博弈法、支付卡式、开放式问卷、二分式问卷、复决投票问题等支付意愿引导技术（彭文静，2017）。其中，支付卡式引导技术因具有数据易获得和计算简便的特点而被广泛应用，故采用支付卡式获取人们的支付意愿。将选择价值、存在价值和遗产价值的含义适当变通加入问卷当中，获取人们的支付动机，得到它们在非使用价值中的比重，从而得出被评估的海洋文化旅游资源的选择价值量、存在价值量和遗产价值量。其评估路线分四步：

第一步，设定一个虚拟市场；

第二步，统计被访者的支付意愿和支付意愿值；统计选择价值、遗产价值和存在价值占非使用价值的比重，依次记为 P_1、P_2、P_3。条件价值法（张春慧，2008）一般要求样本容量 N 必须足够大，在 95%的置信水平下，至少需要的样本容量为：

$$N=\frac{z_{\frac{\alpha}{2}}^2}{\Delta^2}(P)(1-P)=\frac{(1.96)^2}{0.05}(0.5)(0.5)\approx 385 \tag{4-28}$$

第三步，确定 WTP 中值；

第四步，计算非使用价值、选择价值、遗产价值、存在价值。

$$V_{非使用价值}=WTP\text{ 中值}\times\text{样本总数}\times\text{支付率} \tag{4-29}$$

$$V_{选择价值}=V_{非使用价值}\times P_1$$

$$V_{遗产价值}=V_{非使用价值}\times P_2$$

$$V_{存在价值}=V_{非使用价值}\times P_3 \tag{4-30}$$

此外，因被访者的社会背景不同，对于选择价值、存在价值和遗产价值的认知存在偏差，可能会影响三种价值评估结果的准确性。因此，引入层次分析法和德尔菲法，邀请海洋文化领域、旅游管理领域和资源价值评估领域的 20 名专家进行打分，对其结果同问卷调查结果取平均值，从而得到最终的选择价值、遗产价值和存在价值在非使用价值中的权重，确定该海洋文化旅游资源最终的选择价值量、遗产价值量和存在价值量。

五、海洋文化旅游资源价值评估路线

综上所述，首先，海洋文化旅游资源在市场环境中提供旅游服务功能时皆有明确的市场价格，其使用者亦在享受旅游服务的过程中产生开销，并暂时放弃正常工作所带来的经济收入，因此旅游服务价值综合采用市场价格法、费用支出法和替代市场法进行评估。其次，大众使用海洋文化旅游资源的文化教育服务功能、科学研究功能、文化符号形式皆离不开社会市场经济环境，在此过程中所产生的支出皆有对应的市场价格，因此文化教育价值、科学研究价值、IP 授权价值采用费用支出法进行评估。再次，大众在使用海洋文化旅游资源时不可避免地会因其外观、表现形式等产生视觉冲击，被其传达的海洋精神所感染，这种无形的获得物即消费者剩余。对于已开发的海洋文化旅游资源，消费者剩余可通过消费者支出等替代信息推导出来；对于未开发的海洋文化旅游资源，因缺乏市场价格和替代市场信息，可通过使用者的获得意愿水平这一中介值推出，故艺术欣赏价值、精神启迪价值采用旅行费用区间分析法、意愿调查法进行评估。最后，因海洋文化旅游资源的非使用价值在目前无法利用，学界通常借助支付意愿、支付意愿值进行估计，并引入多名相关领域专家的分析和判断进行相互验证，提高评估的科学性，故非使用价值采用条件价值法和层次分析法予以评估。海洋文化旅游资源价值评估方法如表 4-6 所示。

表 4-6　海洋文化旅游资源价值评估方法

价值类型		评估方法
直接使用价值	旅游服务价值	市场价格法、费用支出法、替代市场法
	科学研究价值	费用支出法
	文化教育价值	费用支出法

续表

价值类型		评估方法
间接使用价值	艺术欣赏价值	已开发的海洋文化旅游资源：旅行费用区间分析法、基于旅行费用法的联立方程模型；未开发的海洋文化旅游资源：意愿调查法
	精神启迪价值	
	IP 授权价值	费用支出法
非使用价值	选择价值	条件价值法+层次分析法
	遗产价值	
	存在价值	

资料来源：笔者整理。

第五章　山东省海洋文化旅游资源价值的全面审视

基于上述海洋文化旅游资源价值体系和实地调研可知，海洋文化旅游资源类型多样、开发利用现状不一、价值构成复杂，故其价值评估路径需整合多种评估方法，以期全面、准确地评估其价值。截至目前，资源价值评估的研究主要以定量分析为主，涉及旅游资源（包括自然旅游资源、文化旅游资源）、人文资源（包括文化资源、人力资源等）和自然资源（包括森林资源、矿产资源和生物资源等），有关海洋文化旅游资源价值的定量评估成果尚未出现（张红霞等，2006；李秀梅等，2011；查爱萍和邱洁威，2016；詹丽等，2005；彭和求，2011；徐凌玉等，2018；刘琪和周家娟，2012；苏广实，2007；杜丽娟等，2004；张高勋等，2013；薛达元等，1999；马春艳和陈文汇，2015）。海洋文化旅游资源具有文化资源属性，且大部分海洋文化旅游资源业已开发，可借鉴文化资源、文化旅游资源的价值评估方法。此外，海洋文化旅游资源具有公益属性，承担向社会公众普及海洋文化知识、传递海洋文化精神的责任和义务，这一过程所产生的无形价值与自然旅游资源向游客提供游憩服务时所带来的心情愉悦、精神空灵等附加价值异曲同工，可借鉴自然旅游资源的价值评估方法。

经过对文化资源、文化旅游资源和自然旅游资源价值评估方法的整理和分析，结合海洋文化旅游资源自身价值特性，将可以使用的海洋文化旅游资源价值评估方法归纳为三大类，即直接市场法、替代市场法和虚拟市场法。其中，直接市场法包括市场价格法、成本费用法和费用支出法等；替代市场法包括旅行费用法、收益还原法和影子工程法等；虚拟市场法包括条件价值法、选择实验法和条件行为法等，其简要情况如表 5-1 所示。

表 5-1　海洋文化旅游资源价值评估方法

评估方法	操作路径	优势或不足
直接市场法	直接依据市场价格进行评估	直接简单、只适用于可交易的海洋文化旅游资源

续表

评估方法	操作路径	优势或不足
替代市场法	借助替代市场信息（如相关花费）进行间接评估	在一定程度上可弥补直接市场法适用范围有限的问题
虚拟市场法	依据受众主观意愿、行为选择进行评估	可用于既没有市场价格也没有替代物的资源、主观性强

资料来源：笔者整理。

一、各项海洋文化旅游资源简介及问卷内容

（一）49 项海洋文化旅游资源简介

根据上述对评估对象的选取路径和选择原则，将 49 项典型海洋文化旅游资源作为评估对象，其情况介绍及发放问卷数量如表 5-2 所示。

表 5-2　山东省 49 项海洋文化旅游资源简介及其问卷发放数量

资源名称	资源类别	资源简介	所属城市	有效问卷（份）
荣成海参传统加工技艺	海洋民俗资源	作为山东省非物质文化遗产，其工艺至少在明代中期就已形成完善，包括刨参、煮参、拌盐、拌灰、晾晒五道工序。目前因机器加工的冲击而面临失传的困境	威海市荣成市	390
靖海卫古城	海洋遗迹资源	作为明朝抵抗倭寇的重要军事场所，其历史价值、教育价值较高。但由于其军事功能的丧失，人们对它的保护非常薄弱，以至于它完全消失	威海市荣成市	396
石岛渔家大鼓	海洋文艺资源	是石岛渔民在长期从事海上生产过程中形成的别具特色的庆典表达方式，集中体现了鱼虾满仓、渔船靠岸时人们的喜庆心情。目前因丰富多彩的生活方式的冲击而面临困境	威海市荣成市	420
荣成赤山明神传说	海洋文艺资源	作为山东省非物质文化遗产，依托赤山景区得到了较好的开发，传播范围进一步扩大	威海市荣成市	400
荣成海草房民居建筑技艺	海洋民俗资源	作为胶东沿海地区一种独特的民居，其以海草做屋顶材料，以石头为墙体材料，以黄泥、贝草为辅料，通过 70 多道纯手工工序制作而成，具有冬暖夏凉、抗风耐腐、结实耐用、取材容易等特点，体现了人与海洋和谐的生态观，目前面临传承困境	威海市荣成市	390

续表

资源名称	资源类别	资源简介	所属城市	有效问卷（份）
威海卫塔	海洋遗迹资源	作为见证历史的重要建筑，其历史价值和教育价值没有得到彰显。该塔所处的地理位置并不明显，且几乎没有游人在此停留，吸引力低。此外，塔身上的碑文已模糊不清，政府没有对其进行修缮和保护，反映了该塔实用性低，不被重视	威海市环翠区	416
威海仙姑顶	海洋景观资源	作为山东省典型的海洋文化旅游资源，依托古老庙碑、巍峨宫宇和仙姑信仰，现已开发为兼具多重功能的滨海旅游景区，但存在文化价值弱、商业气息浓厚等问题	威海市环翠区	460
登州古船博物馆	海洋娱教资源	作为国内第二个陈列古船的专题性博物馆，现已更名为海上丝绸之路博物馆，设有三大展厅，再现了登州古港的发展历程、中国造船技术的发展历程、与日韩等国的文化交流历史，具有重要的历史价值、科研价值和教育价值	烟台市蓬莱市	453
长岛北庄遗址	海洋遗迹资源	作为距今6500年的母系原始社会村落遗址，其被誉为中国的“东半坡”。目前，遗址上建有北庄遗址博物馆，介绍其历史渊源及价值。但因其地理位置偏僻，开发利用困难	烟台市长岛县	387
长岛海洋渔号	海洋民俗资源	源于砣矶岛，至今已有300多年的历史，是长岛渔民在长期海上劳动过程中创造的艺术形式，彰显了渔家人坚韧、乐观的精神品质，具有重要的艺术价值、科研价值。目前，因社会生活的变迁其面临传承困境	烟台市长岛县	390
庙岛显应宫遗址	海洋遗迹资源	作为中国北方第一座妈祖庙，其与福建湄洲妈祖庙并称为“南北祖庭”，现已开发为长岛著名的旅游景点，但其所蕴含的精神和价值未得到彰显	烟台市长岛县	438
毓璜顶庙会	海洋民俗资源	作为流传于毓璜顶的一种习俗，于每年的正月初九举行，至今已有100多年的历史，并依托毓璜顶这一实体很好地展现了当地的民俗文化	烟台市芝罘区	396
海阳大秧歌	海洋民俗资源	作为国家级非物质文化遗产，是一种集歌、舞、戏于一体的民间艺术形式，是海阳人民庆祝重大活动、欢庆重大节日的必要演出	烟台市海阳市	402
莱阳丁字湾滨海度假区	海洋娱教资源	作为山东省省级旅游度假区，实现了良好的经济效益。但存在知名度较低、文化气息较弱等问题	烟台市莱阳市	443
岚山海上碑	海洋遗迹资源	作为艺术价值较高的海洋文化旅游资源，是一处明末清初的海上摩崖石刻；但目前仅作为文物被保护起来，资源价值未得到发挥	日照市岚山区	396
鱼骨庙传说	海洋文艺资源	其依托于鱼骨庙，至今已有1400多年的历史。因社会历史变迁，加之鱼骨庙的消失及其与日常生活的关联度低，其生存根基已消失殆尽	日照市东港区	392

续表

资源名称	资源类别	资源简介	所属城市	有效问卷（份）
日照渔民节	海洋民俗资源	作为流传于日照沿海地区的一种祭海活动，其于每年农历六月十三举行，是渔民寄托对于海洋敬畏之情和传承海洋文化基因的载体。目前，通过与旅游产业结合实现了经济价值	日照市	420
日照海战馆	海洋娱教资源	其分为四个展区，结合古代海战兵器、史实资料、沙盘等多种表现形式再现了陈家岛大战全过程，且介绍了中国古代舟师的情况，对了解古代海军历史有一定帮助。但展馆设计不合理，经济效益低下	日照市万平口海滨风景区	415
日照踩高跷推虾皮技艺	海洋民俗资源	作为流传于两城镇沿海各村的一种海上捕捞方式，其彰显了渔民坚韧、吃苦耐劳的品质。目前，受发达的现代捕捞技术的冲击，其传承面临困境	日照市	390
满江红	海洋文艺资源	作为鲁南五大调之一，其曲调细腻、优雅，具有重要的历史、文化和艺术价值。目前，政府采用静态和动态两种方法对其进行保护	日照市东港区	394
两城镇遗址	海洋遗迹资源	作为龙山时代两城地区的中心，其具有极高的历史价值和科研价值。但因地理位置、基础设施、资源特性的影响，其经济价值的挖掘困难重重	日照市东港区	392
东营港	海洋景观资源	其景色优美，密集的船只、成群的海鸟、林立的井架、迷人的海滨风光等吸引着众多游客前往，旅游发展潜力较大。但因地理位置偏僻，限制了其开发利用	东营市河口区	393
东营仙河镇	海洋景观资源	其景色优美，万亩槐香、火红的柽柳、云集的翔鹤、成群的天鹅和野鸭、青青的芦苇荡、雄伟的卧海长堤、林立的井架、上百种珍奇的鸟类鱼类和贝类吸引着四面八方的游客。但因地理位置偏僻，其发展受限	东营市东营港经济开发区	400
芦苇画	海洋文艺资源	其采用国画、剪纸等诸多表现手法，融入黄河口湿地风景、吕剧桥段、人物造型等，彰显了海洋特色和地域特色，具有艺术价值和经济价值。但因其实用性较差、价格较高，故影响范围有限	东营市河口区	391
垦利海北遗址	海洋遗迹资源	该遗址的发现对于研究宋金时期北方海路交通和海上丝绸之路意义重大，肯定了其作为海上运输新地点的作用。但因政策、交通等因素限制，其开发利用比较困难	东营市河口区	390
胜利油田科技展览中心	海洋科技资源	作为一个集石油地质、科技博物鉴赏、科技科普展览、科技成果演示、技术、知识、文化交流和休闲于一体的综合性展览馆，其教育、科普功能却因中心不向广大群众开放而受损	东营市东营区	410
黄河口生态旅游区	海洋娱教资源	作为国家5A级旅游景区，其拥有中国暖温带保存最完整、最广阔、最年轻的湿地生态系统，具备“新、奇、特、旷、野”的美学特征，具有重要的文化、艺术和科研价值	东营市东营区	414

续表

资源名称	资源类别	资源简介	所属城市	有效问卷（份）
南河崖遗址群	海洋遗迹资源	作为商周时期的制盐遗址群，是山东北部最靠近现代海岸线的考古发现，对于研究古代海岸变迁、制定现代防治海水倒灌的相关对策具有重要的学术价值	东营市	390
沾化徒骇河入海口	海洋景观资源	建有徒骇河国家城市湿地公园，但海上观光、海上垂钓等休闲活动不够正规，且规模较小、设施较为简陋。此外，存在海洋污染现象，其景观质量受到影响	滨州市沾化区	390
杨家古窑址	海洋遗迹资源	作为省级文物保护单位，是黄河三角洲地区商周时期的一处独立的核心制盐区，具有极高的历史价值和科研价值，但因政策、环境等因素限制，其开发利用困难重重	滨州市沾化区	391
沾化渤海大鼓	海洋文艺资源	作为一种民间说书艺术，其唱腔高亢委婉，朴实俏丽，刚柔相济；其旋律千变万化，具有较高的艺术价值。但目前影响力有限，传承面临困境	滨州市沾化区	396
海丰塔	海洋遗迹资源	原名大觉寺塔，始建于唐贞观十三年，距今已有1300多年的历史，是一处具有较高历史价值和独特艺术价值的佛教文化圣地和旅游胜地	滨州市无棣县	396
碣石山古庙会	海洋民俗资源	又称大山古庙会，产生于清乾隆年间，于每年农历四月十七和四月二十七举行，规模宏大，热闹非凡，且节目形式多样，但质量参差不齐，缺乏文化内核	滨州市无棣县	390
红庙庙会	海洋民俗资源	其产生于明朝后期，于每年农历六月初六由红庙、高旺、兴安三村村民联合举办，至今已有400多年的历史。目前，其依托古建筑和高老姑孝文化节带动了当地旅游业的发展，资源得到了开发和利用，但仍需进一步提炼和彰显其海洋文化精神和内核	滨州市邹平市	402
无棣大口河海滨旅游度假区	海洋娱教资源	其资源丰富，风景秀丽，是乘船出海、垂钓鱼蟹、品尝海鲜、赶海观潮、戏水观鸟的好地方。但因位置偏僻、基建落后、开发水平低等原因，资源价值未得到充分利用	滨州市无棣县	405
潍坊寿光羊口港	海洋景观资源	作为商用港口，其旅游价值被人们所忽视，仅有零星的渔船提供海上观光、垂钓等活动，没有形成体系和规模。此外，近海处仍存在海洋污染，影响其景观质量	潍坊市寿光市	397
羊口开海节	海洋民俗资源	始于羊口开埠后，寄托了渔民祈求风调雨顺、鱼满丰仓、人船平安的美好愿望。然而其只持续半天时间，规模较小、基础设施建设不全，未形成产业链	潍坊市寿光市	400
寿光卤水制盐技艺	海洋民俗资源	作为国家级非物质文化遗产，其历史悠久，经商周时期的煮盐、汉代的煎盐、元明时期的熬盐、清初至今的晒盐等发展阶段，现已形成取卤—蒸发—结晶成盐等技艺工序。目前受工业技术的冲击，其传承面临困境	潍坊市寿光市	390

续表

资源名称	资源类别	资源简介	所属城市	有效问卷（份）
双王城盐业遗址群	海洋遗迹资源	作为迄今为止我国发现的商周时期最大的制盐业遗址群，是我国古代盐业官营制度的雏形，具有极高的历史价值和科研价值。目前，因政策、地理位置等因素的影响，其开发利用困难重重	潍坊市寿光市	392
北海渔盐文化民俗馆	海洋娱教资源	依托渔盐文化民俗馆，结合渔盐文化节、海洋科普馆等形式，渔盐文化得到了较好的开发利用；但也存在表现形式单一、体验感差、文化气息弱等问题，带有明显的粗鄙性	潍坊市寒亭区	410
潍坊滨海经济开发区	海洋科技资源	于1995年8月成立，是国家科技兴海示范区、国家生态工业示范园区、山东省科学发展园区和循环经济示范区，主要发展海洋化工产业、石油化工产业、生物医药产业、新能源新材料产业	潍坊市	458
柳毅传说	海洋文艺资源	作为中国民间四大神话传奇故事之一，朱里街道围绕其已成功打造柳毅山景区，出版发行了《柳毅传说》普及读本、《柳毅山文集》，较好地利用了该资源。但也存在开发层次低、表现形式单一、文化内核表现不足等问题	潍坊市寒亭区	390
海洋科学与技术试点国家实验室	海洋科技资源	拥有一支2200余人的科技队伍，主要在海洋与全球气候变化、海洋生物资源可持续利用等领域展开研究，资源利用率较高	青岛市即墨区	425
即墨金口天后宫	海洋民俗资源	作为山东省最大的天后宫，始建于清乾隆年间，至今已有240多年的历史。但因地理位置偏僻、宣传力度小、基础设施建设不完善，其吸引力被大打折扣	青岛市即墨区	391
即墨田横岛周戈庄祭海	海洋民俗资源	作为国家级非物质文化遗产，其始于明永乐年间，至今已有约600年的历史。目前，其采取“民办主体、政府引导”的方式，延长祭海文化产业链，融入乡村振兴、海洋文化产业、沿海渔家特色旅游等新元素，搭建“旅游+”“民俗+”“时尚+”文旅融合大平台，使得祭海文化通过祭海节这一实体得到了传播	青岛市即墨区	428
胶州湾海湾大桥	海洋景观资源	作为2018年中国公路“李春奖”的获得者，其实用性、技术性、安全性、便捷性首屈一指，但其仅发挥了交通功能，人性化设计欠缺，作为景观的效用未充分挖掘	青岛市	391
马濠运河	海洋遗迹资源	其始于元世祖忽必烈时期开辟，具有较高的历史价值和科研价值。目前，其主要以保护为主，开发也仅停留在表层，海洋文化意识和海洋文化精神未得到重视和利用	青岛市	401
胶州板桥镇遗址	海洋遗迹资源	作为全国重点文物保护单位，其始建于唐武德六年，于北宋时期成为我国五大通商口岸之一。目前，其悠久的文化积淀已随历史的变迁而消散，位置偏僻，宣传不足，开发粗鄙，文化传承面临困境	青岛市胶州市	416

续表

资源名称	资源类别	资源简介	所属城市	有效问卷（份）
渔祖郎君爷传说	海洋文艺资源	作为区级非物质文化遗产，其依托盐宗庙、渔盐文化博物馆、民俗文化博物馆、渔祖郎君文化节等载体实现了郎君文化的传承与发展，资源得到了较好的开发和利用。但亦存在文化展示深度不够、宣传不足等问题	青岛市城阳区	398

资料来源：笔者整理。

49 项海洋文化旅游资源的具体价值构成如表 5-3 所示。

表 5-3　山东省 49 项海洋文化旅游资源价值构成

<table>
<tr><th rowspan="2">资源名称</th><th rowspan="2">资源类别</th><th colspan="3">价值构成</th></tr>
<tr><th>直接使用价值</th><th>间接使用价值</th><th>非使用价值</th></tr>
<tr><td>威海仙姑顶、登州古船博物馆、毓璜顶庙会、莱阳丁字湾滨海度假区、日照渔民节、日照海战馆、东营仙河镇、黄河口生态旅游区、碣石山古庙会、红庙庙会、无棣大口河海滨旅游度假区、北海渔盐文化民俗馆、即墨田横岛周戈庄祭海</td><td>海洋景观资源、海洋娱教资源、海洋民俗资源（已开发）</td><td>旅游服务价值、文化教育价值</td><td rowspan="4">艺术欣赏价值、精神启迪价值、IP 授权价值</td><td rowspan="5">选择价值、存在价值、遗产价值</td></tr>
<tr><td>荣成赤山明神传说、海丰塔、柳毅传说、胶州板桥镇遗址、渔祖郎君爷传说、庙岛显应宫遗址</td><td>海洋遗迹资源（已开发）、海洋文艺资源（已开发）</td><td>旅游服务价值、科学研究价值、文化教育价值</td></tr>
<tr><td>靖海卫古城、荣成海参传统加工技艺、荣成海草房民居建筑技艺、威海卫塔、长岛北庄遗址、长岛海洋渔号、海阳大秧歌、岚山海上碑、日照踩高跷推虾皮技艺、两城镇遗址、垦利海北遗址、南河崖遗址群、杨家古窑址、羊口开海节、寿光卤水制盐技艺、双王城盐业遗址群、即墨金口天后宫、马濠运河</td><td>海洋遗迹资源（未开发）、海洋民俗资源（未开发）</td><td>科学研究价值、文化教育价值</td></tr>
<tr><td>石岛渔家大鼓、鱼骨庙传说、满江红、芦苇画、沾化渤海大鼓</td><td>海洋文艺资源（未开发）</td><td>文化教育价值</td></tr>
<tr><td>胜利油田科技展览中心、潍坊滨海经济开发区、海洋科学与技术试点国家实验室</td><td>海洋科技资源</td><td>科学研究价值、文化教育价值</td><td>IP 授权价值</td></tr>
</table>

注：东营港、沾化徒骇河入海口、潍坊寿光羊口港、胶州湾海湾大桥四项海洋景观资源基本未开发，因此忽略其旅游服务价值。

资料来源：笔者整理。

由表5-2和表5-3可知，就49项资源的空间分布而言，威海、烟台、日照、东营、滨州、潍坊、青岛各7项，覆盖了山东沿海七市的典型海洋文化旅游资源，对其进行价值评估能够很好地反映山东省的海洋文化旅游资源价值状况。就其构成而言，海洋景观资源6项，海洋遗迹资源13项，海洋民俗资源13项，海洋文艺资源8项，海洋娱教资源6项，海洋科技资源3项。可以发现，海洋遗迹资源和海洋民俗资源占比较大，均为26.53%；海洋科技资源占比最少，仅为6.12%。这在一定程度上反映出山东省海洋文化旅游资源构成不均衡，且资源同质化现象较明显，这也是制约山东省打造多元海洋文化旅游产品的重要因素。

（二）调研及问卷内容简介

2019年6月10日至11月24日，研究团队前往青岛、威海、东营、烟台、日照、潍坊、滨州7个城市49个地点调研海洋文化旅游资源，在调研过程中与当地居民进行深度访谈，与景区、文物保护单位、政府相关机构等工作人员进行沟通和交流，广泛了解游客、居民、工作人员等不同人群对于海洋文化旅游资源价值的看法，并结合资源实际情况多次调整问卷内容。截至2019年12月28日，调研小组通过实地发放和线上发放的方式共发放海洋文化旅游资源价值评估调查问卷25321份，收回有效问卷19825份，问卷有效率达78.29%。

调查问卷内容主要分为三个部分：一是收集被访者的基本特征，包括性别、年龄、职业、出发地、月收入、文化程度等。二是对于已开发且提供旅游服务的海洋文化旅游资源，收集被访者的旅游行为，包括来此次数、来此动机、了解程度、了解途径、主要交通方式、游玩时间、消费支出、满意度等；然而对于其他未能提供旅游服务的海洋文化旅游资源，收集被访者在艺术欣赏和精神启迪方面的获得感，并询问其心理价值。三是收集被访者对于海洋文化旅游资源非使用价值的支付意愿，包括支付意愿、支付意愿值、支付动机、拒绝支付理由等（见附录1）。

二、各项海洋文化旅游资源价值评估结果

（一）直接使用价值评估结果

作为体现海洋文化旅游资源直接效用大小的指标，直接使用价值包括旅游服务价值、文化教育价值和科学研究价值。其中，旅游服务价值量的高低是反映海洋文化旅游资源经济效益的重要参照，其价值量越高表明海洋文化旅游资源吸引

力越大、开发利用层级越高。文化教育价值量是反映海洋文化旅游资源文化普及、文化输出，履行文化教育功能的参考依据，其数值越高表明受众对其的文化价值越重视。科学研究价值量是检验海洋文化旅游资源满足受众科研需求的衡量标准，其价值量越高表明海洋文化旅游资源的科学研究意义越大，对于科研人群的吸引力就越大。

1. 旅游服务价值评估

以式（4-1）和式（4-2）作为计量依据，首先，以调查问卷为主要方式，结合携程旅行、高德地图、飞猪旅行等第三方应用获得游客准确的交通费用、住宿费用、餐饮费用和景区内费用，并通过查询游客所在地的国民经济和社会发展统计公报、统计年鉴等文件获取在岗职工年薪，进而推出时间费用，获得单个游客的费用总支出。其次，通过查询景区官方网站、咨询景区工作人员、收集重要时段游客量信息等方式，获得海洋文化旅游资源年游客总数。最后，依表 5-3 对海洋景观资源、海洋娱教资源、海洋遗迹资源（已开发）、海洋民俗资源（已开发）、海洋文艺资源（已开发）共 19 项资源进行旅行服务价值的评估，评估结果如表 5-4 所示。

整体来看，海洋文化旅游资源的平均旅游服务价值为 4. 78 亿元，较低的价值量表明山东省海洋文化旅游资源整体盈利能力较弱，旅游服务属性不强，其游客吸引力和景区开发层次皆有巨大的提升空间。其中，海洋文化旅游资源的游客人均旅游费用是 445. 01 元，这与“游客距旅游目的地的距离与旅游费用成正比”密切相关，近距离出游导致游客各项费用较少；此外，游客旅游费用中交通费用、住宿费用的高占比情况表明海洋文化旅游资源开发水平一般，无延伸、拓展、体验性项目，游客在景区内的消费意愿较弱。

具体来看，人均旅游费用最高的海洋文化旅游资源是黄河口生态旅游区，为 735. 81 元，这与其地理位置偏僻、交通通达性较差、知名度高密切相关；最低的是红庙庙会，为 199. 84 元，这与规模小、知名度低、游客距离近且集中度高密切相关。年游客量最高的海洋文化旅游资源是日照海战馆，为 297. 69 万人，这与其处于万平口景区内部，资源集中度高和组合性较优等密切相关；最低的是日照渔民节，仅有 0. 54 万人，这与其知名度低、宣传力度小、表现形式缺乏新意等相关。

表 5-4　海洋文化旅游资源（19 项）旅游服务价值评估结果

海洋文化旅游资源		有效问卷数（份）	年游客量（万）	人均旅游费用（元）	旅游服务价值（万元）
海洋景观资源	威海仙姑顶	460	160. 42	434. 66	69727. 87
	东营仙河镇	400	7. 83	402. 73	3153. 38

续表

海洋文化旅游资源		有效问卷数（份）	年游客量（万）	人均旅游费用（元）	旅游服务价值（万元）
海洋娱教资源	登州古船博物馆	453	176.36	624.83	110194.93
	莱阳丁字湾滨海度假区	443	238.12	657.32	156521.49
	日照海战馆	415	297.69	472.38	140622.74
	黄河口生态旅游区	414	76.81	735.81	56517.57
	无棣大口河海滨旅游度假区	405	22.38	693.25	15514.94
	北海渔盐文化民俗馆	410	11.39	308.83	3517.62
海洋遗迹资源	庙岛显应宫遗址	438	73.28	731.68	53617.78
	胶州板桥镇遗址	416	189.34	536.25	101532.65
	海丰塔	396	25.71	309.23	7950.30
海洋民俗资源	毓璜顶庙会	396	39.21	201.31	7893.37
	日照渔民节	420	0.54	216.84	117.09
	碣石山古庙会	390	5.24	249.84	1309.16
	红庙庙会	402	3.02	199.84	603.52
	即墨田横岛周戈庄祭海	428	22.13	338.81	7497.87
海洋文艺资源	荣成赤山明神传说	400	76.57	531.55	40700.65
	柳毅传说	390	4.72	312.14	1473.31
	渔祖郎君爷传说	398	259.37	497.98	129161.07

资料来源：笔者整理。

2. 文化教育价值评估

由式（4-3）可知，海洋文化旅游资源的文化教育价值包括学生团体参观学习价值、学生研究选点价值和大众获取海洋文化信息价值三部分。其中，作为衡量海洋文化旅游资源文化普及情况的指标，学生团体参观学习价值由单个学生的年培养费、参观学习占年培养费的比例以及参观总人数所决定。对于单个学生的年培养费，结合我国国情、受众访问反馈情况和已有研究成果的估计方法（彭和求，2011），估计2019年一名小学生的年培养费为1000元，一名四年制的本科生年培养费为11250元，一名三年制的硕士研究生年培养费为18670元，一名五年制的博士研究生年培养费为23820元；对于参观学习占年培养费的比例，参考相关研究估计其为30%；对于参观总人数，通过收集相关网站信息、咨询相关工作人员和附近民众获得。

作为体现海洋文化旅游资源文化意义的指标，学生研究选点价值由单个学生的总培养费、论文完成费用占总培养费的比例以及学生研究总人数决定，其价值量越高表明海洋文化旅游资源的文化意义越强，对于社会的重要性越大。其中，参考相关研究，估计论文完成费用占总培养费的比例为40%。对于学生研究总人数则以相关论文发表数量进行替代。因论文发表周期长，因此在中国知网上以全文搜索的方式统计 2019 年和 2020 年有关各项海洋文化旅游资源的文章研究数量，以此作为学生研究的总人数。

作为检验海洋文化旅游资源吸引力、宣传力的指标，大众获取海洋文化信息价值由获取途径、获取费用和获取次数决定，获取途径越多表明海洋文化旅游资源的宣传工作越好，获取次数越多表明海洋文化旅游资源的吸引力越大。其中，获取途径采用调查问卷的方式获知；获取费用利用市场价格、网络信息推出；获取次数以被访者 2019 年某一时间段内的数据为基准，结合海洋文化旅游资源自身情况和社会影响力，得到该海洋文化旅游资源 2019 年的总获取次数。49 项海洋文化旅游资源的文化教育价值评估结果如表 5-5 所示。

表 5-5　海洋文化旅游资源文化教育价值评估结果

海洋文化旅游资源		学生团体参观学习价值（万元）	学生研究选点价值（万元）	大众获取海洋文化信息价值（万元）	文化教育价值（万元）
海洋景观资源（6）	威海仙姑顶	936.00	58.06	19.49	1013.55
	东营港	494.41	1136.72	25.16	1656.29
	东营仙河镇	387.00	2.03	25.16	414.18
	沾化徒骇河入海口	170.10	37.81	38.08	245.98
	潍坊寿光羊口港	182.95	11.88	96.91	291.75
	胶州湾海湾大桥	1628.72	36.32	58.68	1723.72
海洋娱教资源（6）	登州古船博物馆	6714.69	225.15	516.17	7456.01
	莱阳丁字湾滨海度假区	3663.49	26.73	46.70	3736.92
	日照海战馆	3527.55	26.41	16.49	3570.45
	黄河口生态旅游区	5367.77	573.47	671.02	6612.26
	无棣大口河海滨旅游度假区	422.69	22.28	30.46	475.43
	北海渔盐文化民俗馆	189.00	8.10	87.22	284.32

续表

海洋文化旅游资源		学生团体参观学习价值（万元）	学生研究选点价值（万元）	大众获取海洋文化信息价值（万元）	文化教育价值（万元）
海洋遗迹资源——未开发（10）	靖海卫古城	189.70	5.36	35.73	230.79
	威海卫塔	1431.90	3.30	19.49	1454.69
	长岛北庄遗址	163.90	113.25	93.39	370.55
	岚山海上碑	893.70	6.08	29.98	929.76
	两城镇遗址	279.98	882.35	23.99	1186.31
	垦利海北遗址	269.77	40.33	25.16	335.25
	南河崖遗址	235.38	112.26	25.16	372.79
	杨家古窑址	313.30	6.08	45.69	365.06
	双王城盐业遗址群	354.14	399.50	111.45	865.09
	马濠运河	466.99	93.72	111.49	672.20
海洋遗迹资源——已开发（3）	庙岛显应宫遗址	527.72	107.19	62.26	697.17
	胶州板桥镇遗址	314.23	125.46	76.28	515.97
	海丰塔	285.25	10.08	26.65	321.98
海洋科技资源（3）	胜利油田科技展览中心	3369.26	592.43	23.90	3985.59
	潍坊滨海经济开发区	3468.52	2357.38	62.99	5888.89
	海洋科学与技术试点国家实验室	12415.93	10935.06	46.94	23397.94
海洋民俗资源——未开发（8）	荣成海参传统加工技艺	233.23	42.92	32.48	308.63
	荣成海草房民居建筑技艺	421.31	225.75	32.48	679.55
	长岛海洋渔号	235.38	85.70	73.94	395.01
	海阳大秧歌	2892.23	699.01	50.59	3641.83
	日照踩高跷推虾皮技艺	341.24	5.04	20.99	367.27
	羊口开海节	155.25	6.08	101.76	263.08
	寿光卤水制盐技艺	285.89	27.72	106.60	420.22
	即墨金口天后宫	556.20	7.81	58.68	622.69
海洋民俗资源——已开发（5）	毓璜顶庙会	312.11	28.35	46.70	387.16
	日照渔民节	224.35	70.57	28.48	323.40
	碣石山古庙会	331.57	5.04	34.27	370.88
	红庙庙会	255.36	15.12	34.27	304.75
	即墨田横岛周戈庄祭海	2906.69	105.04	64.55	3076.28

续表

海洋文化旅游资源		学生团体参观学习价值（万元）	学生研究选点价值（万元）	大众获取海洋文化信息价值（万元）	文化教育价值（万元）
海洋文艺资源——未开发（5）	石岛渔家大鼓	2473.24	50.77	19.49	2543.49
	鱼骨庙传说	125.52	69.33	29.98	224.83
	满江红	226.78	66.39	29.98	323.15
	芦苇画	281.59	12.60	25.16	319.35
	沾化渤海大鼓	323.51	54.62	34.27	412.40
海洋文艺资源——已开发（3）	荣成赤山明神传说	6178.54	46.22	17.86	6242.62
	柳毅传说	496.55	90.72	67.84	655.10
	渔祖郎君爷传说	5170.86	15.15	58.68	5244.68

资料来源：笔者整理。

整体来看，海洋文化旅游资源的平均文化教育价值为1963.21万元，是最大值的8.39%，最小值的8.73倍，表明山东省海洋文化旅游资源文化普及范围有限、文化教育功能较弱，且各项资源之间存在两极分化，呈极不均衡的状态。其中，学生团体平均参观学习价值为1491.66万元，较低的价值量印证了其在文化普及方面仍有待加强。学生平均研究选点价值为401.73万元，低价值量表明学生群体认为山东省海洋文化旅游资源整体研究意义不大，海洋文化旅游资源存在特性、优势缺乏或不突出的问题。大众获取海洋文化信息价值平均为69.82万元，极低的价值量表明山东省海洋文化旅游资源整体吸引力弱。

具体来看，学生团体参观学习价值、学生研究选点价值、文化教育价值最高的海洋文化旅游资源皆为海洋科学与技术试点国家实验室，分别为12415.93万元、10935.06万元、23397.94万元，远高于山东省平均水平的价值量表明其文化教育功能突出，对学生的吸引力强，这也与其作为科研机构，拥有数量庞大的理工类硕博研究生群体密切相关。学生团体参观学习价值、文化教育价值最低的海洋文化旅游资源是鱼骨庙传说，分别为125.52万元、224.83万元，这与其知名度低、缺乏实物载体形式导致的吸引力弱密切相关。大众获取海洋文化信息价值最高的海洋文化旅游资源是黄河口生态旅游区，为671.02万元，这与其高知名度、强吸引力相关；最小的是日照海战馆，为16.49万元，这可能是由万平口风景区的遮蔽效应导致。

3. 科学研究价值评估

由式（4-7）可知，海洋文化旅游资源的科学研究价值由基础研究价值和应用开发研究价值两部分组成，各自的价值量借助式（4-8）、式（4-9）推出，其数据信息来源于景区官方网站、相关工作人员、科研考察人员以及海洋文化旅游资源所在地居民。此外，由表 5-2 可知，评估对象中共有 27 项海洋文化旅游资源具有科学研究价值，其中 26 项海洋文化旅游资源的评估路径采用式（4-7），而海洋科学与技术试点国家实验室属于海洋科研机构，故采用式（4-10）进行评估。

根据海洋科学与技术试点国家实验室官网①可知，2019 年实验室一般公共预算财政拨款收入为 30347.78 万元（V_1），上级补助收入为 28405.10 万元（V_2），科学技术支出为 62471.75 万元（V_3），因此 2019 年海洋科学与技术试点国家实验室的科学研究价值为 121224.63 万元，约 12.12 亿元。26 项海洋文化旅游资源的科学研究价值评估结果如表 5-6 所示。

在不考虑海洋科学与技术试点国家实验室的前提下，海洋文化旅游资源的平均基础研究价值为 325.10 万元，平均应用开发研究价值为 359.12 万元，较低的价值量表明 2019 年山东省海洋文化旅游资源的科研意义较小，对科研人群的吸引力较弱，这可能是因大部分海洋文化旅游资源的主体科考任务已经完成，导致的后续科研任务量少。其中，潍坊滨海经济开发区、胜利油田科技展览中心的科学研究价值量位于顶端，且远远高于其余海洋文化旅游资源，表明海洋科技资源在满足受众的科研需求方面具有得天独厚的优势。羊口开海节的科学研究价值量最低，仅为 247.32 万元，这与其地处偏僻、时效性强、资源禀赋差等相关。

表 5-6　海洋文化旅游资源科学研究价值评估结果

海洋文化旅游资源		V 基础（万元）	V 应用（万元）	总科研价值（万元）
海洋遗迹资源	靖海卫古城	126.00	162.54	288.54
	威海卫塔	170.00	219.30	389.30
	长岛北庄遗址	277.33	268.32	545.65
	岚山海上碑	144.00	185.76	329.76
	两城镇遗址	286.00	368.94	654.94
	垦利海北遗址	263.67	291.54	555.21
	南河崖遗址	249.67	276.06	525.73
	杨家古窑址	137.67	152.22	289.89

① 2019 年青岛海洋科学与技术国家实验室发展中心部门预算［EB/OL］．［2019-02-14］．http：//www. qnlm. ac/page? a＝14&b＝3&c＝168&p＝detail.

续表

海洋文化旅游资源		V 基础（万元）	V 应用（万元）	总科研价值（万元）
海洋遗迹资源	双王城盐业遗址群	172. 67	190. 92	363. 59
	马濠运河	322. 67	312. 18	634. 85
	庙岛显应宫遗址	365. 33	353. 46	718. 79
	胶州板桥镇遗址	476. 00	526. 32	1002. 32
	海丰塔	168. 00	185. 76	353. 76
海洋文艺资源（已开发）	荣成赤山明神传说	376. 00	363. 78	739. 78
	柳毅传说	184. 00	237. 36	421. 36
	渔祖郎君爷传说	426. 67	412. 80	839. 47
海洋民俗资源（未开发）	荣成海参传统加工技艺	375. 67	415. 38	791. 05
	荣成海草房民居建筑技艺	387. 33	428. 28	815. 61
	长岛海洋渔号	354. 67	343. 14	697. 81
	日照踩高跷推虾皮技艺	284. 00	366. 36	650. 36
	寿光卤水制盐技艺	184. 00	237. 36	421. 36
	即墨金口天后宫	410. 67	397. 32	807. 99
	海阳大秧歌	364. 00	469. 56	833. 56
	羊口开海节	108. 00	139. 32	247. 32
海洋科技资源	胜利油田科技展览中心	903. 00	998. 46	1901. 46
	潍坊滨海经济开发区	935. 67	1034. 58	1970. 25

资料来源：笔者整理。

（二）间接使用价值评估结果

作为体现海洋文化旅游资源间接效用大小的指标，间接使用价值包括艺术欣赏价值、精神启迪价值和 IP 授权价值。其中，艺术欣赏价值量和精神启迪价值量是衡量受众在海洋文化旅游资源使用过程中所获无形收益多寡的指标，其数值越高表明受众感触越深、收获越丰。IP 授权价值量是体现海洋文化旅游资源作为无形符号有形化的能力，其价值量越高表明海洋文化旅游资源符号转换能力越强。

1. 艺术欣赏价值和精神启迪价值评估

（1）依上述结论可知，艺术欣赏价值和精神启迪价值属于无形价值，无法直接衡量，以海洋文化旅游资源是否开发为依据，采用旅行费用区间分析法和意愿调查法进行评估。对于19项已开发的海洋文化旅游资源，以游客的总费用支出为依据进行分区，通过构建个人意愿需求曲线推出其艺术欣赏价值和精神启迪价值。此外，考虑个人旅行行为的复杂性，为提高评估精度，通过构建基于旅行费用法的联立方程模型进行评估，并参照已有研究成果，取非线性联立方程和线性联立方程下的评估结果为消费者剩余的范围，以减小误差。19项已开发的海洋文化旅游资源的艺术欣赏价值和精神启迪价值的评估结果如表5-7所示。

表5-7　海洋文化旅游资源（19项）艺术欣赏和精神启迪价值评估结果

海洋文化旅游资源	人均消费者剩余（元）				总消费者剩余（亿元）——样本总数同非使用价值				总消费者剩余（万元）——样本总数为游客量
	旅行费用法	泊松方程	线性联立方程	非线性联立方程	旅行费用法	泊松方程	线性联立方程	非线性联立方程	—
威海仙姑顶	31.54	164.56	113.33	94.35	31.76	165.72	114.12	95.01	5059.65
东营仙河镇	45.28	222.26	132.40	103.33	45.60	223.82	133.33	104.06	354.54
登州古船博物馆	56.74	304.24	205.45	169.66	235.03	1260.27	851.02	702.80	10006.67
莱阳丁字湾滨海度假区	66.23	365.07	254.38	198.04	66.70	367.63	256.16	199.43	15770.69
日照海战馆	37.24	193.35	117.09	103.91	37.50	194.71	117.91	104.64	11085.98
黄河口生态旅游区	69.02	352.59	220.34	191.33	285.90	1460.55	912.71	792.55	5301.43
无棣大口河海滨旅游度假区	59.23	296.66	183.16	158.27	59.65	298.74	184.45	159.38	1325.57
北海渔盐文化民俗馆	29.17	139.49	87.75	78.82	29.37	140.47	88.36	79.37	332.25
庙岛显应宫遗址	62.81	323.60	206.07	181.69	63.25	325.87	207.52	182.97	4602.72
胶州板桥镇遗址	52.49	277.26	179.73	157.58	52.86	279.20	180.99	158.69	9938.46
海丰塔	30.12	150.10	96.82	85.61	30.33	151.15	97.50	86.21	774.39
毓璜顶庙会	43.46	220.87	132.15	117.43	43.77	222.42	133.08	118.26	1704.07
日照渔民节	30.01	155.21	97.35	86.74	30.22	156.30	98.04	87.34	16.21

续表

海洋文化旅游资源	人均消费者剩余（元）				总消费者剩余（亿元）——样本总数同非使用价值				总消费者剩余（万元）——样本总数为游客量
	旅行费用法	泊松方程	线性联立方程	非线性联立方程	旅行费用法	泊松方程	线性联立方程	非线性联立方程	—
碣石山古庙会	39.64	205.42	144.32	112.27	39.92	206.86	145.34	113.05	207.71
红庙庙会	32.12	153.61	105.78	81.34	32.35	154.69	106.52	81.91	97.00
即墨田横岛周戈庄祭海	43.82	231.02	144.35	131.03	44.13	232.64	145.36	131.95	969.74
荣成赤山明神传说	41.71	228.66	164.37	129.39	42.00	230.26	165.53	130.30	3193.73
柳毅传说	32.83	167.17	99.94	89.30	33.06	168.35	100.64	89.93	154.96
渔祖郎君爷传说	56.97	286.04	172.28	158.50	57.37	288.05	173.49	159.61	14776.31

资料来源：笔者整理。

总的来说，已开发的海洋文化旅游资源的平均人均消费者剩余为127.82~150.37元，低价值量表明山东省海洋文化旅游资源的开发水平较低，其在资源表现形式、价值挖掘和呈现、氛围渲染和情感共鸣等方面仍有巨大的提升空间。其中，人均消费者剩余最高的海洋文化旅游资源是莱阳丁字湾滨海度假区，为198.04~254.38元，这与其资源丰度高、组合性优、游客满意度高、外地游客多（新鲜感强、差异性大）等密切相关；最低的是北海渔盐文化民俗馆，消费者剩余低于90元，这与其游客主体为本地居民、游客满意度低等相关。此外，经对比发现，由旅行费用区间分析法计算而来的消费者剩余远低于基于旅行费用法下的联立方程模型的评估结果，这与众多已有研究的结论相一致，证明了本研究结论的合理性。

（2）对27项未开发的海洋文化旅游资源，由实地调研可知，其受众以山东省内居民为主，因此取2019年山东省常住人口数为其样本总数，为10070.21万人。其评估结果如表5-8所示。

整体来看，未开发的海洋文化旅游资源的平均总消费者剩余为47.28亿元，较低的消费者剩余价值表明山东省大部分海洋文化旅游资源目前仅处于单纯的保护状态，在艺术形态展现、精神内涵彰显等方面表现较差，导致受众的持续使用意愿被削弱。其中，能从海洋文化旅游资源中有所收获的受众平均比例为63.26%，

表 5-8 海洋文化旅游资源（27项）艺术欣赏和精神启迪价值评估结果

海洋文化旅游资源	有收获比例（%）	人均意愿值（元）	总消费者剩余（亿元）	海洋文化旅游资源	有收获比例（%）	人均意愿值（元）	总消费者剩余（亿元）
东营港	61.07	59.94	36.86	马濠运河	51.12	62.14	31.99
沾化徒骇河入海口	50.77	50.13	25.63	荣成海参传统加工技艺	62.05	102.87	64.28
潍坊寿光羊口港	53.90	59.73	32.42	荣成海草房民居建筑技艺	86.92	138.74	121.44
胶州湾海湾大桥	82.10	69.24	57.25	长岛海洋渔号	62.05	58.39	36.49
靖海卫古城	70.96	84.33	60.26	海阳大秧歌	61.94	76.25	47.56
威海卫塔	54.57	71.23	39.14	日照踩高跷推虾皮技艺	87.95	113.49	100.52
长岛北庄遗址	64.08	88.32	56.99	羊口开海节	58.25	51.93	30.46
岚山海上碑	70.96	84.33	60.26	寿光卤水制盐技艺	59.74	67.46	40.58
两城镇遗址	79.08	93.87	74.75	即墨金口天后宫	59.08	61.08	36.34
垦利海北遗址	50.77	50.23	25.68	石岛渔家大鼓	75.95	64.78	49.55
南河崖遗址	50.26	51.32	25.97	鱼骨庙传说	54.08	58.47	31.84
杨家古窑址	60.10	59.84	36.22	满江红	51.02	57.48	29.53
双王城盐业遗址群	52.04	63.15	33.09	芦苇画	72.12	62.83	45.63
沾化渤海大鼓	65.15	70.00	45.93	—	—	—	—

资料来源：笔者整理。

略低的比例再次印证了山东省海洋文化旅游资源整体处于未充分开发利用的状态，资源的表现形式有限，且受众对其价值内涵的了解度、认同度较低。受众对海洋文化旅游资源的平均人均意愿值为71.54元，这可能是整体禀赋一般或以保护为主导致受众了解渠道少、了解程度低所致。

具体来看，受众表示从日照踩高跷推虾皮技艺、荣成海草房民居建筑技艺中所获较丰，人均值约为120元，且受众比例高达85%以上，这表明具有实物展现形式、可以体验和接触的技艺类资源在激发受众感官、引发精神共振方面表现良好。然而垦利海北遗址、沾化徒骇河入海口等位置偏僻、资源禀赋一般、交通通达性差的海洋文化旅游资源，其表现形式单一甚至缺乏，难以刺激受众的各项感官，导致受众的使用意愿持续降低。

2. IP 授权价值评估

由式（4-26）可知，IP 授权价值由出版物价值、影视相关产品价值和浏览相关网页的价值三部分组成。其中，出版物价值是指 2019 年图书、期刊、报纸、音像制品与电子出版物中，为增添海洋文化旅游资源及相关内容而花费的载体费用。因文化教育价值中包括学生研究选点价值，其已涉及期刊和报纸；而且经过简要的市场调研发现，2019 年音像制品与电子出版物中涉及海洋文化旅游资源及相关内容的信息极少，为了避免重复计算和方便统计，这里所指的出版物价值仅是图书出版物的价值，该价值量在一定程度上略低于出版物的实际价值量。图书出版物价值由涉及海洋文化旅游资源及相关内容的总印张数和单位印张发行价决定。对于总印张数，采用读秀知识搜索所获得（因图书出版的周期较长，2019 年有关海洋文化旅游资源的部分内容无法在当年出版，为了降低误差，选取 2019 年和 2018 年两年的总印张数作为其统计数据）；对于单位印张发行价，由国家新闻出版署发布的《2019 年新闻出版业基本情况》可知，2019 年全国共出版图书 938.04 亿印张，定价总金额为 2178.96 亿元，因此图书出版物的单位印张发行价为 2.32 元。

影视相关产品价值是指各项海洋文化旅游资源在电影、电视剧中出镜所花费用。因山东省绝大多数海洋文化旅游资源受地理和经济区位条件的制约，对剧组的吸引力低，其影视相关产品价值大都不存在。然而对如胶州湾海湾大桥、蓬莱阁等条件优异的海洋文化旅游资源，其影视相关产品价值可通过收集各大影视类公众号、官方媒体等网络信息，参照类似剧组的相关费用水平等综合信息推出。

由式（4-27）可知，浏览相关网页的价值由浏览单个网页的费用、海洋文化旅游资源及相关内容占网页内容的比例以及年浏览量决定。对于浏览单个网页的费用，由第 45 次《中国互联网络发展状况统计报告》可知，中国网民的人均每周上网时长为 30.8 个小时，平均每天浏览 11 个网站，平均每个网站有 6000 个网页。经计算，人均每天的上网时长为 4.4 个小时，浏览一个网站则需 0.4 个小时。此外，经统计可知中国网民月均缴纳网费约 220 元，则每小时的上网费用为 1.67 元。以上述数据为基础，可得到中国网民浏览一个网站的费用为 0.668 元，浏览单个网页的费用为 0.000111 元。对于年浏览量，因介绍各项海洋文化旅游资源的正规网站数量较少，其余网站多且零散，为了方便统计，将 2019 年海洋文化旅游资源所在市的国内接待游客量作为海洋文化旅游资源的网络受众人数，即年浏览总量。49 项海洋文化旅游资源的 IP 授权价值评估结果如表 5-9 所示。

整体来看，海洋文化旅游资源的平均 IP 授权价值为 2480.59 元，且主要以浏览相关网页的价值（1923.72 元）为主，极低的价值量表明山东省海洋文化旅游资源在宣传推广、文化知识普及、基础设施建设以及加强吸引力方面拥有巨大的提升空间。其中，海洋文化旅游资源的出版物价值平均为 485.44 元，且价值为 0 元的海洋文化旅游资源共有 25 项，这表明超过 50%的海洋文化旅游资源在 2019 年未受到关注或使用者认为其特色、价值不够突出，不值得将其出版，山东省海洋文化旅游资源整体受关注度低。此外，共有 46 项海洋文化旅游资源在 2019 年的影视相关产品价值为 0 元，这说明山东省超过 93%的海洋文化旅游资源目前不具备或未被发现其作为影视作品素材的潜能，这些资源的 IP 开发也在很大程度上受地理位置、经济区位因素的限制。

具体来看，胶州湾海湾大桥的 IP 授权价值量、影视相关产品价值量最高，这是由青岛优越的经济区位条件所带来的高吸引力、高关注度引起的。出版物价值最大的海洋文化旅游资源是靖海卫古城，为 6090 元，说明近两年学界对其关注度较高，其文化意义和科研意义逐渐受到重视。然而浏览相关网页价值量最高的海洋文化旅游资源为登州古船博物馆，为 8900.31 元，这是因其位于蓬莱阁内，由蓬莱阁的高知名度和高吸引力所带来的。

表 5-9　海洋文化旅游资源 IP 授权价值评估结果

海洋文化旅游资源		出版物价值（元）	影视相关产品价值（元）	浏览相关网页价值（元）	IP 授权价值（元）
海洋景观资源（6）	威海仙姑顶	0	0	4186.88	4186.88
	东营港	0	0	179.71	179.71
	东营仙河镇	3497.4	0	224.64	3722.04
	沾化徒骇河入海口	0	0	178.45	178.45
	潍坊寿光羊口港	0	0	91.74	91.74
	胶州湾海湾大桥	0	2000	8676.32	10676.32
海洋娱教资源（6）	登州古船博物馆	1.45	500	8900.31	9401.76
	莱阳丁字湾滨海度假区	13.05	0	6771.98	6785.03
	日照海战馆	5.8	0	4512.59	4518.39
	黄河口生态旅游区	0	0	1909.42	1909.42
	无棣大口河海滨旅游度假区	2.61	0	178.45	181.06
	北海渔盐文化民俗馆	0	0	119.26	119.26

续表

海洋文化旅游资源		出版物价值（元）	影视相关产品价值（元）	浏览相关网页价值（元）	IP 授权价值（元）
海洋遗迹资源——未开发（10）	靖海卫古城	6090	0	114.71	6204.71
	威海卫塔	0	0	131.92	131.92
	长岛北庄遗址	0	0	1160.91	1160.91
	岚山海上碑	159.5	0	481.34	640.84
	两城镇遗址	0	0	1203.36	1203.36
	垦利海北遗址	0	0	89.85	89.85
	南河崖遗址	0	0	96.59	96.59
	杨家古窑址	3480	0	44.61	3524.61
	双王城盐业遗址群	870	0	174.31	1044.31
	马濠运河	174	0	644.53	818.53
海洋遗迹资源——已开发（3）	庙岛显应宫遗址	2320	0	3579.47	5899.47
	胶州板桥镇遗址	0	1000	2602.90	3602.90
	海丰塔	0	0	892.27	892.27
海洋科技资源（3）	胜利油田科技展览中心	21.75	0	696.38	718.13
	潍坊滨海经济开发区	6.96	0	3210.89	3217.85
	海洋科学与技术试点国家实验室	0	0	5205.79	5205.79
海洋民俗资源——未开发（8）	荣成海参传统加工技艺	0	0	2294.18	2294.18
	荣成海草房民居建筑技艺	1.45	0	2408.89	2410.34
	长岛海洋渔号	0	0	2902.28	2902.28
	海阳大秧歌	1.45	0	3192.50	3193.95
	日照踩高跷推虾皮技艺	0	0	1564.36	1564.36
	羊口开海节	0	0	1100.88	1100.88
	寿光卤水制盐技艺	2610	0	366.96	2976.96
	即墨金口天后宫	2.9	0	3966.32	3969.22
海洋民俗资源——已开发（5）	毓璜顶庙会	0	0	2418.56	2418.56
	日照渔民节	0	0	661.85	661.85
	碣石山古庙会	37.7	0	356.91	394.61
	红庙庙会	0	0	176.22	176.22
	即墨田横岛周戈庄祭海	23.2	0	6470.05	6493.25

续表

海洋文化旅游资源		出版物价值（元）	影视相关产品价值（元）	浏览相关网页价值（元）	IP 授权价值（元）
海洋文艺资源——未开发（5）	石岛渔家大鼓	232	0	944.05	1176.05
	鱼骨庙传说	922.2	0	234.65	1156.85
	满江红	2.9	0	207.58	210.48
	芦苇画	0	0	238.12	238.12
	沾化渤海大鼓	0	0	247.83	247.83
海洋文艺资源——已开发（3）	荣成赤山明神传说	294.35	0	1732.68	2027.03
	柳毅传说	3016	0	2687.98	5703.98
	渔祖郎君爷传说	0	0	3829.97	3829.97

资料来源：笔者整理。

（三）非使用价值评估结果

由式（4-29）可知，非使用价值由支付意愿率、支付意愿值和样本总数决定。支付意愿率是指被访者中为将来能够再次利用海洋文化旅游资源而愿意支付的人数与被访者总数的比重，其大小反映了被访者对海洋文化旅游资源的重视程度；支付意愿值是指将来能够再次利用海洋文化旅游资源的被访者所付出的心理期望金额，其大小反映了被访者对于海洋文化旅游资源未来发展水平的衡量和判断；样本总数是指海洋文化旅游资源所能辐射、影响的人群，主要受资源禀赋、经济区位条件的影响。因此，非使用价值量可有效地反映一定时间段内一定区域中的人群对该海洋文化旅游资源未来发展的期望，其数值越大，表明被访者认为其发展潜力越大。

首先，收集并整理被访者的支付意愿，发现大部分样本中存在零响应样本（被访者愿意支付，但支付意愿值为0），但零响应样本所占总样本的比重低于1.2%，因此本书的支付意愿率是剔除零响应样本所得到的。其次，相对于平均数而言，中位数不受极值的影响，能更好地反映整体水平，故使用样本支付意愿的中值作为计算依据。再次，因评估对象为山东省海洋文化旅游资源，且经过实地考察和问卷分析，发现其主要受众为山东省内居民，结合相关研究成果，取2019年山东省常住人口数为样本总数，为10070.21万人。其中，登州古船博物馆（蓬莱阁内）和黄河口生态旅游区属于国家5A级旅游景区，高知名度使其受

众总数远大于其他海洋文化旅游资源，结合客源地构成情况，取 2019 年华东地区常住人口数为样本总数，为 41423 万人。最后，将支付意愿率、支付意愿值和样本总数相乘得到非使用价值量，再与选择价值、遗产价值、存在价值各自最终的权重相乘得到各自的价值量。49 项海洋文化旅游资源非使用价值评估结果如表 5-10 所示。

整体来看，海洋文化旅游资源的平均非使用价值为 81. 3 万亿元，是最高值的 1/7、最低值的 2. 360 倍，表明山东省居民在整体上对海洋文化旅游资源的了解度、认知度呈不均衡状态。其中，期许海洋文化旅游资源永续存在的存在价值占比最高，为 64. 39%，期望将来能够再次利用海洋文化旅游资源的选择价值占比 22. 30%，而期望将海洋文化旅游资源留给子孙后代的遗产价值占比最低，为 13. 31%，这表明海洋文化旅游资源使用者认为海洋文化旅游资源的可持续存在是最重要的，且适当的开发利用要优于单纯的保护。此外，海洋文化旅游资源的平均支付意愿率为 77. 054%，表明了山东省海洋文化旅游资源使用者较为重视海洋文化旅游资源，海洋文化旅游资源开发利用具备良好的受众基础；然而海洋文化旅游资源的平均 WTP 值仅为 83. 571 元，其较小的数值表明受众认为山东省海洋文化旅游资源的开发利用仍面临许多难题，影响了民众对于山东省海洋文化未来发展的信心。

具体来看，首先，非使用价值量最高的海洋文化旅游资源是黄河口生态旅游区，为 598. 740 亿元，这是受其最大的 WTP 值和最大的样本总数影响，表明被访者认为该资源发展潜力巨大；最低的为羊口开海节，为 34. 48 亿元，WTP 值最小，反映了被访者对该资源发展前景不看好。其次，支付意愿率最高的海洋文化旅游资源是长岛北庄遗址，高达 94. 06%，表明被访者深刻意识和认识到其历史价值和文化意义，高度重视其发展；最低的为潍坊寿光羊口港，为 60. 96%，但高于 50%，表明相对于其余 48 项海洋文化旅游资源而言，被访者对其重视程度较低。最后，WTP 值最大的海洋文化旅游资源是黄河口生态旅游区，为 160 元，这与其作为我国暖温带最完整、最广阔的湿地生态系统，拥有独特而优质的自然风光、生态环境所引发的被访者未来期望值高有关；最小的为羊口开海节，仅有 55 元，这与其内容形式单一、缺乏创新、规模小所导致的被访者预期值低有关。

（四）价值评估综合结果

将旅游服务价值、文化教育价值、科学研究价值进行汇总，得到海洋文化旅游资源的直接使用价值；将艺术欣赏价值和精神启迪价值、IP 授权价值进行汇总，得到海洋文化旅游资源的间接使用价值；将直接使用价值和间接使用价值进

表 5-10　海洋文化旅游资源非使用价值评估结果

海洋文化旅游资源		支付率（%）	WTP 值（元）	问卷比例（%）			AHP 和德尔菲法比例（%）			最终比例（%）			样本总数（万人）	非使用价值（亿元）	非使用价值构成（亿元）		
				选	遗	存	选	遗	存	P_1	P_2	P_3	—	—	选	遗	存
海洋景观资源（6）	威海仙姑顶	80.03	85	0.21	0.10	0.69	0.213	0.095	0.692	0.211	0.098	0.691	10070.21	68.50	14.45	6.71	47.34
	东营港	72.26	65	0.30	0.07	0.63	0.298	0.069	0.633	0.299	0.069	0.632	10070.21	47.30	14.14	3.26	29.89
	东营仙河镇	78.25	105	0.38	0.08	0.54	0.373	0.072	0.555	0.377	0.076	0.547	10070.21	82.74	31.19	6.29	45.26
	沾化徒骇河入海口	78.72	70	0.32	0.08	0.60	0.308	0.077	0.615	0.314	0.079	0.607	10070.21	55.49	17.42	4.38	33.68
	潍坊寿光羊口港	60.96	60	0.31	0.09	0.60	0.299	0.069	0.632	0.304	0.080	0.616	10070.21	36.83	11.20	2.95	22.69
	胶州湾海湾大桥	71.10	75	0.25	0.11	0.64	0.265	0.080	0.655	0.257	0.095	0.648	10070.21	53.70	13.80	5.10	34.80
海洋娱教资源（6）	登州古船博物馆	90.95	95	0.32	0.09	0.59	0.283	0.074	0.643	0.302	0.082	0.616	41423.00	357.91	108.09	29.35	220.47
	莱阳丁字湾滨海度假区	76.98	115	0.33	0.11	0.56	0.320	0.123	0.557	0.325	0.117	0.558	10070.21	89.15	28.97	10.43	49.74
	日照海战馆	77.11	75	0.20	0.11	0.69	0.179	0.082	0.739	0.190	0.096	0.714	10070.21	58.24	11.07	5.59	41.58
	黄河口生态旅游区	90.34	160	0.24	0.14	0.62	0.239	0.138	0.623	0.239	0.139	0.622	41423.00	598.74	143.10	83.23	372.42
	无棣大口河海滨旅游度假区	86.17	100	0.24	0.10	0.66	0.251	0.096	0.653	0.246	0.098	0.656	10070.21	86.77	21.35	8.50	56.92
	北海渔盐文化民俗馆	70.24	65	0.31	0.07	0.62	0.298	0.070	0.632	0.304	0.070	0.626	10070.21	45.98	13.98	3.22	28.78

续表

海洋文化旅游资源		支付率（%）	WTP 值（元）	问卷比例（%）			AHP 和德尔菲法比例（%）			最终比例（%）			样本总数（万人）	非使用价值（亿元）	非使用价值构成（亿元）		
				选	遗	存	选	遗	存	P_1	P_2	P_3	—	—	选	遗	存
海洋遗迹资源——未开发（10）	靖海卫古城	87.88	130	0.11	0.16	0.73	0.083	0.193	0.724	0.097	0.176	0.727	10070.21	115.05	11.16	20.25	83.64
	威海卫塔	72.12	75	0.11	0.24	0.65	0.093	0.222	0.685	0.102	0.231	0.667	10070.21	54.47	5.56	12.58	36.33
	长岛北庄遗址	94.06	135	0.09	0.19	0.72	0.083	0.193	0.724	0.086	0.192	0.722	10070.21	127.87	11.00	24.55	92.32
	岚山海上碑	76.25	70	0.12	0.14	0.74	0.111	0.166	0.723	0.116	0.153	0.731	10070.21	53.75	6.23	8.22	39.29
	两城镇遗址	93.88	140	0.18	0.14	0.68	0.192	0.131	0.677	0.186	0.136	0.678	10070.21	132.35	24.62	18.00	89.74
	垦利海北遗址	71.28	65	0.08	0.28	0.64	0.074	0.283	0.643	0.077	0.282	0.641	10070.21	46.66	3.59	13.16	29.91
	南河崖遗址	67.18	65	0.08	0.27	0.65	0.074	0.283	0.643	0.077	0.276	0.647	10070.21	43.97	3.39	12.14	28.45
	杨家古窑址	65.47	65	0.11	0.23	0.66	0.104	0.231	0.665	0.107	0.231	0.662	10070.21	42.85	4.59	9.90	28.37
	双王城盐业遗址群	81.38	110	0.15	0.12	0.73	0.168	0.113	0.719	0.159	0.117	0.724	10070.21	90.15	14.33	10.55	65.27
	马濠运河	79.05	65	0.20	0.12	0.68	0.201	0.118	0.681	0.199	0.119	0.682	10070.21	51.74	10.30	6.16	35.29
海洋遗迹资源——已开发（3）	庙岛显应宫遗址	86.99	90	0.24	0.12	0.64	0.231	0.104	0.665	0.236	0.112	0.652	10070.21	78.84	18.61	8.83	51.40
	胶州板桥镇遗址	83.17	85	0.12	0.21	0.67	0.131	0.192	0.677	0.126	0.201	0.673	10070.21	71.19	8.97	14.31	47.91
	海丰塔	79.04	75	0.24	0.11	0.65	0.231	0.104	0.665	0.236	0.107	0.657	10070.21	59.70	14.09	6.39	39.22

续表

海洋文化旅游资源		支付率（%）	WTP 值（元）	问卷比例（%）			AHP 和德尔菲法比例（%）			最终比例（%）			样本总数（万人）	非使用价值（亿元）	非使用价值构成（亿元）		
				选	遗	存	选	遗	存	P_1	P_2	P_3	—	—	选	遗	存
海洋科技资源（3）	胜利油田科技展览中心	72.44	80	0.36	0.09	0.55	0.359	0.077	0.564	0.359	0.084	0.557	10070.21	58.36	20.95	4.90	32.51
	潍坊滨海经济开发区	74.02	65	0.56	0.09	0.35	0.575	0.082	0.343	0.567	0.086	0.347	10070.21	48.45	27.47	4.17	16.81
	海洋科学与技术试点国家实验室	86.12	70	0.65	0.08	0.27	0.632	0.069	0.299	0.641	0.075	0.284	10070.21	60.71	38.91	4.55	17.24
海洋民俗资源——未开发（8）	荣成海参传统加工技艺	83.08	110	0.08	0.23	0.69	0.085	0.213	0.702	0.080	0.220	0.700	10070.21	92.03	7.36	20.25	64.42
	荣成海草房民居建筑技艺	91.03	145	0.11	0.21	0.68	0.082	0.179	0.739	0.096	0.194	0.710	10070.21	132.92	12.76	25.79	94.37
	长岛海洋渔号	67.95	60	0.15	0.14	0.71	0.168	0.113	0.719	0.159	0.127	0.714	10070.21	41.06	6.53	5.21	29.31
	海阳大秧歌	81.09	85	0.17	0.16	0.67	0.161	0.149	0.690	0.166	0.155	0.679	10070.21	69.41	11.52	10.76	47.13
	日照踩高跷推虾皮技艺	91.28	125	0.05	0.21	0.74	0.082	0.179	0.739	0.066	0.195	0.739	10070.21	114.90	7.58	22.41	84.91
	羊口开海节	62.25	55	0.26	0.09	0.65	0.274	0.087	0.639	0.267	0.088	0.645	10070.21	34.48	9.21	3.03	22.24
	寿光卤水制盐技艺	82.05	85	0.09	0.25	0.66	0.078	0.234	0.688	0.084	0.242	0.674	10070.21	70.23	5.90	17.00	47.34
	即墨金口天后宫	69.05	65	0.23	0.13	0.64	0.239	0.138	0.623	0.235	0.134	0.631	10070.21	45.20	10.62	6.06	28.52

续表

海洋文化旅游资源		支付率（%）	WTP 值（元）	问卷比例（%）			AHP 和德尔菲法比例（%）			最终比例（%）			样本总数（万人）	非使用价值（亿元）	非使用价值构成（亿元）		
				选	遗	存	选	遗	存	P_1	P_2	P_3	—	—	选	遗	存
海洋民俗资源——已开发（5）	毓璜顶庙会	81.06	75	0.31	0.10	0.59	0.284	0.097	0.619	0.297	0.099	0.604	10070.21	61.22	18.18	6.06	36.98
	日照渔民节	63.33	65	0.21	0.09	0.70	0.193	0.083	0.724	0.202	0.086	0.712	10070.21	41.45	8.37	3.57	29.51
	碣石山古庙会	75.38	75	0.36	0.11	0.53	0.366	0.102	0.532	0.363	0.106	0.531	10070.21	56.93	20.67	6.03	30.23
	红庙庙会	74.13	65	0.27	0.13	0.60	0.272	0.120	0.608	0.271	0.125	0.604	10070.21	48.52	13.15	6.07	29.31
	即墨田横岛周戈庄祭海	74.07	70	0.25	0.11	0.64	0.261	0.106	0.633	0.256	0.108	0.636	10070.21	52.21	13.37	5.64	33.21
海洋文艺资源——未开发（5）	石岛渔家大鼓	74.05	70	0.22	0.11	0.67	0.201	0.118	0.681	0.211	0.114	0.675	10070.21	52.20	11.01	5.95	35.23
	鱼骨庙传说	63.01	65	0.17	0.14	0.69	0.192	0.131	0.677	0.181	0.136	0.683	10070.21	41.24	7.47	5.61	28.17
	满江红	61.93	65	0.09	0.16	0.75	0.103	0.174	0.723	0.096	0.167	0.737	10070.21	40.54	3.89	6.77	29.88
	芦苇画	78.01	75	0.28	0.10	0.62	0.284	0.097	0.619	0.282	0.099	0.619	10070.21	58.92	16.61	5.83	36.47
	沾化渤海大鼓	65.15	65	0.17	0.12	0.71	0.174	0.103	0.723	0.172	0.112	0.716	10070.21	42.64	7.33	4.78	30.53
海洋文艺资源——已开发（3）	荣成赤山明神传说	76.25	70	0.27	0.11	0.62	0.284	0.097	0.619	0.277	0.104	0.619	10070.21	53.75	14.89	5.59	33.27
	柳毅传说	76.92	65	0.22	0.11	0.67	0.231	0.104	0.665	0.226	0.107	0.667	10070.21	50.35	11.38	5.39	33.58
	渔祖郎君爷传说	81.16	85	0.21	0.12	0.67	0.192	0.131	0.677	0.201	0.125	0.674	10070.21	69.47	13.96	8.68	46.82

资料来源：笔者整理。

行汇总，得到海洋文化旅游资源的使用价值；将使用价值和非使用价值进行汇总，得到49项海洋文化旅游资源在2019年的总价值。综合价值评估结果如表5-11所示。

表5-11　49项海洋文化旅游资源综合价值评估结果

<table>
<tr><th colspan="2" rowspan="2">海洋文化旅游资源</th><th colspan="2">使用价值</th><th rowspan="2">使用价值（亿元）</th><th rowspan="2">非使用价值（亿元）</th><th rowspan="2">总价值（亿元）</th></tr>
<tr><th>直接使用价值（万元）</th><th>间接使用价值（万元）</th></tr>
<tr><td rowspan="6">海洋景观资源（6）</td><td>威海仙姑顶</td><td>70741. 4209</td><td>1045672. 8987</td><td>111. 6414</td><td>68. 5031</td><td>180. 1445</td></tr>
<tr><td>东营港</td><td>1656. 2907</td><td>368615. 8271</td><td>37. 0272</td><td>47. 2988</td><td>84. 3260</td></tr>
<tr><td>东营仙河镇</td><td>3567. 5559</td><td>1186959. 4091</td><td>119. 0527</td><td>82. 7394</td><td>201. 7921</td></tr>
<tr><td>沾化徒骇河入海口</td><td>245. 9818</td><td>256296. 9426</td><td>25. 6543</td><td>55. 4909</td><td>81. 1452</td></tr>
<tr><td>潍坊寿光羊口港</td><td>291. 7471</td><td>324205. 0829</td><td>32. 4497</td><td>36. 8328</td><td>69. 2825</td></tr>
<tr><td>胶州湾海湾大桥</td><td>1723. 7176</td><td>572452. 6281</td><td>57. 4176</td><td>53. 6994</td><td>111. 1170</td></tr>
<tr><td rowspan="6">海洋娱教资源（6）</td><td>登州古船博物馆</td><td>117650. 9383</td><td>7769087. 5629</td><td>788. 6739</td><td>357. 9051</td><td>1146. 5790</td></tr>
<tr><td>莱阳丁字湾滨海度假区</td><td>160258. 4079</td><td>2277977. 8475</td><td>243. 8236</td><td>89. 1485</td><td>332. 9721</td></tr>
<tr><td>日照海战馆</td><td>144193. 1958</td><td>1112723. 9146</td><td>125. 6917</td><td>58. 2385</td><td>183. 9302</td></tr>
<tr><td>黄河口生态旅游区</td><td>63129. 8227</td><td>8526334. 4632</td><td>858. 9464</td><td>598. 7446</td><td>1457. 6910</td></tr>
<tr><td>无棣大口河海滨旅游度假区</td><td>15990. 3640</td><td>1719150. 0166</td><td>173. 5140</td><td>86. 7750</td><td>260. 2890</td></tr>
<tr><td>北海渔盐文化民俗馆</td><td>3801. 9435</td><td>838693. 9272</td><td>84. 2496</td><td>45. 9766</td><td>130. 2262</td></tr>
<tr><td rowspan="10">海洋遗迹资源——未开发（10）</td><td>靖海卫古城</td><td>519. 3280</td><td>602607. 7068</td><td>60. 3127</td><td>115. 0461</td><td>175. 3588</td></tr>
<tr><td>威海卫塔</td><td>1843. 9907</td><td>391431. 2007</td><td>39. 3275</td><td>54. 4698</td><td>93. 7973</td></tr>
<tr><td>长岛北庄遗址</td><td>916. 1992</td><td>569928. 2431</td><td>57. 0844</td><td>127. 8725</td><td>184. 9569</td></tr>
<tr><td>岚山海上碑</td><td>1259. 5167</td><td>602607. 1504</td><td>60. 3867</td><td>53. 7497</td><td>114. 1364</td></tr>
<tr><td>两城镇遗址</td><td>1841. 2520</td><td>747535. 9369</td><td>74. 9377</td><td>132. 3548</td><td>207. 2925</td></tr>
<tr><td>垦利海北遗址</td><td>890. 4586</td><td>256808. 1983</td><td>25. 7699</td><td>46. 6573</td><td>72. 4272</td></tr>
<tr><td>南河崖遗址</td><td>898. 5146</td><td>259745. 2865</td><td>26. 0644</td><td>43. 9736</td><td>70. 0380</td></tr>
<tr><td>杨家古窑址</td><td>654. 9500</td><td>362163. 7737</td><td>36. 2819</td><td>42. 8543</td><td>79. 1362</td></tr>
<tr><td>双王城盐业遗址群</td><td>1228. 6767</td><td>330940. 0339</td><td>33. 2169</td><td>90. 1465</td><td>123. 3634</td></tr>
<tr><td>马濠运河</td><td>1307. 0482</td><td>319890. 0505</td><td>32. 1197</td><td>51. 7433</td><td>83. 8630</td></tr>
</table>

续表

海洋文化旅游资源		使用价值 直接使用价值（万元）	使用价值 间接使用价值（万元）	使用价值（亿元）	非使用价值（亿元）	总价值（亿元）
海洋遗迹资源——已开发（3）	庙岛显应宫遗址	55033.7412	1952406.3591	200.7440	78.8407	279.5847
	胶州板桥镇遗址	103050.9367	1698398.1735	180.1449	71.1908	251.3357
	海丰塔	8626.0436	918553.2874	92.7179	59.6962	152.4141
海洋科技资源（3）	胜利油田科技展览中心	5887.0524	0.0718	0.5887	58.3589	58.9476
	潍坊滨海经济开发区	7859.1365	0.3218	0.7859	48.4508	49.2367
	海洋科学与技术试点国家实验室	144622.5691	0.5206	14.4623	60.7073	75.1696
海洋民俗资源——未开发（8）	荣成海参传统加工技艺	1099.6770	642790.1423	64.3890	92.0296	156.4186
	荣成海草房民居建筑技艺	1495.1630	1214395.1421	121.5890	132.9202	254.5092
	长岛海洋渔号	1092.8157	364854.0184	36.5947	41.0562	77.6509
	海阳大秧歌	4475.3943	475608.7850	48.0084	69.4104	117.4188
	日照踩高跷推虾皮技艺	1017.6307	1005152.6793	100.6170	114.9011	215.5181
	羊口开海节	510.4040	304616.1582	30.5127	34.4779	64.9906
	寿光卤水制盐技艺	841.5811	405835.8431	40.6677	70.2322	110.8999
	即墨金口天后宫	1430.6730	363394.6395	36.4825	45.1976	81.6801
海洋民俗资源——已开发（5）	毓璜顶庙会	8280.5204	1256701.5251	126.4982	61.2218	187.7200
	日照渔民节	440.4948	926913.0491	92.7354	41.4535	134.1889
	碣石山古庙会	1680.0396	1291943.0296	129.3623	56.9319	186.2942
	红庙庙会	908.2670	942150.2353	94.3059	48.5228	142.8287
	即墨田横岛周戈庄祭海	10574.1446	1386556.7870	139.7131	52.2130	191.9261

续表

海洋文化旅游资源		使用价值		使用价值（亿元）	非使用价值（亿元）	总价值（亿元）
		直接使用价值（万元）	间接使用价值（万元）			
海洋文艺资源——未开发（5）	石岛渔家大鼓	2543.4913	495458.5784	49.8002	52.1989	101.9991
	鱼骨庙传说	224.8333	318425.9563	31.8651	41.2441	73.1092
	满江红	323.1469	295321.9803	29.5645	40.5371	70.1016
	芦苇画	319.3496	456311.4093	45.6631	58.9183	104.5814
	沾化渤海大鼓	412.3977	459251.9518	45.9664	42.6448	88.6112
海洋文艺资源——已开发（3）	荣成赤山明神传说	47683.0447	1479116.6756	152.6800	53.7497	206.4297
	柳毅传说	2549.7758	952852.9038	95.5403	50.3490	145.8893
	渔祖郎君爷传说	135245.2238	1665507.8833	180.0753	69.4704	249.5457

资料来源：笔者整理。

总的来说，49 项海洋文化旅游资源的平均总价值为 189.2421 亿元，较低的价值量表明山东省海洋文化旅游资源的整体使用情况处于一般水平，资源的内涵和潜能未得到充分挖掘和彰显。其中，49 项海洋文化旅游资源的平均直接使用价值为 2.3323 亿元，约是最大价值量的 1/7、最小价值量的 103.7357 倍，最大值与最小值之间相差约 712.7877 倍，表明目前山东省海洋文化旅游资源在吸引力大小、开发利用水平方面极不均衡，这在很大程度上是受其资源禀赋和经济区位条件影响。然而间接使用价值平均为 105.5395 亿元，约为直接使用价值量的 45.2508 倍，这说明山东省海洋文化旅游资源带给受众的间接效用要远远超过其带来的直接效用，且间接使用价值量中基本由艺术欣赏价值量和精神启迪价值量构成，可看出山东省海洋文化旅游资源发展具有良好的受众基础，仍有深厚的价值潜力待挖掘，发展前景较大。

具体而言，黄河口生态旅游区在总价值、使用价值、间接使用价值方面表现较优，这与其高知名度、优资源禀赋密切相关，但在直接使用价值方面劣于登州古船博物馆、日照海战馆和莱阳丁字湾滨海度假区等同类资源，可能是由其偏僻的地理位置和偏低的开发水平导致。此外，鱼骨庙传说、满江红等缺乏实物展现形式，潍坊寿光羊口港、沾化徒骇河入海口等位置偏僻且基本未开发的海洋文化旅游资源皆在直接使用价值方面表现较差，与上述分析结果一致。

三、各类海洋文化旅游资源价值对比分析

以上述海洋文化旅游资源价值评估结果为基础，按海洋景观资源、海洋娱教资源、海洋遗迹资源、海洋科技资源、海洋民俗资源、海洋文艺资源的分类方式对各种资源的价值量进行对比分析，发现不同海洋文化旅游资源存在的优势、劣势，进而为山东省海洋文化旅游资源的开发提供支撑。

（一）直接使用价值评估结果对比

1. *旅游服务价值评估*

从海洋文化旅游资源类别来看（见图 5-1），人均旅游费用最高的海洋文化旅游资源是海洋娱教资源，为 582.07 元；其次是已开发的海洋遗迹资源，为 525.72 元，这是由其资源表现形式多样且新颖、被访游客满意度较高、景区及周边配套设施完善、景区服务水平高等因素决定；最低的是海洋民俗资源，仅有 241.33 元，主要是与其被访游客主体距离较近且集中度高导致。

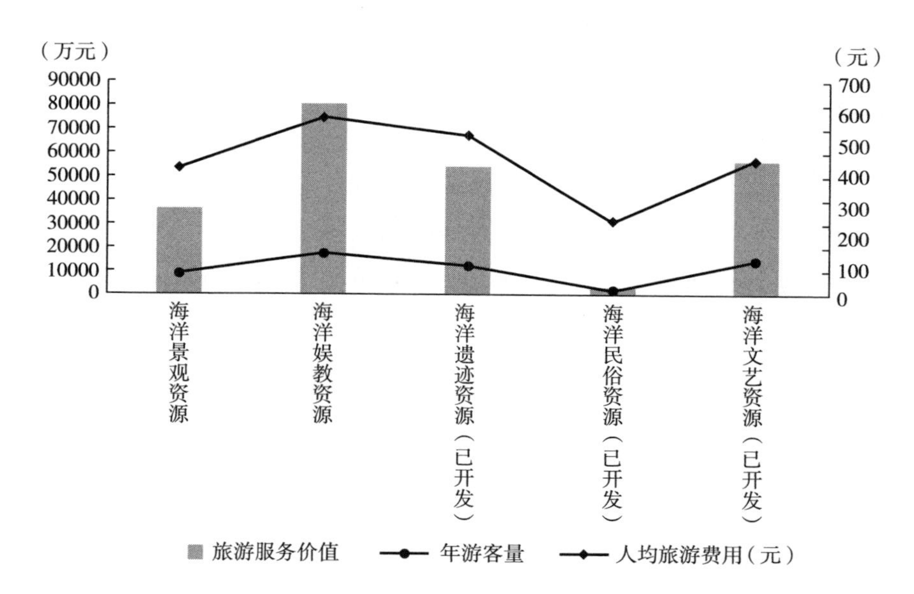

图 5-1 各类海洋文化旅游资源旅游服务价值（均值）评估结果

资料来源：笔者整理。

2. 文化教育价值评估

从海洋文化旅游资源类别来看（见图5-2），学生团体参观学习价值最大的海洋文化旅游资源是海洋科技资源，为6417.90万元；最小的是海洋遗迹资源，为440.46万元，这与其大部分地处偏僻、知名度低、相关信息匮乏、以保护状态为主、实用性低、吸引力弱相关。学生研究选点价值最大的海洋文化旅游资源是海洋科技资源，为4628.29万元；最小的是海洋文艺资源，为50.72万元，这与其相关信息收集难、资源特色缺乏或不突出等密切相关。大众获取海洋文化信息价值最大的海洋文化旅游资源是海洋娱教资源，为228.01万元，这与其大部分知名度高、交通通达性好、景区娱乐性较强、吸引力大等相关；最小的是海洋文艺资源，为35.41万元，主要是由其知名度低导致的。文化教育价值最大的海洋文化旅游资源是海洋科技资源，为11090.81万元；最小的是海洋遗迹资源，为639.82万元，与上述结论相契合。

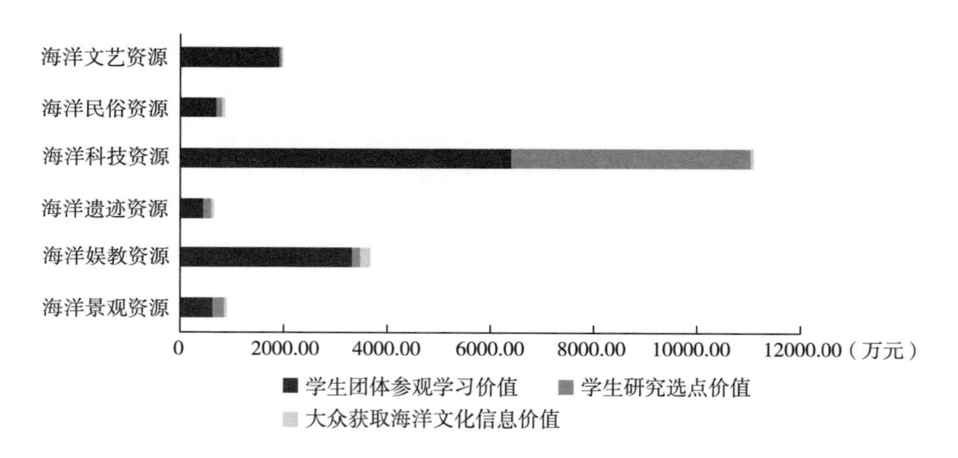

图5-2　各类海洋文化旅游资源文化教育价值（均值）评估结果

资料来源：笔者整理。

3. 科学研究价值评估

从海洋文化旅游资源类别来看（见图5-3），基础科研价值、应用科研价值、总科研价值最大的海洋文化旅游资源是海洋科技资源，分别为919.33万元、1016.52万元、1935.85万元，这与前述分析结果相吻合。最小的是海洋遗迹资源，分别为243.00万元、268.72万元、511.72万元，但与已开发的海洋文艺资源、未开发的海洋民俗资源差距较小，说明除海洋科技资源之外，各类海洋文化旅游资源的科学研究价值相近且都不高。

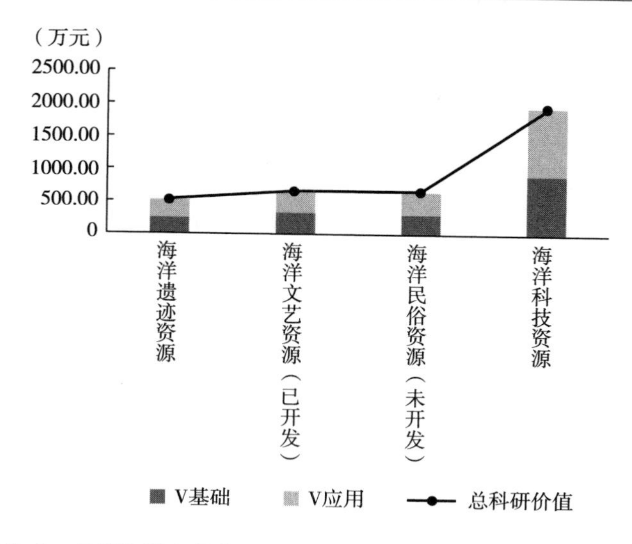

图 5-3 各类海洋文化旅游资源科学研究价值（均值）评估结果

资料来源：笔者整理。

（二）间接使用价值评估结果对比

1. 艺术欣赏价值和精神启迪价值评估

从海洋文化旅游资源类别来看（见表 5-12），以旅行费用区间分析法求得的人均消费者剩余最大的海洋文化旅游资源是海洋娱教资源，为 52.93833 元；最小的是海洋民俗资源为 37.81000 元，与前述分析结果相契合。基于旅行费用法的联立方程模型求得的人均消费者剩余最高的海洋文化旅游资源是海洋娱教资源，为 150.00500 ~ 178.02830 元；最低的是海洋景观资源，为 98.84000 ~ 122.86500 元，其次是海洋民俗资源，为 105.76200 ~ 124.79000 元。这表明相较于海洋娱教资源而言，海洋景观资源和海洋民俗资源的开发利用水平较低，仍具备巨大的开发潜能和潜在的经济效益提升空间。

表 5-12 各类海洋文化旅游资源（19 项）艺术欣赏价值和精神启迪价值评估结果

海洋文化旅游资源	人均旅行费用（元）	人均线性联立方程（元）	人均非线性联立方程（元）	旅行消费者剩余（亿元）	线性联立方程消费者剩余（亿元）	非线性联立方程消费者剩余（亿元）
海洋景观资源	38.41000	122.86500	98.84000	38.68000	123.72500	99.53500
海洋娱教资源	52.93833	178.02830	150.00500	119.02500	401.76830	339.69500
海洋遗迹资源	48.47333	160.87330	141.62670	48.81333	162.00330	142.62330

续表

海洋文化旅游资源	人均旅行费用（元）	人均线性联立方程（元）	人均非线性联立方程（元）	旅行消费者剩余（亿元）	线性联立方程消费者剩余（亿元）	非线性联立方程消费者剩余（亿元）
海洋民俗资源	37.81000	124.79000	105.76200	38.07800	125.66800	106.50200
海洋文艺资源	43.83667	145.53000	125.73000	44.14333	146.55330	126.61330

资料来源：笔者整理。

从海洋文化旅游资源类别来看（见图5-4），海洋景观资源、海洋遗迹资源、海洋民俗资源、海洋文艺资源在有收获比例、人均意愿值和总消费者剩余方面均相差不大。其中，被访者有收获比例最大的是海洋民俗资源，为67.25%，最小的是海洋遗迹资源，为60.39%，两者相差不到7%；人均意愿值最高的是海洋民俗资源，为83.78元，最低的是海洋景观资源，为59.76元，两者相差不到25元；总消费者剩余最大的是海洋民俗资源，为59.71亿元，最小的是海洋景观资源，为38.04亿元，两者相差不到22亿元。此外，四类海洋文化旅游资源在有收获比例、人均意愿值、总消费者剩余方面的标准偏差均较小，这表明被访者对其整体认知程度相近，这四类海洋文化旅游资源的艺术欣赏价值和精神启迪价值处于同一水平。

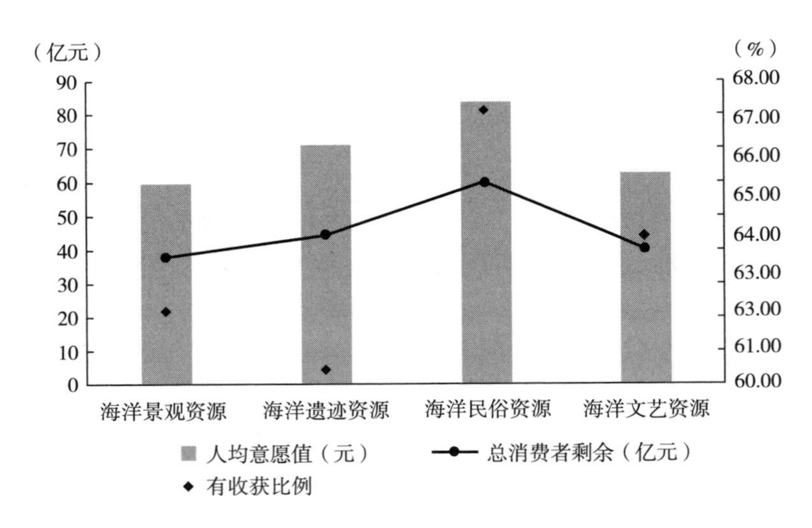

图5-4　各类海洋文化旅游资源（27项）艺术欣赏价值和精神启迪价值（均值）评估结果

资料来源：笔者整理。

2. IP 授权价值评估

从海洋文化旅游资源类别来看（见图 5-5），出版物价值最大的海洋文化旅游资源是海洋遗迹资源，为 1007.19 元，表明近两年学界对其关注度较高；最小的是海洋娱教资源，为 3.82 元，表明其相关学术出版物数量极少。影视相关产品价值最大的海洋文化旅游资源是海洋景观资源，为 333.33 元，这与其资源特性相关；海洋科技资源、海洋民俗资源、海洋文艺资源的影视相关产品价值几乎为 0，这与其资源自身特性与影视作品素材不搭有关。浏览相关网页价值最大的海洋文化旅游资源是海洋娱教资源，为 3732.00 元，与其已开发利用度高、知名度较高相关；最小的是海洋遗迹资源，为 862.83 元，与其知名度低、以保护状态为主有关。IP 授权价值最大的海洋文化旅游资源是海洋娱教资源，为 3819.15 元，由其高浏览相关网页价值带动；最小的是海洋文艺资源，为 1823.79 元，与其知名度低、与日常生活脱节有关。

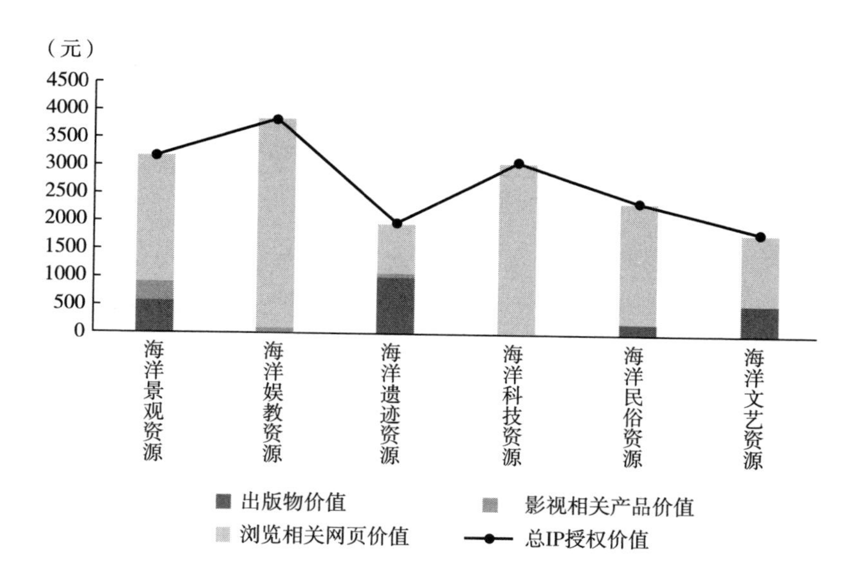

图 5-5　各类海洋文化旅游资源 IP 授权价值（均值）评估结果

资料来源：笔者整理。

此外，将海洋文化旅游资源当前开发情况考虑其中（见图 5-6），出版物价值最大的是已开发的海洋文艺资源，为 1103.45 元；浏览相关网页价值最小的是未开发的海洋文艺资源，为 374.45 元。IP 授权价值最大的是已开发的海洋文艺资源，为 3853.66 元；最小的是未开发的海洋文艺资源，为 605.87 元，该结果在验证上述结果的同时，亦表明海洋文艺资源的开发利用情况对其 IP 授权价值量大小的影响至关重要。

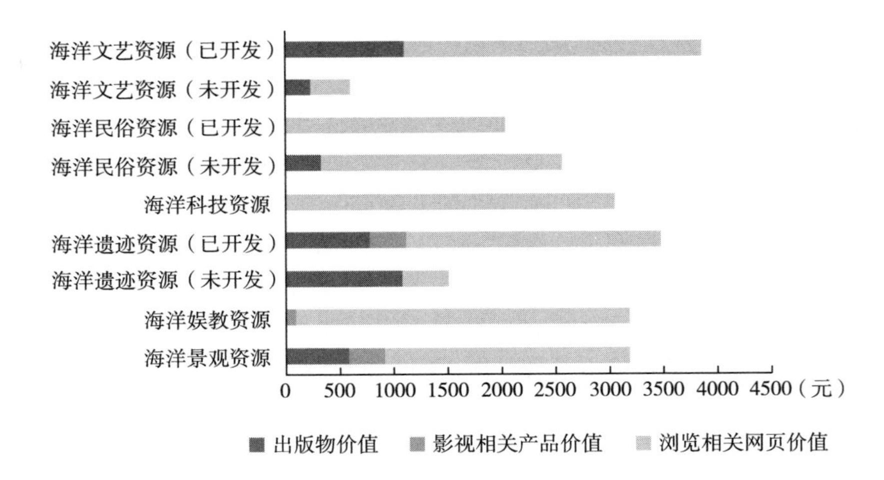

图 5-6　各类海洋文化旅游资源 IP 授权价值（均值）评估结果（含是否开发）

资料来源：笔者整理。

（三）非使用价值评估结果对比

由图 5-7 可知，被访者支付意愿率最高、人均 WTP 值最大的均是海洋娱教资源，分别为 81.97%、101.67 元，这与其具有实体形式、被访者可近距离和全方位了解有关；支付意愿率最低、人均 WTP 值最小的均是海洋文艺资源，分别为 72.06%、70.00 元，这是由其实用性较低，且脱离被访者日常生活导致。就非使用价值构成而言，选择价值占比最高的是海洋科技资源，为 52.13%，大于 50%的占比率表明被访者认为其最重要的价值在于将来能够对其利用，意识到科技资源转化为科技成果的重要性。遗产价值、存在价值占比最高的均是海洋遗迹资源，这与其整体价值符号提炼复杂、开发难度大、地理位置偏僻等自身特性密切相关。

将海洋文化旅游资源现有开发情况考虑其中（见图 5-8），发现被访者支付意愿率最高的是已开发的海洋遗迹资源，为 83.07%，这是由其高文化内涵和可触、可体验的资源载体形式决定的；支付意愿率最低、人均 WTP 值最小的均是未开发的海洋文艺资源，分别为 68.43%、68.00 元，与前文表述相一致。

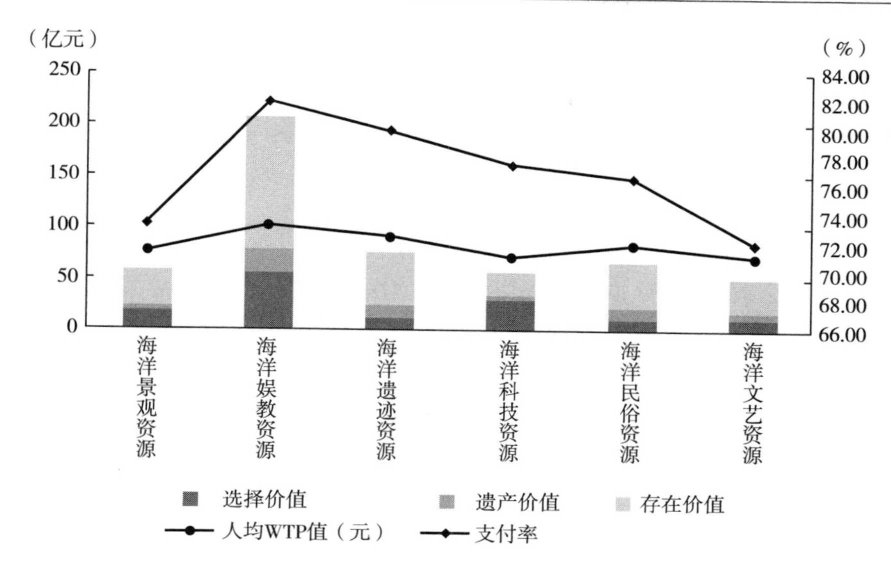

图 5-7　各类海洋文化旅游资源非使用价值（均值）评估结果

资料来源：笔者整理。

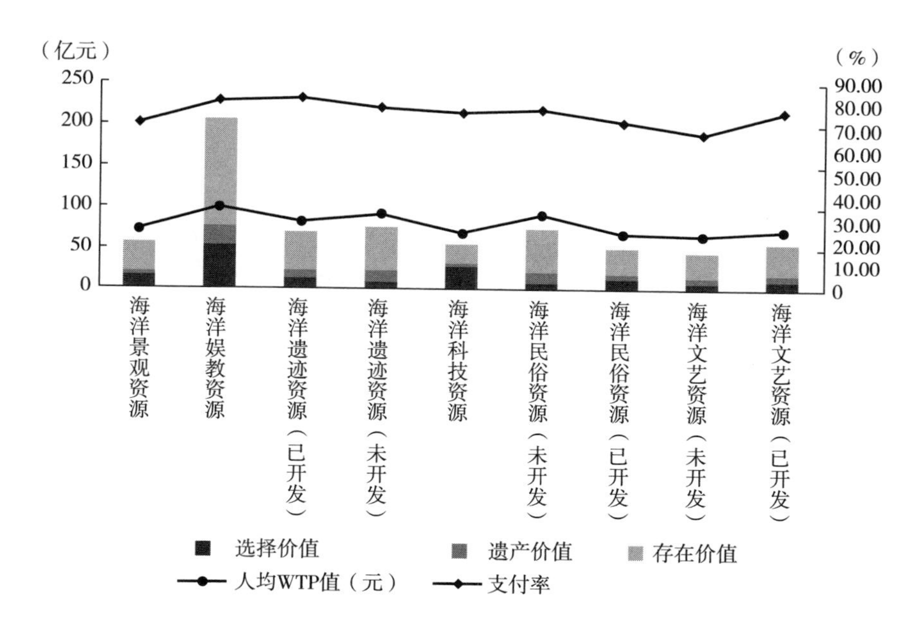

图 5-8　各类海洋文化旅游资源非使用价值（均值）评估结果（含是否开发）

资料来源：笔者整理。

（四）价值评估综合结果对比

从海洋文化旅游资源类别来看（见图 5-9），直接使用价值最大的海洋文化旅游资源是海洋娱教资源，为 8.4171 亿元；最小的是海洋民俗资源，为 0.2604 亿元。间接使用价值和使用价值最大的海洋文化旅游资源是海洋娱教资源，分别为 370.7328 亿元、379.1499 亿元；最小的是海洋科技资源，分别为 0.3047 亿元、5.2790 亿元，总价值最大的海洋文化旅游资源是海洋娱教资源，为 585.2813 亿元；最小的是海洋科技资源，为 61.1180 亿元，这是由缺乏旅游服务价值、艺术欣赏价值和精神启迪价值导致。

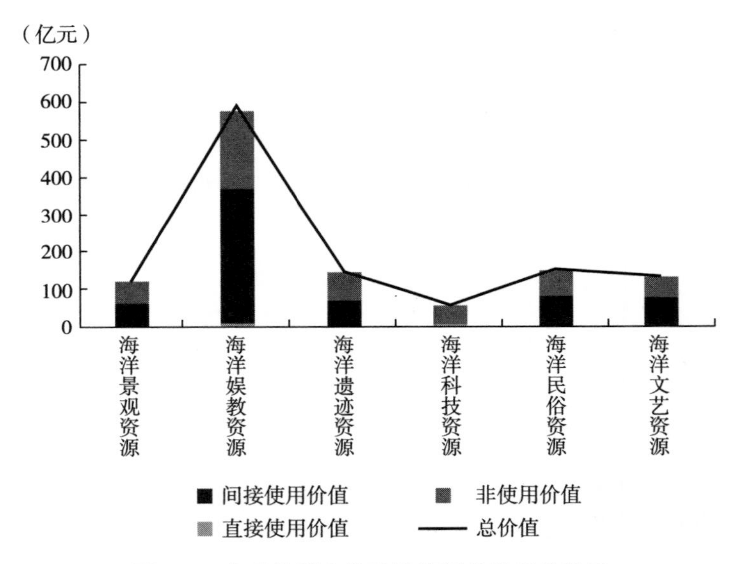

图 5-9　各类海洋文化旅游资源价值评估结果

资料来源：笔者整理。

四、各市海洋文化旅游资源价值对比分析

以上述海洋文化旅游资源价值评估结果为基础，将青岛、烟台、威海、日照、东营、潍坊、滨州海洋文化旅游资源的各种价值进行对比分析，发现各市海洋文化旅游资源存在的优势、劣势，为山东省海洋文化旅游资源的开发提供支撑。

（一）直接使用价值评估结果对比

1. 旅游服务价值评估

从地域分布来看（见图 5-10），东营市的人均旅游费用最高，为 569.27 元，主要受黄河口生态旅游区的高旅游费用影响；其次是烟台市，人均旅游费用为 553.79 元，因其海洋文化旅游资源以海洋娱教资源和已开发的海洋遗迹资源为主，门票等费用较高。人均旅游费用最低的是潍坊市，因其海洋文化旅游资源知名度低、影响力低，吸引的远距离游客数量少。

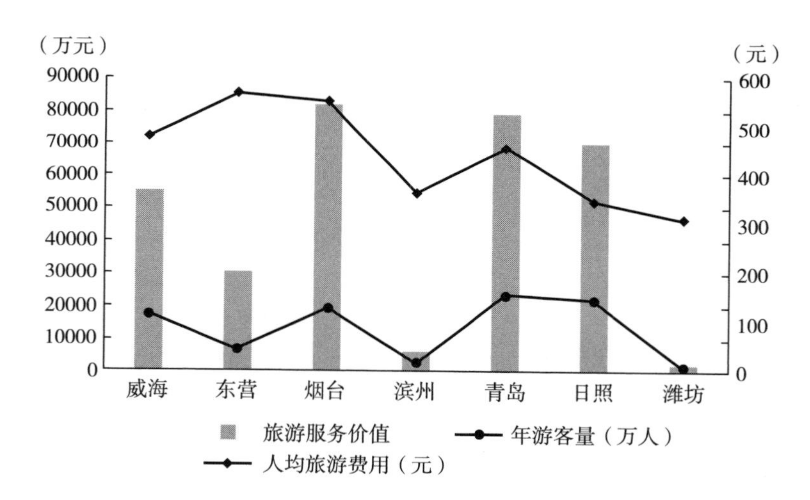

图 5-10　各市海洋文化旅游资源旅游服务价值（均值）评估结果

资料来源：笔者整理。

2. 文化教育价值评估

从地域分布来看（见图 5-11），学生团体参观学习价值、学生研究选点价值最大的是青岛市，分别为 3351.37 万元、1616.94 万元，这与其资源禀赋好、资源开发利用率高、基础设施建设完善、社会经济发展水平高有关；最小的是滨州市，分别为 300.25 万元、21.57 万元，这与其资源单一、以保护状态为主、地理位置偏僻、交通通达性差、社会经济发展水平低有关。大众获取海洋文化信息价值最大的是烟台市，为 127.11 万元，与其大部分资源业已开发且在山东省知名度较高有关；最低的是威海市，为 25.29 万元，其次是日照市，为 25.70 万元，与其资源整体知名度低、与日常生活相脱节、以保护状态为主有关。

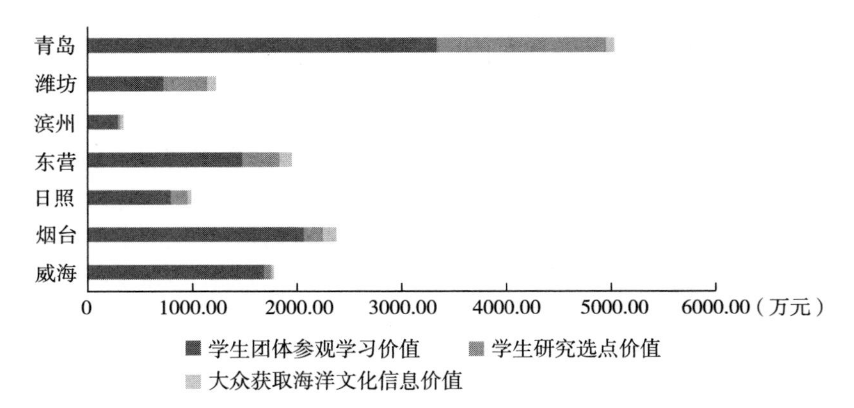

图 5-11　各市海洋文化旅游资源文化教育价值（均值）评估结果

资料来源：笔者整理。

3. 科学研究价值评估

从地域分布来看（见图 5-12），将海洋科学与技术试点国家实验室考虑在内，科学研究价值最大的城市无疑是青岛市。在不考虑该资源的情况下，基础科研价值、应用科研价值、总科研价值最大的是东营市，分别为 472.11 万元、522.02 万元、994.13 万元，表明其海洋遗迹资源、海洋科技资源具有较高的科研价值。最小的是滨州市，分别为 152.83 万元、168.99 万元、321.82 万元，与其资源禀赋差、地处偏僻、海洋遗迹资源早已科考完成有关。

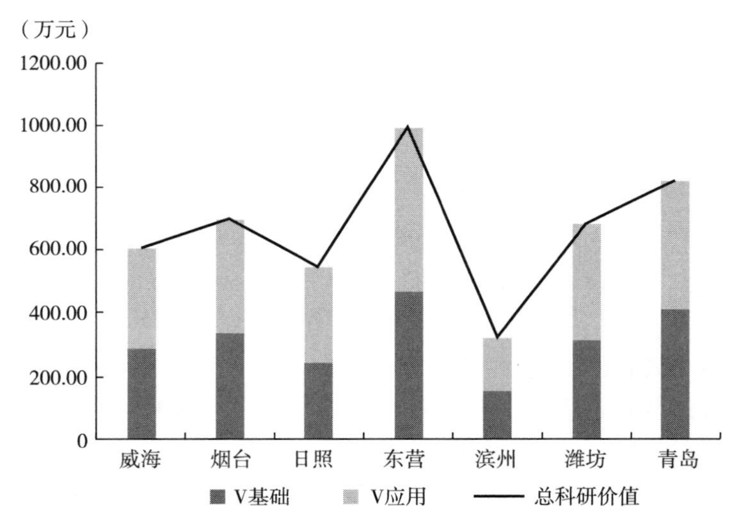

图 5-12　各市海洋文化旅游资源科学研究价值（均值）评估结果

资料来源：笔者整理。

（二）间接使用价值评估结果对比

1. 艺术欣赏价值和精神启迪价值评估

从地域分布来看（见图 5-13），以旅行费用法求得的人均消费者剩余最大的是烟台市，为 57.31 元，其次是东营市，为 57.15 元，最小的是潍坊市，为 31.00 元。基于旅行费用法的联立方程模型求得的人均消费者剩余最高的是烟台市，为 166.71~199.51 元，其次是东营市，为 147.33~176.37 元，最低的是潍坊市，为 84.06~93.84 元。计算结果一致且较高的标准差也说明山东省沿海各市海洋文化旅游资源发展不均衡，主要是各市海洋文化旅游资源禀赋不同、经济发展水平不一、经济发展理念相异等因素造成的。

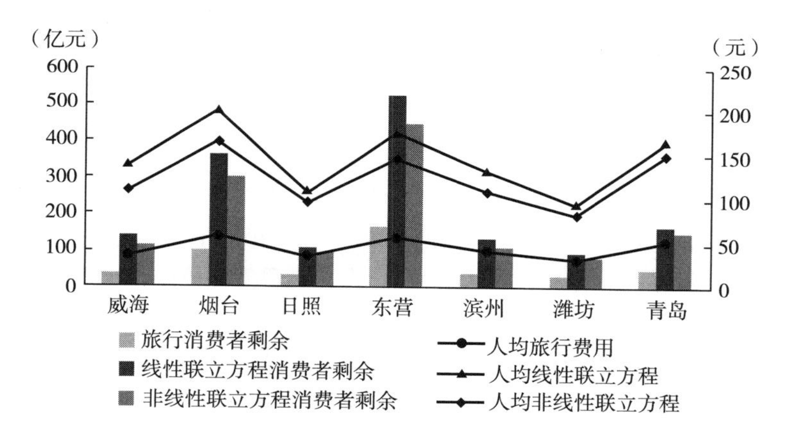

图 5-13 各类海洋文化旅游资源（19 项）艺术欣赏价值和精神启迪价值评估结果

资料来源：笔者整理。

从地域分布来看（见图 5-14），能从海洋文化旅游资源中有所收获的被访者占比最大的是威海市，为 70.09%，主要是该市海洋民俗资源占比较高；最小的是潍坊市，为 55.98%，主要是该市海洋文化旅游资源类型单一、位置偏僻、受众的了解度低。被访者人均意愿值最高的是威海市，为 92.39 元；最低的是东营市，为 56.08 元。总消费者剩余最大的是威海市，为 66.93 亿元，是由被访者高收获比例和高人均意愿值决定的；最小的是东营市，为 33.54 亿元，与上述分析相契合。山东省沿海 7 市平均总消费者剩余为 45.54 亿元，与 10070.21 万人的常住人口总数极不相符，表明山东省海洋文化旅游资源整体发展水平较低，尚有价值未充分体现，开发潜力仍较大。

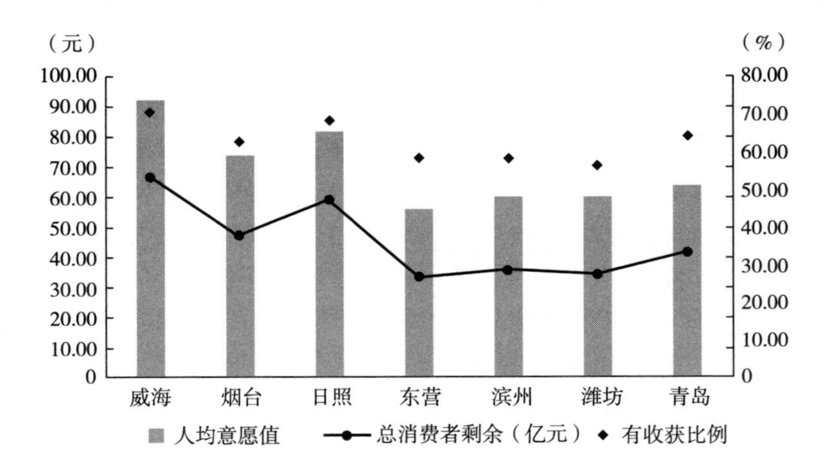

图 5-14　各类海洋文化旅游资源（27 项）艺术欣赏价值和精神启迪价值评估结果

资料来源：笔者整理。

2. IP 授权价值评估

从地域分布来看（见图 5-15），出版物价值最大的是威海市，为 945. 40 元；最小的是青岛市，为 28. 59 元，表明近两年学界对山东省海洋文化旅游资源的研究区域侧重不同。影视相关产品价值最大的是青岛市，为 428. 57 元，由其优越的经济区位和影视拍摄条件决定；威海、日照、东营、滨州、潍坊 5 市的影视相关产品价值为 0，极低的价值量说明该 5 市海洋文化旅游资源缺乏成为影视作品元素的条件。浏览相关网页价值最大的是青岛市，为 4485. 13 元，与其风景优美、知名度高、资源禀赋优、基础设施完善、资源开发利用水平较高、吸引力大相关；最小的是滨州市，为 296. 39 元，其情况与青岛市正好相反。IP 授权价值最大的是青岛市，为 4942. 28 元，最小的是滨州市，为 799. 30 元。整体而言，各市平均 IP 授权价值均小于 5000 元，极低的价值量表明了山东省海洋文化旅游资源需通过加大宣传、强化基础设施建设、提高开发利用水平、增强美观度、强化现实联系等手段来激发其 IP 衍生价值，以多元化促进海洋文化旅游资源的高效利用。

（三）非使用价值评估结果对比

从地域分布来看（见图 5-16），烟台市海洋文化旅游资源的支付意愿率最高，为 82. 73%，与其海洋文化旅游资源类别多样、知名度高、表现形式丰富等相关；最低的为潍坊市，为 72. 55%，是由其海洋文化旅游资源位置偏僻、表现形式单一、开发程度低导致。人均 WTP 值最大的是威海市，为 97. 86 元，主要由其未开发的海洋民俗资源的高人均 WTP 值决定；最小的是潍坊市，为 72. 14 元，

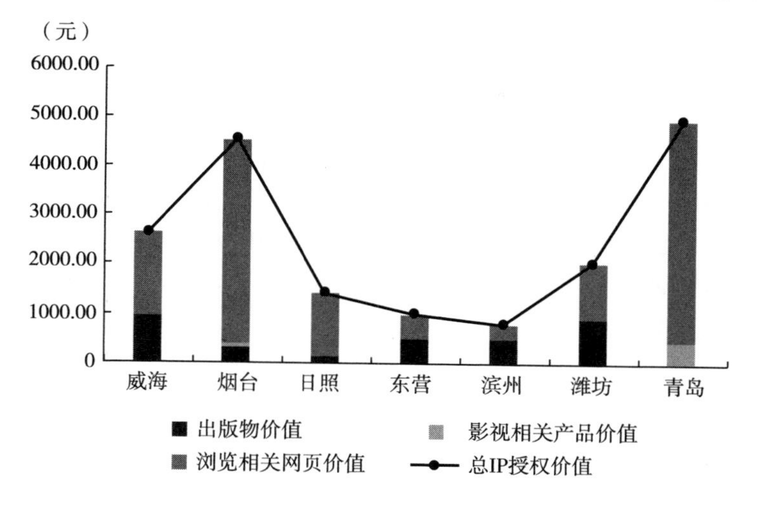

图 5-15 各市海洋文化旅游资源 IP 授权价值（均值）评估结果

资料来源：笔者整理。

与低支付意愿率原因一致。非使用价值最高的是东营市，其次是烟台市，分别为 133.81 亿元、117.93 亿元，主要受黄河口生态旅游区、登州古船博物馆的高样本总数影响；最低的是潍坊市，其次是滨州市，分别为 53.78 亿元、56.14 亿元，分别是东营市、烟台市的 2/5、1/2，地域差距较大。

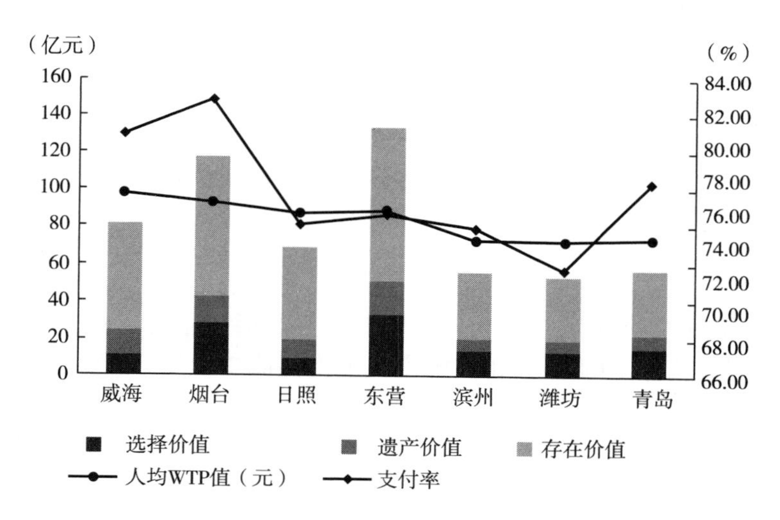

图 5-16 各市海洋文化旅游资源非使用价值（均值）评估结果

资料来源：笔者整理。

（四）山东省海洋文化旅游资源价值情况总结

从地域分布来看（见图5-17和图5-18），烟台市在间接使用价值、使用价值、总价值方面表现最优，青岛市的直接使用价值最大；然而潍坊市在直接使用价值、间接使用价值、非使用价值方面均表现最差，表明海洋文化旅游资源的价值量与其资源禀赋、经济区位条件密切相关，完善的基础设施、充满活力的市场环境、便捷的交通条件以及丰富的人才储备资源等是影响各市海洋文化旅游资源价值量的重要因素。

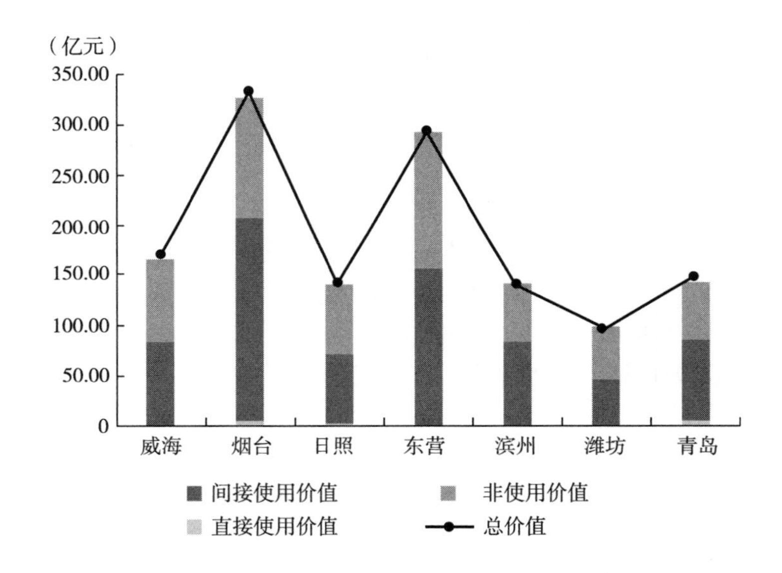

图5-17　山东省各市海洋文化旅游资源价值评估结果

资料来源：笔者整理。

通过对山东省49项海洋文化旅游资源价值的定量评估结果进行对比分析，可以发现东营、烟台的海洋文化旅游资源平均价值总量处于290亿~340亿元，将其界定为第一梯队；滨州、日照、青岛、威海的海洋文化旅游资源平均价值总量处于140亿~170亿元，将其界定为第二梯队；潍坊的海洋文化旅游资源平均价值总量约为100亿元，将其界定为第三梯队。

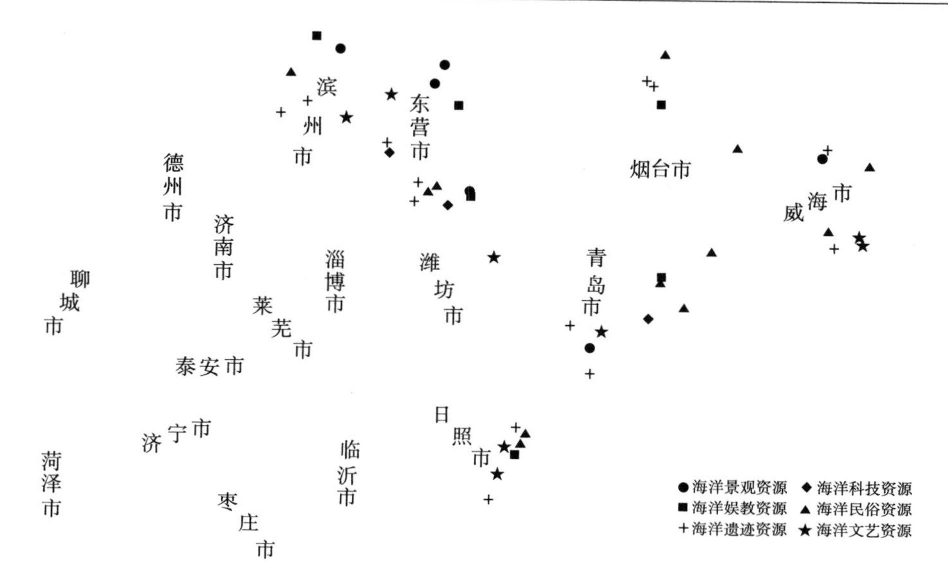

图 5-18　山东省 49 项海洋文化旅游资源分布

第六章　山东省海洋文化与旅游多维融合的分层测度

一、海洋文化与旅游融合发展的内在机理

山东省海洋文化与旅游融合发展的内在机理是指两者融合发展的原因和动力。探究两者融合发展的原因在于弄清两者之间的关系对融合发展的影响；探究两者融合发展的动力旨在找出影响海洋文化旅游产业发展的关键因素，以期更好地构建海洋文化旅游资源开发的内外环境。文旅融合机理框架如图 6-1 所示。

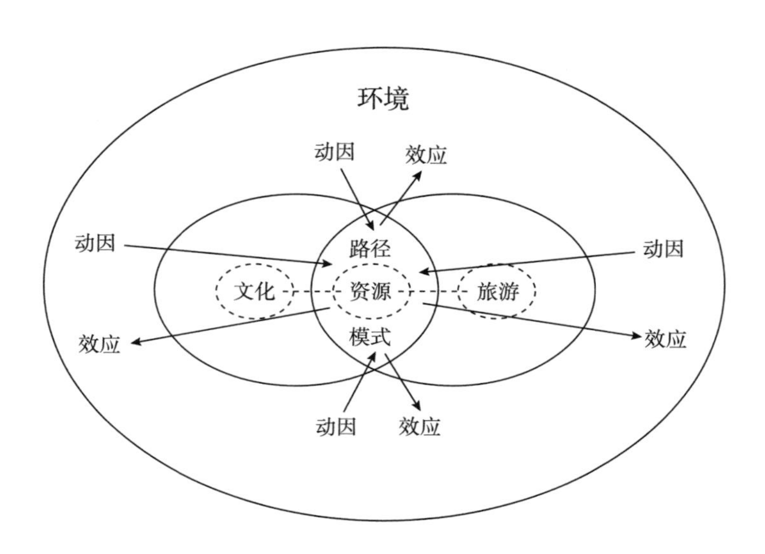

图 6-1　文旅融合机理框架

资料来源：笔者整理。

（一）海洋文化与旅游融合发展的根源

1. 文化与旅游的伴生性

文化与旅游之间有着深层次的联系，广义上文化是人类一切行为活动的总和，旅游是建立在人类温饱基础上的高层次休闲娱乐活动（曹诗图和袁本华，2003），从两者诞生的时间顺序来看，文化早于旅游，是由经济基础和生活需求特征决定的。在一定程度上，正是人类频繁的文化活动催生了后来的旅游现象，拓展了人类文化活动的范围（林洪岱，1983），比如古代沿海居民出于打猎、采摘果实、祭祀等目的，逐渐扩大了活动范围，使得更多的自然美景成为人们日常消遣娱乐的场所。时至今日，文化仍然深深影响着旅游活动，人们在现代生活中的行为方式和思想方式无疑是生活习俗、节日礼仪、社会观念等在岁月长河的逐渐演变过程中的显现，人们在旅游活动中的体验方式和习得深受其接受的社会文化影响，要提高人们在旅游活动中的体验感及其获得感无疑要重视这种文化影响力。

同样地，特定的旅游活动也相应产生了独特的文化元素，如秦始皇东巡使得山东烟台等地流传的文化故事，并进一步衍生出丰富的海洋文化，吸引更多文人骚客到此登高望远，这些名人雅士留下的诗词歌赋或轶闻趣事又为这些景点增添了独特的文化元素。非但历史流传下来的文化景点如此，如今新建立的文化园区亦然，如北京 798 艺术区原本不过是普普通通的电子工业厂区，后经国内外众多艺术家在此创作，借助名人效应迅速蹿红，成为广大艺术青年争相参观的文化艺术中心。由此可知，文化与旅游是你中有我、我中有你，并在时间的长河中推陈出新，不断积淀文化内涵、催生旅游形态。

2. 文化的渗透性与旅游的开放性

文化与旅游融合发展的原因还在于文化的渗透性与旅游的开放性（赵蕾和余汝艺，2015）。文化既是人类活动的总和，又影响着人类生活的方方面面，是人类社会运转前进的底层逻辑，文化渗透性的外在表现是潜移默化地对人们的行为和思想产生影响。旅游现象描述的是人类的一种活动方式，商业盈利性是其主要特点，为了实现盈利最大化，旅游产品需要尽可能多地招揽游客进行消费，即旅游产品需要重点考虑游客群体共同的审美追求和娱乐体验，因而旅游产品具有一定的开放性。

旅游的开放性决定了欣赏旅游项目、体验旅游活动的门槛不能太高，这样才能尽可能多地招揽游客前来参观旅游，使游客轻松愉快地领略景区的亮点（周建标，2016）。然而文化的渗透性使社会公众拥有相同的文化基因，旅游产品中引入一些能被社会大众共同欣赏的文化元素，有助于扩大游客范围。同时，旅游产品为避免套路化的旅游景点和固定化的旅游线路，选择当地独特的文化元素供游客体验、欣赏也成为一种有效的市场竞争手段。

正如欣赏美需要受到社会文化熏陶一样，对于未曾参与社会文化创造的个体来讲，即使美如画的自然风景，也很难从中感悟社会意义上的美（夏甄陶，1999）。人们之所以感悟到美，是因为在看到自然美景时，会不自觉地进行“映射比较”，如从中联想到国画的意境、联想到另一处场景的回忆、体会到历史上著名人物的思想等。无论是游客追逐的繁华热闹的现代化都市，还是安静祥和的乡间小镇，他们所欣赏的景物、参与的旅游活动本质上都是人类文化的一种外在反映，游客在标准化的旅游景点和人山人海的队伍中游玩的新鲜感必然会逐渐转移至体验、欣赏当地的独特文化元素。

结合文旅融合发展原因可知，海洋文化既具有文化的一般性和普遍性，又具有海洋文化所独有的冒险性、开放性、外向型，身处大河文明的消费者天生对海洋文化具有新鲜感和好奇感，黄河入海口的自然风光、滨海地区的民风民俗均是旅游产业可以吸纳接受，用于扩大游客群体的优质资源。

（二）海洋文化与旅游融合发展的动力

1. 海洋文化与旅游融合发展的内在驱动力

海洋文化与旅游融合发展的内在驱动力是指与融合参与者直接相关的各方因素的利益追逐，包括市场上的消费者、生产者以及产品交易中的中间参与者等（朱维洁，2009）。随着人们生活水平的提高，游客的旅游需求发生了改变，更为重视旅游消费过程中的体验感，希望在旅游中亲身参与旅游项目和旅游活动。旅游企业因此变得更为注重消费者的个性化需求，游客对旅游产品和旅游服务的评价成为评估旅游质量的重要影响因素。同时，旅游企业的逐利性使得扩大市场份额、提高产品收益成为旅游产品打造的最终目标，因而旅游市场动态是企业关注的重点，创新旅游产品设计、满足游客日益增长的消费需求是旅游企业实现业务增长的最重要任务。

在市场需求侧和供给侧的共同作用下，旅游方式发生了巨大转变，旅游企业尝试打破行业规则，并跳出原有的生产模式，积极向外寻求创意和灵感，力求在新时代实现改革创新，而文化的渗透性也决定了海洋文化在发展提速中不断地向外拓展，拓宽其合作范围。基于此，旅游企业青睐海洋文化元素的强感染力和强体验感，海洋文化则亟待涉足旅游产业的巨大市场，于是两者一拍即合，在融合发展中实现资源共享，逐渐满足消费者多元需求、提高市场占有率、获取更多盈利点，而海洋文化与旅游的融合发展自然而然促进了海洋文化的传播和演变。

2. 海洋文化与旅游融合发展的外在驱动力

海洋文化与旅游融合发展的外在驱动力是指影响两者融合发展进程的外在因素，包括高新技术、支持性政策、行业协会等（黄细嘉和周青，2012）。技术进步使得文化和旅游产业的升级换代更为频繁，也给予了海洋文化与旅游融合相应的技术支持。海洋文化可以借助高新技术嵌进旅游产品中，多媒体影音技术更是成为海洋文旅产业向外展示产品服务、传播文化品牌、展现景区魅力的重要媒介。

政府的引导和支持对海洋文化与旅游的融合发展十分必要。在国家成立文化和旅游部之前，文化产业和事业属于文化部门管理，旅游产业属于旅游部门管理，海洋文化与旅游的融合发展存在一定程度的行政壁垒和流通障碍。中华人民共和国文化和旅游部成立后，资源要素流动和业务模块对接变得更为方便和快捷，海洋文化与旅游的融合发展进程大大加快。政府管制的放松和支持性政策的出台给予了企业更为自由的发展空间，企业员工的奇思妙想有了更为广阔的展示舞台，海洋文化与旅游的融合发展有了更多可能。

此外，行业协会作为连接政府和企业的重要桥梁，为参与海洋文化与旅游融合发展的企业提供了合作交流的平台。参与融合发展的企业遇到业务困难，借助行业协会进行沟通和交流，既能快速解决问题，又能减轻政府压力，还能保障海洋文化与旅游融合发展的市场化进程，有效提高融合的效率与效果。

（三）海洋文化与旅游融合发展的机理

海洋文化与旅游融合发展是内在驱动力和外在驱动力共同作用的结果，内在驱动力主要是指市场参与者的源动力，包括旅游者需求和企业供给；外在驱动力主要是指融合发展环境的支持力，包括高新技术、支持性政策和行业协会等支持（黄细嘉和周青，2012）。内外驱动力则均以海洋文化旅游资源的客观存在和功能发挥为基础。

根据物理学中力的不同效果将海洋文化与旅游融合发展的动力因素进一步划分为拉力系统、推力系统以及支持力系统（赵蕾和余汝艺，2015）。海洋文化与旅游融合周边的推力、拉力以及外部环境产生的支持力之间相互影响、相互作用，构成了海洋文化与旅游融合的机理。其中，拉力的动力因素主要对应市场需求的变化，包括消费者的文化需求和旅游需求；推力的动力因素主要对应市场供给的变化，本质是追求利益最大化的生产者在市场中进行的一系列竞争与合作；支持力的动力因素对应高新技术进步、政府政策支持等有利于产业融合、提高资源利用效率的因素。由此，构建海洋文化与旅游融合发展的机理如图 6-2 所示。

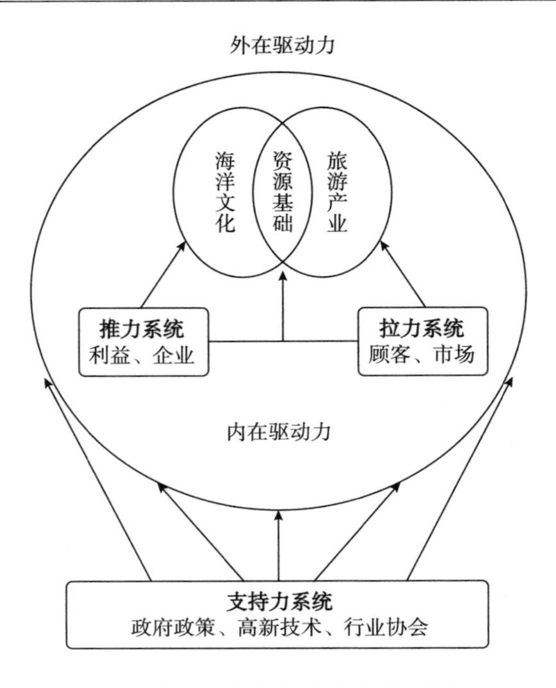

图 6-2　海洋文化与旅游融合发展的机理

资料来源：笔者整理。

按照海洋文化与旅游融合发展的层次、范围和规模，将其概括为宏观、中观、微观三大维度。在海洋文化与旅游宏观融合发展层面，由政府制定的政策融合发挥着规范引导海洋文旅整体发展的作用，市场融合影响着海洋文旅供需双方的规模，技术融合甚至决定海洋文旅的生产方式和消费方式，因此选择从环境层面的政策融合、市场融合和技术融合来探讨海洋文化与旅游的宏观融合。在海洋文化与旅游中观融合发展层面，海洋文化与旅游之间的资源流动、共享现象增多，承载产品价值的产业链之间的沟通协作变得频繁，并逐渐在区域空间内形成产业集聚现象，因此选择从产业层面的资源融合、产业链融合和空间融合来阐述海洋文化与旅游的中观融合。在海洋文化与旅游微观融合发展层面，企业组织机构之间的业务往来关系增多，企业人才队伍的沟通合作机会增加，企业之间融合发展的努力最终落实到生产和销售的产品上，因此选择从企业层面的机构融合、人才融合、产品融合来表述海洋文化与旅游的微观融合。

二、山东省海洋文化与旅游宏观融合的解析及测度

如前文文献所述，测量文旅产业融合度的常见方法有以下几种：赫芬达尔指数、网络分析法、专利系数法、熵值数法、投入产出表等，或基于模糊综合评价理论、贡献度测量法、耦合协调度测量法等构建指标体系进行测评（Gambardella and Torrisi，1998；Danowski and Choi，1999；Fai and Tunzelmann，2001；Jacquemin and Berry，1979；Khayum，1995；严伟，2014；梁君等，2014；生延超和钟志平，2009）。鉴于可操作性和可行性，这里采用基于游客认知的问卷调查法和方差统计测量海洋文化与旅游的宏观融合度，构建耦合模型并借鉴离散系数法和均匀分布函数法来测量海洋文化与旅游的中观融合度、基于企业业务数据采用修正的赫芬达尔指数法来测量海洋文化与旅游的微观融合度。

（一）政策融合

文旅政策融合的实质是政府自上而下推行的文旅融合顶层设计，包括文旅产业层面的政策扶持和规章制度融合（黄锐等，2021）。从政策融合的起因来看，当市场自发形成的文旅融合实践展现出巨大的融合发展效能，即有效带动当地经济发展、优化产业结构，政府开始将文旅融合发展纳入地区产业发展指导性政策文件。从文旅融合进程来看，政策融合促进的文旅融合实践已由“磨合期”转向“互融期”，政策从中起到了宏观指导融合实践的作用，包括规范文旅资源保护开发、提供文旅融合发展资金、优化融合发展营商环境、推进发展战略实施、调整文化保护传承步伐等。海洋文化与旅游融合发展受当地政策法规影响较大，政府制定的支持政策在一定程度上能够有效帮助企业解决融合前期遇到的难题（张强，2020），通过制定资助性政策激励企业发展的动力、提高企业运营效率、弥补市场失灵、引导产业融合发展。

山东省海洋文化与旅游的政策融合既包括政府前期已出台的文化政策和旅游政策中交叉重叠的部分，如《关于深化文化体制改革　加快文化产业发展的若干政策》《山东省文化产业发展专项规划（2007—2015）》《贯彻国办发〔2015〕62 号文件促进旅游产业转型升级实施方案》等政策均涉及文化建设与旅游开发；又包括后期出台的指导文旅融合的具体政策，如《山东省人民政府办公厅关于应对新冠肺炎疫情影响促进文化和旅游产业健康发展的若干意见》《山东省文化旅游融合发展规划（2020—2025年）》等均在具体指导文旅产业融合发展。

（二）市场融合

市场需求的扩大加速了产品的创新，推动了产业融合发展（郑明高，2010）。随着社会经济的快速发展和人们生活水平的大幅提高，消费者的精神文化需求逐渐凸显，开始追求文化教育、文化娱乐的产品质量，市场消费结构也随之升级。文旅产业发生市场融合代表着文旅融合初见成效，已经从融合开始时的产业链前端过渡到产业链后端，文化和旅游市场的产品与服务差异化程度缩小，文化产品与旅游产品均能表现出对方的一些特点，产品创意互相借鉴，文化元素被多元运用，经销渠道打通共建。从文旅融合进程来看，市场融合是文旅融合相对成熟的表现，业务融合则是市场融合的具体体现（刘祥恒，2016a），文旅产业市场边界弱化及整合是两者融合的正当表现和必然结果，也是产业融合的一种宏观表征。海洋文化与旅游市场融合发展的目标便是为了满足消费者对深层次、内涵丰富、富有创意的文旅产品的需求，市场的产品由此向着体验化、多元化、个性化的方向发展。

消费者文化需求和旅游需求的转变拉动产业加速融合（杨园争，2013）。市场需求的变化加速海洋文化与旅游的融合发展，两者的融合会逐渐提升现有市场中的产品和服务质量，进一步带动消费者需求的转变，由此促进海洋文化和旅游在持续满足消费者需求变化的过程中不断加深融合进程、扩大融合效应。随着体验经济的兴起，旅游中的精神享受和过程体验成为消费者新的追求，消费者对于海洋文化与旅游产品的要求越来越高，既要求旅游产品兼具文化性，又要求海洋文化兼具消费价值，市场化进程使得参与海洋文化与旅游融合发展的企业更为关注市场变化及消费者需求。海洋文化与旅游在市场层面的融合，常表现为扩大市场规模、提升产业知名度、带动周边经济增长、增加就业机会等效应，催生出的新兴业态和新型产品能够有效延长产业生命周期（秦宗财和方影，2017），如海洋文物古迹游、海洋文娱表演、海洋影视旅游、海洋文化旅游纪念品等均是两者融合而形成的新业态、新产品。此外，为了同时满足消费者的旅游需求和精神文化需求，海洋文化和旅游企业纷纷将竞争领域转战到各个细分市场，通过瞄准消费者的特定文化与旅游需求寻找企业发展契机，海洋文化旅游市场便是山东省两者融合后的重要市场形态。

市场对社会资本有引导作用，海洋文化与旅游的融合需要资金支持，无论是海洋文化创意还是海洋旅游产品开发，发展前期都需要大量资金投入，因此，通过完善市场竞争机制，发挥市场对社会资本的引导作用，鼓励更多的社会资本参

与到海洋文化与旅游融合进程中，可以为海洋文化与旅游融合提供更多的融资渠道，奠定更好的经济基础。

（三）技术融合

高新科技在产业结构调整和产业融合发展中扮演着重要角色，新技术的出现一方面可以催生新业态、新产品、新服务，另一方面可以优化企业产品生产流程、降低产品生产成本（周城雄，2014）。科学技术是第一生产力，技术对产业融合起着重要作用，可以说正是高新科技的创新与变革重新划定了产业融合边界，加速了文旅融合进程，所以技术创新是推动产业融合的根本原因之一（王兆峰和范继刚，2013）。文旅产业在技术层面的融合是指两者通过技术的桥梁，消解融合道路上的诸多障碍，在一定程度上达到融合发展的效益最大化。文旅融合的一大特点是提升游客消费过程中的体验感，其本质是满足消费者的精神文化需求，而高新科技不仅能提高生产效率，改进生产技术，催生新的生产模式，还能通过光影变幻营造虚拟空间、打造奇幻场景，提升消费者的感官体验，拓宽文旅消费场景。产业融合理论认为，产业融合的过程是资源与要素流动的过程，产业融合的目标是提升资源的利用效率和质量，而技术正是实现这一目标的关键（单元媛和赵玉林，2012）。山东省海洋文化与旅游融合发展与外在融合环境息息相关，高新科技的出现可以加快资源要素在海洋文化与旅游之间的扩散流通，模糊产业界限，推动业务重叠和产品创新。

在海洋文化与旅游融合发展过程中，高新技术在促进两者深度融合的同时，也为旅游产业的发展注入了新的活力和内容，推动着旅游产业不断创新，助力其结构调整和产品研发。同时，高新科技为海洋文化与旅游融合发展提供了众多渠道，优化了产品和服务的成本曲线，为产业融合提供了技术性销售支持，如携程网、途牛网等在线旅游网站的出现，为产品和服务的推广提供了更广阔的平台，大大拓宽了海洋文化与旅游产品的受众范围。科技的进步也可以有效提升景区服务接待水平，使游客旅行更为便利，让海洋文化与旅游产品得以突破条件限制，如数字虚拟技术使得海洋文化实景演出成为现实，不仅提升了顾客的文化消费体验，也实现了产品价值延伸。

（四）宏观融合度测评理论及模型

1. 融合度测评理论依据

借鉴旅游社会学分析方法，以问卷调查的方式收集旅游目的地“文化主体”（包括游客和居民）对海洋文化与旅游融合的感受，即从规范海洋文化旅游资源保护开发、优化海洋文化旅游融合发展环境、加速推进“山东海洋强省建设行动方案”实施的角度评价海洋文化与旅游政策融合现状；从带动经济增长、增加就业机会、扩大海洋文化旅游市场规模、提升海洋文化旅游知名度的角度评价海洋文化与旅游市场融合现状；从改善服务接待水平、提高旅游便利性、助力海洋产业结构调整、丰富海洋文化旅游产品种类的角度评价海洋文化与旅游技术融合现状。综合政策融合、市场融合、技术融合的评测结果，把握海洋文化与旅游的宏观融合度。

海洋文化与旅游融合过程中，市场结构、市场行为和市场绩效都会发生变化，由于三者存在着双向互动的关系（马广奇，2000），所以这种变化在逻辑上不存在单项因果关系，但在“文化主体”的感知中，却存在着明显的前后次序。

海洋文化与旅游融合时，市场结构最先发生变化，但由于其前期对绩效影响不明显且多为潜在作用，再加上“文化主体”多数缺乏对企业运作的深入了解，使得产业融合前期效应更多地表现为市场融合层面的带动经济增长、增加就业机会、扩大市场规模、提升产业知名度等“文化主体”易于感知的绩效方面。同理，在海洋文化与旅游融合发展的前期阶段，对技术融合层面的调整产业结构、丰富产品种类的推动作用尚不明显，且景区基础服务设施的升级换代和大规模更换需要一定的时间间隔，即技术融合对景区服务接待水平的改善作用在融合发展前期表现不明显。同时，“文化主体”对宏观的政府政策与具体的产业运作之间的联系缺乏灵敏的感知，因而对政府政策的推动作用认知不明确，而“文化主体”作为消费者的角色决定了其对生产经营者在资源保护开发、融合发展环境变化方面的感知存在一定程度的滞后。因此，在海洋文化与旅游融合发展前期，“文化主体”对两者市场融合层面变化现象的感知较为敏感，也更为认同，而对技术融合、政策融合层面变化的感知较为迟滞，认同稍显不足。

当海洋文化与旅游经过一段时间的融合发展达到较好状态时，沿海地区产业空间布局、景区服务接待水平、产品种类等会发生明显变化，“文化主体”会明显感觉到这种变化。随着海洋文化与旅游融合发展逐渐进入成熟期，资源保护开发的增强、产业发展环境的优化、政府政策的推进效应更为显著，此时加上社会舆论的作用，两者政策融合的效应更为人们所熟知，“文化主体”会产生强烈的认同感。由此可知，海洋文化与旅游的宏观融合度可以通过当地居民和外地游客对旅游目的地发展变化的感知来评价。

2. 测评理论模型构建

海洋文化与旅游宏观融合度体现在“文化主体”对两者融合发展的认同感上，具体表现可分为政策融合、市场融合、技术融合三部分。即海洋文化与旅游

的良好融合在给游客带来愉悦精神享受的同时，产生的政策融合效应包括规范海洋文化旅游资源保护开发、优化海洋文化旅游融合发展环境、加速推进“山东海洋强省建设行动方案”实施；产生的市场融合效应包括带动经济增长、增加就业机会、扩大海洋文化旅游市场规模、提升海洋文化旅游知名度；产生的技术融合效应包括改善景区服务接待水平、提高旅游便利性、助力产业结构调整、丰富海洋文化旅游产品种类，且“文化主体”在海洋文化与旅游融合发展不同阶段对政策融合效应、市场融合效应、技术融合效应的感知度不同，因此可以结合“文化主体”对政策融合、市场融合、技术融合的感受和认同程度，综合判断海洋文化与旅游的宏观融合度（高乐华和段棒棒，2020）。基于海洋文化与旅游政策融合、市场融合、技术融合的不同表现以及“文化主体”对融合发展进程的认识、感受过程，构建宏观融合度测评理论模型（见图 6-3）。

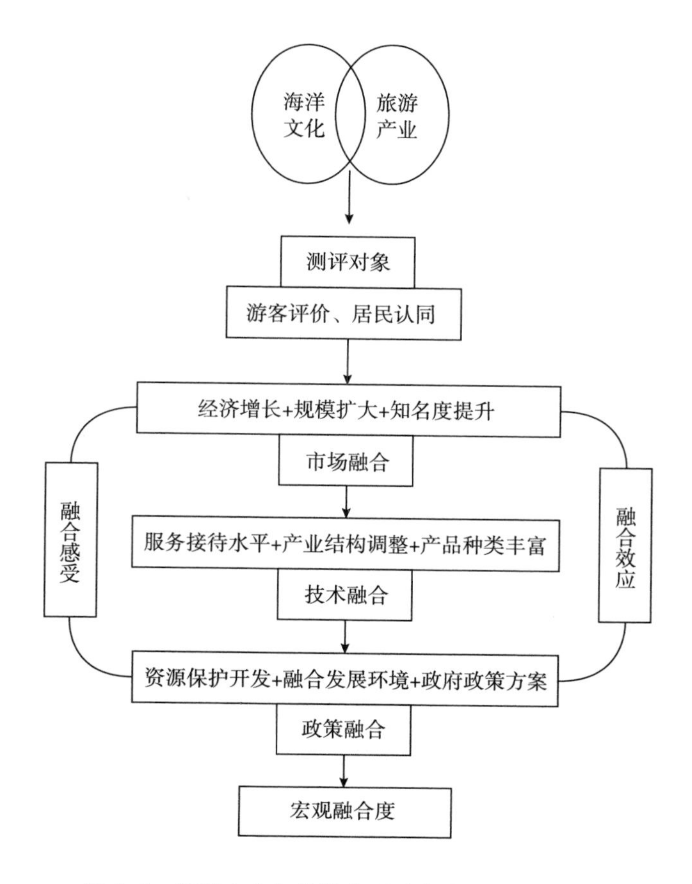

图 6-3　海洋文化与旅游宏观融合度测评理论模型

资料来源：笔者整理。

（五）问卷设计与实地发放

首先，依据调研主题并参照学者对山东省49项海洋文化旅游资源的评估（高乐华和刘洋，2017）确定实地调研及问卷分发地点；其次，围绕调研主题和调研地点，结合资料查找、小组讨论、咨询专家和摸底探测性调查（静恩英，2009），设计并筛选问卷选项内容；最后，依据调研的实用性和适用性确定问卷选项。问卷第一部分主要统计受访者的性别、年龄、收入、职业等基本数据；第二部分主要统计受访者对海洋文化与旅游融合的感知情况，依据融合感知情况分为“市场融合、技术融合、政策融合”三个阶段，共设计九个选项，均采用五分量表（见附录2）。

山东省海洋文化与旅游宏观融合度的研究采用问卷调查法，通过实地调研威海、烟台、东营、潍坊、滨州、青岛、日照7个城市共49项海洋文化旅游资源和旅游景区，前后共发放调查问卷500份，调查问卷于2018年9月至2019年6月在山东沿海七市实地调研期间发放收集，回收有效问卷496份，问卷有效率为99.2%，调查问卷发放及回收情况如表6-1所示。

表6-1　山东省调研地点及问卷回收情况

青岛		烟台		威海		日照		潍坊		滨州		东营	
地点	问卷数量（份）	地点	问卷数量（份）	地点	问卷数量（份）	地点	问卷数量（份）	地点	问卷数量（份）	地点	问卷数量（份）	地点	问卷数量（份）
海洋科学与技术试点国家实验室	10	登州古船博物馆	11	荣成海参传统加工技艺	10	岚山海上碑	10	潍坊寿光羊口港	10	沾化徒骇河入海口	10	东营港	10
即墨金口天后宫	10	长岛北庄遗址	10	靖海卫古城	10	鱼骨庙传说	10	羊口开海节	10	杨家古窑址	10	东营仙河镇	10
即墨田横岛周戈庄祭海	10	长岛海洋渔号	10	石岛渔家大鼓	9	日照渔民节	10	寿光卤水制盐技艺	10	沾化渤海大鼓	10	芦苇画	10

续表

青岛		烟台		威海		日照		潍坊		滨州		东营	
地点	问卷数量（份）	地点	问卷数量（份）	地点	问卷数量（份）	地点	问卷数量（份）	地点	问卷数量（份）	地点	问卷数量（份）	地点	问卷数量（份）
胶州湾海湾大桥	10	庙岛显应宫遗址	10	荣成赤山明神传说	12	日照海战馆	10	双王城盐业遗址群	10	海丰塔	10	垦利海北遗址	10
马濠运河	10	毓璜顶庙会	10	荣成海草房民居建筑技艺	9	日照踩高跷推虾皮技艺	10	北海渔盐文化民俗馆	10	碣石山古庙会	11	胜利油田科技展览中心	10
胶州板桥镇遗址	11	海阳大秧歌	10	威海仙姑顶	12	满江红	10	潍坊滨海经济开发区	10	无棣大河口海滨旅游度假区、百万公亩盐田	20	黄河口湿地博物馆	10
渔祖郎君爷传说	10	莱阳丁字湾滨海度假区	10	威海卫塔	9	两城镇遗址	11	柳毅传说	11			南河崖遗址群	10

资料来源：笔者整理。

（六）受访者基本人口特征

调查结果显示，男性受访者共264人，占调查人口的53.23%；女性受访者共232人，占调查人口的46.77%（见图6-4）。总体来看，男性群体游客较多，这和男性群体精力充沛、喜爱体验新事物，而海洋文化蕴含的开放、外向、冒险等特点恰好符合男性群体的消费需求息息相关。相比于山东沿海的其他城市，青岛、烟台的男性游客和女性游客相差较少，且青岛的女性游客略高于男性（见图6-5），这与青岛、烟台近10年来旅游业发展迅速，女性游客数量及旅游收入表现优异密切相关①，同时也表明女性游客群体更愿意选择海洋文化旅游发展较好的城市进行游玩。

① 参见2009~2020年的《山东旅游统计便览》。

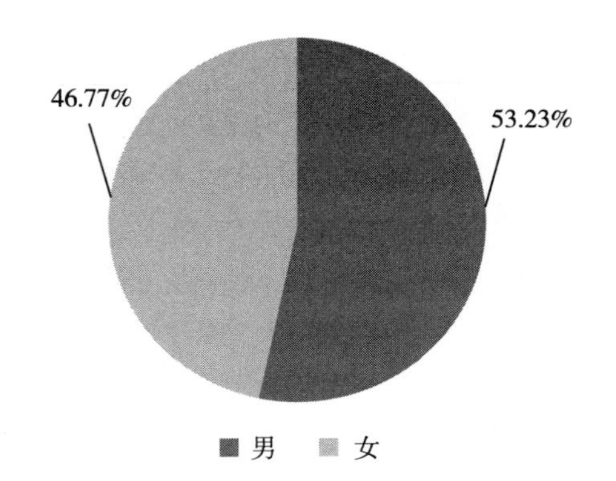

图 6-4　海洋文化与旅游融合调研人口性别构成

资料来源：笔者整理。

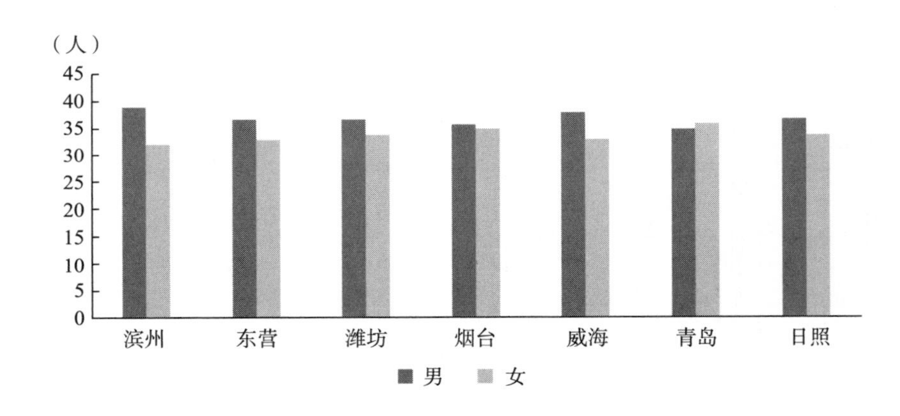

图 6-5　海洋文化与旅游融合调研人口性别比例

资料来源：笔者整理。

如图 6-6 所示，18 岁及以下游客多为中学生，收入来源和学习压力影响了他们对海洋文化旅游的需求；19~30 岁的游客生活收入逐渐增多，感情生活亦处于升温期，且精力充沛、易于接受新事物，这一群体俨然成为海洋文化旅游消费的主力军；31~40 岁的游客大多成家立业，逐渐成为社会经济发展的顶梁柱，工作生活日渐繁忙，无暇全身心投入海洋文化旅游大潮中；41~60 岁的游客大多工作稳定、收入可观，陪伴教育子女成为日常生活中的重要一环，利用闲暇时间外出旅游放松心情、陪伴家人渐成习惯，这一群体成为海洋文化旅游客源的重要组成部分；61 岁及以上游客多为退休老人，虽然时间较为充裕，但受体力、精力下降及生活习惯的影响，参与海洋文化旅游的次数亦较少。同时，游客家庭收入的高低也影响着对海洋文化旅游的消费需求、消费水平和旅行方式，结合图 6-7

分析可知，在山东省进行海洋文化旅游消费的游客群体月收入总体情况较好，其中经济收入水平较高的游客大部分集中在烟台、青岛和威海。

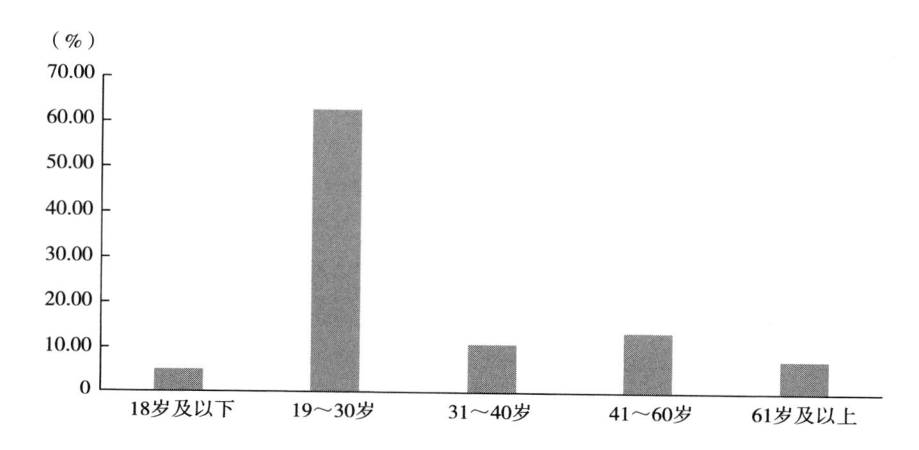

图 6-6 海洋文化与旅游产业融合调研人口年龄构成

资料来源：笔者整理。

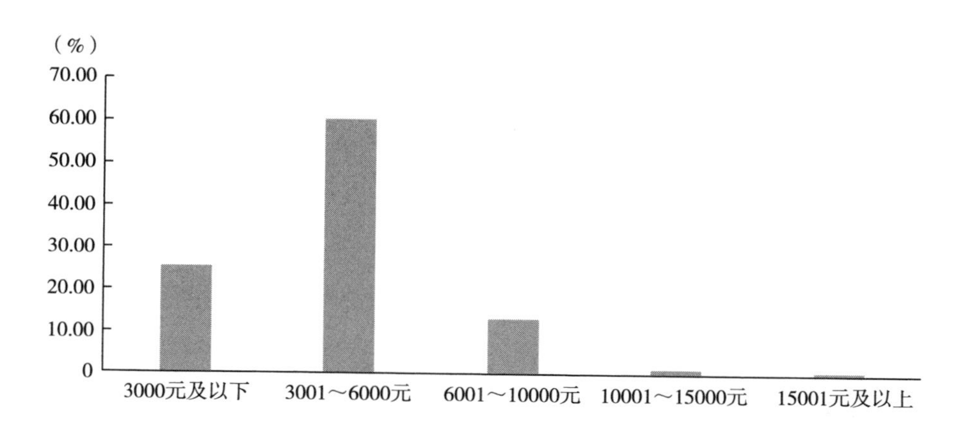

图 6-7 海洋文化与旅游产业融合调研人口收入构成

资料来源：笔者整理。

如图 6-8 所示，其他职业的受访者占据海洋文化旅游消费的主体，且外地游客在其中居多，这表明首先外地游客对山东省海洋文化旅游的发展较为认可；其次为当地居民，反映出欣赏当地的海洋文化已经融入了他们的日常生活，这与政府和景区对当地居民采取的免费或优惠政策有关；再次是大学生群体，他们思想活跃，易于接受新鲜事物，利用课外时间外出游玩成为他们体验海洋文化的主要方式；最后是从事海洋相关产业的群体，据调研得知他们大多在海洋文化企事业单位或海洋相关科研机构工作。

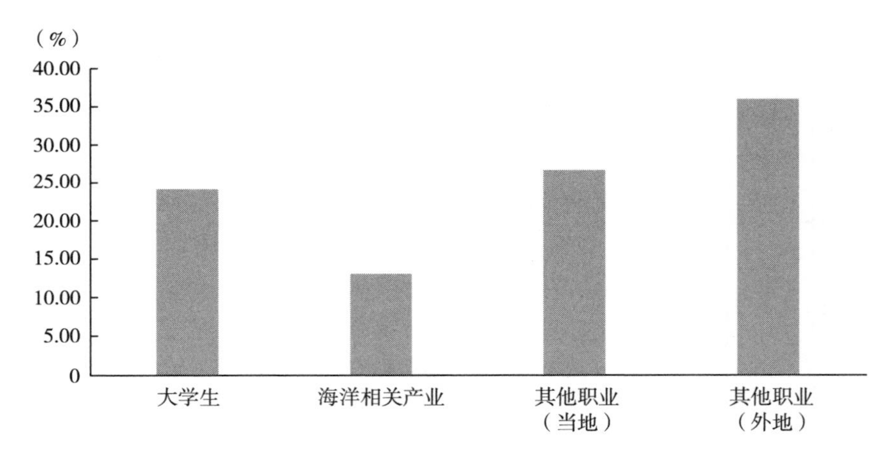

图 6-8　海洋文化与旅游产业融合调研人口职业构成

资料来源：笔者整理。

（七）海洋文化与旅游宏观融合度分析

如表 6-2 所示，将调查问卷第二部分中的九个选项分为三个阶段，以契合“文化主体”对海洋文化与旅游融合发展的感知情况，这三个阶段分别是海洋文化与旅游的政策融合、市场融合、技术融合。

表 6-2　海洋文化与旅游融合阶段评价指标

阶段	问卷选项
政策融合	规范海洋文化旅游资源保护开发（Resource）
	优化海洋文化与旅游融合发展环境（Environment）
	加速推进“山东海洋强省建设行动方案”实施（Strategy）
市场融合	带动经济增长，增加就业机会（Economy）
	扩大海洋文化旅游市场规模（Market）
	提升海洋文化旅游知名度（Popularity）
技术融合	改善景区服务接待水平，提高旅游便利性（Convenience）
	助力海洋产业结构调整（Structure）
	丰富海洋文化旅游产品种类（Type）

注：为便于统计，本部分表格问卷选项采用表 6-2 中相应的英文单词代替。

资料来源：笔者整理。

在使用SPSS软件对收集到的这九个选项的量表数据进行卡方检验时，首先需要确定受访者的哪一统计特征对结果分析的影响最大。相较于“性别”“年龄”“月收入”，“职业”描述了受访者是否从事海洋相关产业，即是否属于海洋文化旅游中的“接触性参照群体”（卫岭，2006），因此受访者的“职业”特征适合用于海洋文化与旅游融合阶段的卡方检验。

使用单选题卡方分析（周俊，2017）方法依次检验受访者“职业”与这九个选项的交叉关系，检验结果（见表6-3）表明九项P值均大于0.05，这说明不同“职业”的受访者在“海洋文化与旅游融合阶段”的各个选项间没有显著性差异。然后，依次对九个选项的量表数据进行可靠性分析和因子分析，分析结果（见表6-3）显示9个选项数据的克朗巴哈系数为0.803（大于0.6）、KMO值为0.735（大于0.6）、Bartlett球形检验的P值为0.000（小于0.05），这表明选项数据的信度质量较高（曾五一和黄炳艺，2005），选项结构效度较好，适合做因子分析。

表6-3 职业与融合阶段选项的卡方分析、可靠性分析、因子分析相关结果

	问卷选项	χ^2	P	α	KMO	Sig.（P）
海洋文化与旅游宏观融合度	Resource	12.779	0.173	0.803	0.735	0.000
	Environment	11.544	0.240			
	Strategy	12.517	0.186			
	Economy	15.287	0.083			
	Market	8.865	0.181			
	Popularity	9.226	0.417			
	Convenience	11.328	0.193			
	Structure	12.524	0.205			
	Type	9.374	0.362			

资料来源：笔者整理。

依据因子分析结果（见表6-4），以累计方差贡献率89.264%为界，得到三个因子。这三个因子对解释变量的贡献最大，且符合表6-2的融合阶段评价指标。表6-4中选项的因子载荷系数值最低为0.767（大于0.6），这表明选项与因子之间有着良好的对应关系，本次因子分析结果良好。结合表6-2的融合阶段评价指标可知，Resource、Environment和Strategy对应的因子F1即为政策融合，相应的F2为技术融合，相应的F3为市场融合。

表 6-4 因子分析正交旋转因子载荷

	Resource	Environment	Strategy	Economy	Market	Popularity	Convenience	Structure	Type	方差贡献率（%）	累计方差贡献率（%）
F1	0. 861	0. 925	0. 879	0. 174	0. 079	0. 382	0. 247	0. 215	0. 248	40. 104	40. 104
F2	0. 283	0. 068	-0. 024	-0. 058	0. 109	0. 273	0. 853	0. 767	0. 856	31. 128	71. 232
F3	0. 147	0. 210	0. 271	0. 912	0. 836	0. 892	0. 170	0. 452	-0. 031	18. 032	89. 264

资料来源：笔者整理。

紧接着对 9 个选项的量表数据做进一步分析（见表 6-5），结果显示所有选项的均值都处在较赞同和非常赞同，根据均值从高到低排列为市场融合（4.35）>技术融合（4.29）>政策融合（4.11），表明山东省海洋文化与旅游宏观融合势头良好，融合效果初显，但因融合进程尚处于初始阶段，因此尚未呈现出综合影响力。

表 6-5 海洋文化与旅游宏观融合度选项的调查结果

问卷选项		完全不赞同（%）	较不赞同（%）	一般（%）	较赞同（%）	非常赞同（%）	均值	
F3	Economy	1. 41	3. 02	3. 63	27. 42	64. 52	4. 51	4. 35
	Market	3. 63	2. 62	13. 31	26. 61	53. 83	4. 24	
	Popularity	2. 42	1. 41	15. 93	23. 59	56. 65	4. 30	
F2	Convenience	2. 02	1. 81	3. 43	29. 84	62. 90	4. 50	4. 29
	Structure	2. 22	2. 82	13. 71	30. 24	51. 01	4. 25	
	Type	3. 43	4. 64	13. 71	31. 45	46. 77	4. 13	
F1	Resource	4. 64	3. 02	14. 11	33. 27	44. 96	4. 11	4. 11
	Environment	3. 83	3. 63	12. 30	34. 48	45. 77	4. 15	
	Strategy	5. 24	2. 62	13. 10	36. 69	42. 34	4. 08	

注：均值=各项（选择数量/有效问卷数量×相应分值）之和；其中，有效问卷数量=496 份，完全不赞同=1 分，较不赞同=2 分，一般=3 分，较赞同=4 分，非常赞同=5 分。

资料来源：笔者整理。

（八）海洋文化与旅游宏观融合度总结

通过使用 SPSS 软件对山东省海洋文化与旅游融合阶段进行分析可知，山东省海洋文化与旅游的融合势头较好，融合成效初显，但尚处于融合发展的初始阶段。海洋文化与旅游市场融合最为明显，其对经济增长、市场规模扩大、知名度提高的影响较为直观，因此“文化主体”的感知最为敏感。海洋文化与旅游技术融合紧随其后，其对服务接待水平提高、产业结构调整、产品种类丰富的影响显现稍慢，表明现阶段高新技术对山东海洋文化旅游产业组织结构和顾客消费结构的影响力较弱，短时间内产品形态和种类难以发生较大改变，体现服务接待水平的景区基础设施亦难形成明显变化。海洋文化与旅游政策融合尚未完全发挥出应有的作用，以致对资源保护开发方式的规范、融合发展环境的优化、政府政策的推进影响较为靠后，这与 2018 年中华人民共和国文化和旅游部成立后，指导海洋文化与旅游融合发展的政策文件开始增多，对海洋文化与旅游融合发展实践的影响刚开始显现，当地居民和外地游客对政策变化的感知较滞后，对海洋文化与旅游在市场层面融合表现出的经济增长和规模扩大较为敏感相符合。综合海洋文化与旅游在市场层面、技术层面、政策层面的融合可知，两者尚属于融合发展起始阶段，宏观融合度仍较浅。

三、山东省海洋文化与旅游中观融合的解析及测度

（一）资源融合

资源融合，也叫载体融合，文化旅游发展依靠文化旅游资源的开发利用，而文化、旅游资源具有高度的多样性和交融性，打通文化、旅游资源流通的产业界限，加快文化、旅游资源的交叉融合，可最大化实现资源价值。从文旅融合进程来看，文化资源与旅游资源存在很大的交叉范围，几乎重合，这是推进文旅融合发展的重要基础和支撑（北京大学国家现代文化研究中心和北京市石景山区文化和旅游局，2019）。海洋文化资源与旅游资源的交叉融合是第一步，是海洋文化与旅游融合过程中自然而然发生的，资源共享正是海洋文化与旅游融合的一种表现形式和结果，正是海洋文化与旅游融合发展的基础条件和基本逻辑。

在产业资源方面，海洋文化与旅游之间密切联系、不可分割，如海洋文化遗

迹遗址、影视基地、节庆活动、民俗信仰、艺术表演等众多资源，既是海洋文化资源，又是旅游资源，两者的融入使文化旅游资源的外延得以不断拓展，资源类型更加丰富。优质的海洋文化旅游资源能够极大地提高旅游产业的知名度和旅游形象，而旅游产业的发展又能够促进海洋文化交流和互动，扩大海洋文化的发展空间。通过对海洋文化旅游资源进行精心策划和创新性开发利用，生产新型海洋文化旅游产品，可丰富产品种类，满足消费者多样化的文化需求和旅游需求。

（二）产业链融合

产业链是产业内部互不相同但又相互关联的生产经营活动所构成的一个价值创造的动态过程，包括产业间资源流通、业务合作、产品生产、销售推广各个环节的配合，本身附带有产品和服务的升值。产业发展不只是增加价值，还有价值重新创造，是由产业链各个环节的供应商、企业合作者和顾客协作共同创造价值的过程（迟晓英和宣国良，2000）。产业链可大致分为以产品为中心的上游环节和以顾客为中心的下游环节，上游环节主要包括材料供应、产品开发、生产运行，下游环节主要包括成品储运、市场营销和售后服务。产业链融合是指文旅产业通过产业链延伸、重组和整合，打通两产业间上下游关系和价值交换的过程（张正兵，2016）。

从文旅融合发展过程看，产业链融合位于资源融合之后，且融合范围更广、融合程度更深，是文旅融合的高层次阶段，贯穿于文旅产品和服务的制作、流通和销售环节。海洋文化与旅游的融合发展是全方位、多层次的融合，包括产业链的各个环节，既有企业产业链上游的生产融合，又有产业链下游的消费融合。本着提高产品和服务质量、加强新供给的原则，使海洋文化与旅游在产业链的不同环节进行有机融合，活跃海洋文化与旅游的“存量”资源，能够涌现更多的新业态“增量”，满足人民群众的精神文化需求。

海洋文化与旅游打通上下游产业链，在业务层面增加链接，开展更多的业务合作，能降低产品生产流通的中间环节成本。同时，海洋文化与旅游借助高新科技实现产业链管理的平台化和智能化，推动两大产业链功能互补，并构建全新的海洋文化旅游产业链，引领两大产业改造升级，能实现对两产业上下游企业合作的组织优化和流程再造。海洋文化与旅游融合发展的重心是从产业链上游逐渐深入产业链下游，并最终实现产业链各个环节的融合，因此，产业链每一个环节经营管理的好坏都影响到两者融合发展的程度与效应。

（三）空间融合

空间融合是指文旅资源要素在区域空间内集聚，增加区域资源的流动性和

互动性，并产生区域增长极，从而促进文旅产业融合发展（柳百萍等，2019）。从文旅融合进程来看，文旅产业经过资源融合、产业链融合，达到区域范围内的空间融合，是一个循序渐进的过程，也是一个自然而然的结果。得益于前期的资源融合和产业链融合，文旅产业为了更便利地开展业务合作，逐渐在特定区域内集聚，并成为这一地区的经济增长极，从而实现文旅资源要素在区域空间范围内的不断累积，推动文旅产业进一步融合发展。空间融合有利于文旅产业进行精细化分工，精简工作流程，实现企业的专业分工合作，提高生产效率。

海洋文化与旅游的空间融合不仅体现在地理空间上，还包括文化空间和生活空间。经济发达、海洋文化独特的旅游目的地或景区，通常表现出海洋文化旅游快速发展并高度聚集的趋势，引发相关企业的业务联合和深度合作，形成创意空间或产业园区。创意空间或产业园区因其自身的文化、创意和艺术标签也会迅速成为该地区的旅游吸引物，逐步发展成为区域旅游重要的目的地、集散地与中心地，并成为向当地居民开放的独特文化空间、休闲空间、时尚空间。参与海洋文化与旅游融合发展的企业在空间上高度集聚，经过市场有效调节，在空间和功能上逐渐达到合理布局，同时区域资源也得到有效整合与利用，从而推动着海洋文化与旅游的深度融合发展。

（四）中观融合度评价指标体系构建

借鉴文化与旅游融合发展机理，遵循实证分析的科学性、实践性、全面性、层次性、主体性和可操作性原则，结合山东省海洋文化与旅游融合发展现状，分别从资源状况、产业链条件、空间布局三个维度研究山东省海洋文化与旅游的中观融合度。由于山东省沿海七市未有统一描述海洋文化的官方统计数据，但海洋文化又深深烙刻在山东省沿海七市的文化基因中，因此这里采取专家打分、游客调查以及资料查阅等方式选取海洋文化指标；由于山东省沿海七市未有专门统计滨海旅游产业的数据，这里在各市原有旅游产业数据的基础上乘以一定的比率来表示各市的海洋旅游数据，鉴于青岛市统计局在《2018 年全市海洋经济运行总体向好》中明确提及“滨海旅游业对整个海洋经济增长的贡献率达到 19.1%”，再结合文中提到的青岛市海洋生产总值为 3327 亿元，旅游生产总值为 1900 亿元[①]，由此可知滨海旅游业收入所占旅游业总收入的比例约为 33.45%，所以山东省沿海七市的滨海旅游业指标数据为原有的旅游业数据乘以 33.45%。然后向专家征询海洋文化与旅游中观融合度测评指标的修改意见，最终确定的中观融合

① 2018 年全市海洋经济运行总体向好［EB/OL］．［2019－03－11］．http：//qdtj. qingdao. gov. cn/n28356045/n32561056/n32561071/n32562217/190322090440050444. html.

度评价指标体系如表 6-6 所示。

表 6-6　海洋文化与旅游中观融合度评价指标

类型	一级指标	二级指标
海洋文化指标	资源状况	海洋文化资源数量（个/平方千米）
		海洋文化资源质量（专家打分）
		海洋文化资源知名度（游客调查）
		海洋文化资源濒危度（专家打分）
	产业链条件	海洋文化行政主管部门（家）
		海洋文化站数量（个）
		海洋文化艺术表演团体（个）
		海洋文化市场经营机构（个）
	空间布局	海洋文化企业数量（家/平方千米）
海洋旅游指标	资源状况	海洋旅游资源数量（个/平方千米）
		海洋旅游资源质量（专家打分）
		海洋旅游资源知名度（游客调查）
		海洋旅游资源濒危度（专家打分）
	产业链条件	旅行社数量（个）
		星级饭店数量（个）
		A 级旅游景区数量（个）
		住宿与餐饮业从业人员（人）
	空间布局	海洋旅游企业数量（家/平方千米）

资料来源：笔者整理。

该体系共包含 2 个目标层，6 个因素层，18 个指标层。海洋文化资源状况包括海洋文化资源数量（单位面积上海洋类文物保护单位和省级以上非物质文化遗产数量）、海洋文化资源质量（以专家打分法衡量海洋文化资源在观赏、体验、教育等方面的综合价值）、海洋文化资源知名度（以问卷调查法衡量海洋文化资源被本市居民知晓的程度）、海洋文化资源濒危度（以专家打分法衡量海洋文化资源的可持续存在及被传承发展的程度），这些指标综合反映了一个区域海洋文化资源的现存状况。海洋文化产业链条件包括海洋文化行政主管部门、海洋文化站数量、海洋文化艺术表演团、海洋文化市场经营机构，这些指标反映了该地区海洋文化产业链的发展状况和完整程度。海洋文化产业空间布局以海洋文化企业数量（单位面积上海洋文化企业数量）表示，只有海洋文化企业在区域空间内

形成集聚效应，海洋文化产业的空间融合程度才更深。

同理，海洋旅游资源状况包括海洋旅游资源数量（单位面积上旅游景区数量）、海洋旅游资源质量（以专家打分法衡量海洋旅游资源在观赏、体验、教育等方面的综合价值）、海洋旅游资源知名度（以问卷调查法衡量海洋旅游资源被本市居民知晓的程度）、海洋旅游资源濒危度（以专家打分法衡量海洋旅游资源可持续存在的程度），这些指标是海洋旅游资源现存状况的直观反映。海洋旅游产业链条件包括旅行社数量、星级饭店数量、A 级旅游景区数量、住宿与餐饮业从业人员，这些指标反映了地区海洋旅游产业链的发展状况和完整程度。海洋旅游产业空间布局以海洋旅游企业数量（单位面积上海洋旅游企业数量）来表示，以反映区域空间内产业集聚现象和空间融合度。

（五）数据收集与预处理

山东省海洋文化与旅游中观融合度评价指标中的数据主要来源于《山东省统计年鉴》《山东旅游年鉴》《山东旅游统计便览》《山东省国民经济和社会发展统计公报》《中国文化文物统计年鉴》《中国文化及相关产业统计年鉴》，以及山东省文化和旅游厅公布的山东省文化相关数据、文化文物机构人员情况、各市的统计年鉴、国民经济和社会发展统计公报、相关政府部门公布名录等公开性统计数据。

考虑到 2018 年文化和旅游部成立后，海洋文化与旅游融合发展的进程显著加快，这里选择 2020 年末发布的 2019 年山东省沿海七市的统计数据作为研究时间节点，以保障山东省沿海七市海洋文化与旅游各指标数据的一致性。为了更准确展现海洋文化与旅游在中观产业层面的融合发展现状，这里选择 2016 年、2017 年、2018 年、2019 年四个时间节点各地级市海洋文化与旅游的相关面板数据，来研究两者融合发展的区域分异和时空演化。

这里运用熵值法对各个指标的数据进行分析，以计算各项指标的权重和离散程度。由于各个指标的数据主要来自统计公报、统计年鉴等官方公布数据，数据具有客观性，利用熵值法（张琰飞和朱海英，2013）确定各项指标的权重能够有效避免主观因素导致的偏差。为了避免在计算熵值过程中出现无意义的负值，所以还要对数据进行非负值处理，公式为：

$$X'_{ij}=\frac{X_{ij}-\min(X_j)}{\max(X_j)-\min(X_j)}+0.01,\ (i=1,\ 2,\ \cdots,\ m;\ j=1,\ 2,\ \cdots,\ n) \quad (6-1)$$

式中，min（X_j）是第 j 项指标的最小值，max（X_j）是第 j 项指标的最大值，max（X_j）－min（X_j）则为第 j 项的差值。得到的各指标权重如表 6－7 所示。

表 6-7 海洋文化与旅游中观融合度评价指标权重

类型	权重	一级指标	权重	二级指标	熵值 e_j	差异化系数 g_j	比重 W_j	指标权重
海洋文化指标	0.50	资源状况	0.48	海洋文化资源数量	0.98	0.01	0.46	0.15
				海洋文化资源质量	0.99	0.01	0.25	0.35
				海洋文化资源知名度	0.98	0.01	0.36	0.31
				海洋文化资源濒危度	0.99	0.01	0.19	0.19
		产业链条件	0.41	海洋文化行政主管部门	0.99	0.01	0.27	0.36
				海洋文化站数量	0.98	0.01	0.45	0.23
				海洋文化艺术表演团体	0.99	0.02	0.54	0.27
				海洋文化市场经营机构	0.98	0.01	0.24	0.14
		空间布局	0.11	海洋文化企业数量	0.99	0.01	0.26	1.00
海洋旅游指标	0.50	资源状况	0.48	海洋旅游资源数量	0.98	0.01	0.19	0.32
				海洋旅游资源质量	0.98	0.01	0.26	0.18
				海洋旅游资源知名度	0.99	0.02	0.22	0.27
				海洋旅游资源濒危度	0.99	0.01	0.28	0.23
		产业链条件	0.41	旅行社数量	0.98	0.01	0.19	0.16
				星级饭店数量	0.99	0.01	0.20	0.37
				A 级旅游景区数量	0.98	0.01	0.18	0.26
				住宿与餐饮业从业人员	0.98	0.01	0.16	0.21
		空间布局	0.11	海洋旅游企业数量	0.99	0.01	0.24	1.00

资料来源：笔者整理。

（六）海洋文化与旅游中观融合度测算

借鉴其他学者对文化产业与旅游产业融合度的研究方法，这里选用离散系数法来测量海洋文化与旅游之间的关联性及相互作用程度（肖萍，2015），在此基础上借鉴均匀分布函数法（唐柳等，2012）测算海洋文化与旅游的中观融合度。

离散系数又名变异系数，它是标准差和平均数的比值，可以反映多组数据的离散程度，常被用来描述不同数值之间的变异程度。离散系数没有单位，适用于分析多个单位的数值离散程度，海洋文化与旅游本来分属两个系统，当发生融合时，两者之间的关联性会逐渐加深，直至最后变为一个系统，因此可以运用离散系数来测算海洋文化与旅游发展的关联性，具体计算公式如下：

$$CV=\frac{S}{\overline{X}}=\frac{\sqrt{\frac{1}{n}\sum_{i=1}^{n}(X_i-\overline{X})^2}}{\overline{X}}=\sqrt{\frac{\frac{\frac{(X+Y)^2}{2}-2XY}{2}}{\left(\frac{X+Y}{z}\right)^2}}$$

$$=\sqrt{2\left(\frac{X-Y}{X+Y}\right)^2}=\sqrt{2\left[1-\frac{4XY}{(X+Y)^2}\right]^2} \tag{6-2}$$

其中，CV为离散系数，数值越小，离散程度越低；X、Y是系统的两个单位。式（6-2）经过演变可知，$\frac{4XY}{(X+Y)^2}$最大时，CV最小，因此可以将海洋文化与旅游中观发展的关联性定义为：

$$C=\left\{\frac{4f(x)\times g(x)}{[f(x)+g(x)]^2}\right\}^{\theta} \tag{6-3}$$

其中，C为中观融合发展的关联性，θ为系数，f（x）和g（x）分别为海洋文化和旅游各指标的归一化数据。因为$1-\frac{4XY}{(X+Y)^2}\geqslant 0$，所以$\frac{4XY}{(X+Y)^2}\leqslant 1$，由此可知C的取值区间为［0，1］，C的值越大，海洋文化与旅游中观发展的关联性就越高；C值越小，海洋文化与旅游中观发展的关联性就越低。这里将θ取值0.5，公式则进一步演化为：

$$C=2\sqrt{\frac{f(x)\times g(x)}{[f(x)+g(x)]^2}} \tag{6-4}$$

经过式（6-4）可以测算出海洋文化与旅游之间的关联性，即两者联系是否紧密，为了更稳定、更准确地研究山东省各区域海洋文化与旅游中观融合发展的现状，在此基础上引入协同调和指数以测算海洋文化与旅游之间的中观融合程度（袁俊，2011），公式为：

$$D=(C\times T)^{r} \tag{6-5}$$

其中，C为发展的关联性，D为中观融合度，T为海洋文化与旅游的协同调和指数，主要代表着海洋文化与旅游在融合发展过程中的中观融合协同效应。$T=\alpha f(x)+\beta g(x)$，且$\alpha+\beta=1$，α、β为海洋文化和旅游在融合发展过程中的贡献系数，即权重值，这里将海洋文化与旅游的重要性同等看待，α、β分别取值0.5，r为调节系数，这里取值0.5。从融合度模型的公式可以看出，协同调和指数越高，海洋文化与旅游之间的中观融合发展程度越好，协同调和指数越低，海洋文化与旅游之间的中观融合发展程度越差。为方便比较山东省沿海七市海洋文化与旅游的中观融合度，结合现有学者对产业融合度的研究结果（陈兵建和吕艳丽，2020；方雪，2017），以0.15、0.35、0.65、0.85作为融合度分界点，将海洋文化与旅游中观融合发展情况划分为融合较差、融合失调、基本融合、中度融合、良好融合五个等级（见表6-8）。

表6-8　中观融合度等级划分标准

融合度	融合度等级
0~0.15	融合较差
0.15~0.35	融合失调
0.35~0.65	基本融合
0.65~0.85	中度融合
0.85~1.00	良好融合

资料来源：笔者整理。

（七）海洋文化与旅游中观融合度总结

根据式（6-3）计算海洋文化与旅游产业融合发展的关联性，这里选取2016年、2017年、2018年、2019年四个时间节点的指标数据分别进行计算，得到山东省沿海七市海洋文化与旅游在不同年份中观发展的关联性。如表6-9所示，山东省海洋文化与旅游在四个时间节点的中观关联性数值都很高，平均值都在0.80以上，表明山东省沿海七市海洋文化与海洋旅游存在着紧密联系，整体上处于融合状态。

表6-9　海洋文化与旅游产业融合关联性评价

地区	2016年融合关联系数	2017年融合关联系数	2018年融合关联系数	2019年融合关联系数
青岛	0.91	0.94	0.96	0.98
日照	0.84	0.86	0.90	0.94
烟台	0.81	0.85	0.89	0.93
威海	0.84	0.87	0.90	0.94
潍坊	0.77	0.81	0.87	0.89
滨州	0.72	0.83	0.85	0.86
东营	0.73	0.86	0.88	0.89

资料来源：笔者整理。

在计算出海洋文化与旅游中观发展存在紧密关联的基础上，采用式（6-5）计算山东省沿海七市海洋文化与旅游在2016~2019年的中观融合度。根据计算结果并结合表6-8的融合度等级划分标准，对山东省沿海七市不同年份的中观融合度进行判别（见表6-10）。

表6-10　海洋文化与旅游中观融合度评价

地区	2016年融合度	融合度等级	2017年融合度	融合度等级	2018年融合度	融合度等级	2019年融合度	融合度等级
青岛	0.56	基本融合	0.64	基本融合	0.75	中度融合	0.86	良好融合
日照	0.46	基本融合	0.59	基本融合	0.62	基本融合	0.73	中度融合
烟台	0.53	基本融合	0.60	基本融合	0.68	中度融合	0.76	中度融合
威海	0.45	基本融合	0.59	基本融合	0.65	中度融合	0.74	中度融合
潍坊	0.44	基本融合	0.56	基本融合	0.62	基本融合	0.71	中度融合
滨州	0.32	融合失调	0.42	基本融合	0.50	基本融合	0.60	基本融合
东营	0.34	融合失调	0.43	基本融合	0.51	基本融合	0.61	基本融合

资料来源：笔者整理。

根据表6-10可知，随着时间的推移，山东省沿海七市海洋文化与旅游中观融合度均呈现升高的趋势，表示两者融合进程不断加深，融合发展取得了较为明显的效果。但总体而言，各城市中观融合度数值反映出海洋文化与旅游的中观融合发展仍处于起始阶段，两者的中观融合程度较浅。山东省沿海各市间表现出的融合度差异与各个城市文旅产业发展的繁荣状况相对应，进一步表明经济发展和城市知名度影响着海洋文化与旅游的中观融合发展进程。

从海洋文化与旅游资源融合、产业链融合及空间融合的角度来看，青岛市的海洋文化、旅游资源较为丰富、产业链较为完整、区域空间集聚度较高，因此青岛市海洋文化与旅游的中观融合度较好，而滨州和东营的海洋文化与旅游中观融合度最差。在山东省沿海七市之中，青岛的海洋文化、旅游资源并不是最好的，但其区域内产业空间布局和产业链功能却是最为完善的，而海洋文化、旅游资源并不差的威海、烟台、日照的中观融合度却与青岛有较大差距，表明基于后天能动性的产业链融合和空间融合相较于凭借先天优势的资源融合更为重要，这也是随着融合进程的推进，威海、烟台、日照的中观融合度系数与青岛的中观融合度系数越来越接近的原因。

四、山东省海洋文化与旅游微观融合的解析及测度

（一）机构融合

在文旅产业融合发展过程中，文旅企业发生变化的最直观形式便是组织机构间建立的业务合作关系（林刚，2020）。纵观文旅产业融合发展的进程，各方企业初时一般采取业务合作的方式，在后续合作中则逐渐优化组织机构，精简业务流程，重塑合作渠道，以提升文旅产业发展效率，最终实现企业组织机构的整合与重建。海洋文化与旅游的融合发展需要依托有形的物质载体，具体体现在场馆、基地、园区等的建设，尤其是建设以海洋文化为主题的博物馆、展览馆、文化娱乐场所、影视中心、演艺基地、文化创意园区等。海洋文化与旅游在机构层面的融合，能够为以盈利为目的的旅游场所补充海洋文化内容，为以社会效益为核心的文化场馆带来先进的管理经验，从而使海洋文化与旅游机构兼具文化传播功能与旅游功能。

在海洋文化与旅游融合发展过程中，海洋文化积极寻求与旅游产业在“食、住、行、游、购、娱”等领域的合作，以丰富海洋文化旅游产品种类，为消费者提供立体化、全方位的文化体验；旅游产业则积极吸纳海洋文化元素，以提升旅游产业的文化内涵，满足游客不断上升的精神文化需求，这其中必然牵扯到海洋文化与旅游组织机构间的业务往来，且组织机构发挥着主导作用。随着海洋文化与旅游在机构层面融合进程的加深，企业组织结构得到改造和优化，开始由纵向一体化向横向一体化、混合一体化与虚拟一体化转变（张海燕和王忠云，2010），并催生出一大批新型企业，如海洋文化会展企业、海洋文化创意企业、海洋文化娱乐企业等，正是企业间的机构融合奠定了融合后的新型产业形态与结构。

（二）人才融合

实践性文旅人才培养存在巨大缺口，尤其是文化创意、旅游策划等方面的人才非常稀缺，导致文旅产业融合发展缺少综合性专业人才（王建芹和李刚，2020）。在海洋文化与旅游融合发展中，人才是推动融合进程的关键因素，且海洋文化与旅游对人力资源的要求有相通之处，均对从业人员的技术才能、文化知识储备、服务能力、经营管理能力等有较高要求，两产业的工作人员都要熟悉海洋文化，掌握旅游服务技能。如导游人员在提供导游服务时，沿海旅游区域的海

洋节庆活动、海洋风俗信仰也属于其服务内容；海洋文化保护和开发人员需要借鉴旅游景区的开发和管理措施盘活海洋文化的存量资源。因此，海洋文化与旅游的融合发展需要一批兼具文化和旅游才能的复合型人才。

海洋文化与旅游在人才层面的融合还涉及人才培养和人才管理机制的融合。参与融合发展的企业需要建立人才培养的长效机制，重视人才的梯队与分类体系建设，建立一支专业精良、懂经营、善管理的人才队伍，为不同内容、不同环节及不同模式下的海洋文化与旅游融合发展提供专业人才。同时，企业也需要结合海洋文化与旅游融合发展的实际需要，完善人才管理机制，建立奖惩体系，激发员工的创新热情与能动性，以人才体系支撑海洋文化与旅游融合发展的顺利进行。

（三）产品融合

产品融合是文旅产业融合的表现形式，同时也是微观层面文旅融合发展的必然结果，文旅产品融合具体体现在文旅产品和服务差异逐渐缩小，彼此之间的功能既有互补性，又有替代性（刘安全和黄大勇，2019）。为了满足市场上消费者日趋强烈的精神文化需求，文旅企业开展一系列业务合作，文旅产品的功能也日渐完善、日趋相似，文旅企业采取的一系列融合措施，都是为了生产出符合市场消费者需求的产品和服务。因此，文旅产品融合是文旅产业融合成功的有效标志。产品融合也是文旅产业业务和功能交叉融合的集中显现（赵爱婷等，2019），产品推出前的创意设计、思想碰撞、方案交流等业务流程是产品融合的渠道和桥梁，由融合引发的企业业务创新和管理升级必然提升产品生产效率和质量。

海洋文化与旅游在产品层面的融合能够起到取长补短，互相促进的作用。海洋文化产品能体现文化价值、美学价值、工艺价值和经济价值，但市场化程度不高；旅游产品则能传递旅游目的地价值和信息，实现情景化营销，但存在千篇一律、特色不足的问题。海洋文化与旅游在产品层面的融合集中体现了两者在产品功能和业务上的交叉，凸显和强化了产品和服务的价值，着重发展了海洋文化与旅游产品的共性和特色，如借助研学旅游、自助旅游、团建旅游等形式，使相互关联的海洋文化与旅游产品为彼此带来更大的市场份额，培育出更加符合市场需要的产品和服务。

海洋文化与旅游在产品层面的融合还体现在产品开发环节与营销环节的交融。对于产品开发环节，重点突出旅游产品的海洋文化特色和文化底蕴，将海洋文化提炼为文化符号，通过创意性设计开发融入旅游产品中，能够提升游客的旅游体验。关于产品营销环节，则表现为海洋文化与旅游营销理念、营销渠道的整合，打破地区、部门以及企业界限，构建市场共享与信息协同的平台，通过捆绑式营销、联合性营销、精确式营销促成多层次、高协调的海洋文化旅游交叉营销模式。

（四）微观融合度测算方法选取

赫芬达尔指数最早被用来测量产业集中度，计算公式为：

$$HHI = \sum_{i=1}^{N} S_i^2 \tag{6-6}$$

其中，$S_i = \frac{x_i}{x}$，S_i 表示第 i 个企业的营业收入占该产业所有企业营业总收入的比例，即企业的市场占有率。当独家企业在市场上垄断时，HHI 指数等于 1，当所有企业的市场规模相同时，HHI 指数等于 1/n，故而这一指标在 1/n～1 变动，HHI 数值越大，表明市场中企业规模分布的不均匀度越高，即市场集中度越高。后来学者采用赫芬达尔指数研究企业间的融合现象，如 Alfonso 和 Salvatore（1998）应用赫芬达尔指数测量了电子信息技术产业的融合度，刘祥恒（2016a）应用赫芬达尔指数对旅游产业业务融合情况进行了计算，李璐（2016）应用赫芬达尔指数对信息产业与文化产业业务融合情况进行了计算。

由于企业业务融合过程的参与主体为企业各方人才，融合形式为企业组织机构间的业务往来，融合结果最终落到企业产品创新上，而从事海洋文化业务与旅游业务的企业在财务数据中会披露主营业务收入（刘祥恒，2016b）。因而，这里选择以企业业务融合为切入点，综合分析海洋文化与旅游在微观企业层面的机构融合、人才融合和产品融合，即选择山东省沿海七市合适的海洋文化与旅游类企业，分析企业的相关财务数据，从企业业务融合的角度揭露海洋文化与旅游的微观融合度，以求更好地把握山东省海洋文化与旅游微观融合发展的现状，并对影响两者融合度的重要因素进行探讨。这里引入赫芬达尔指数衡量海洋文化与旅游微观融合度，具体计算公式如下：

$$HHI = \left(\frac{x_a}{x_a + x_b}\right)^2 + \left(\frac{x_b}{x_a + x_b}\right)^2 = S_a^2 + S_b^2 \tag{6-7}$$

$$HD = 1 - HHI \tag{6-8}$$

其中，S_a 表示某一企业海洋文化相关业务的营业收入占该企业海洋文化与旅游相关业务总营业收入的比例，S_b 表示某一企业旅游相关业务的营业收入占该企业海洋文化与旅游相关业务总营业收入的比例，HD 指数表示该企业在业务层面体现的海洋文化与旅游融合度的情况。HD 指数取值范围在 0～0.5，HD 指数的值越大，海洋文化与旅游的微观融合度越深。当 HD 指数为 0.5 时，意味着该公司经营的业务营业收入既包括海洋文化业务，又包括海洋旅游业务，形成海洋文化旅游综合服务体系；当 HD 指数为 0 时，意味着该公司只经营单一产业业务，

未出现业务融合。根据 HD 指数的取值范围将海洋文化与旅游的微观融合度水平划分为五个区间：0~0.1 表示低度融合；0.1~0.2 表示中低度融合；0.2~0.3 表示中度融合；0.3~0.4 表示中高度融合；0.4~0.5 表示高度融合。

（五）海洋文化与旅游微观融合度计算

由于海洋文化与旅游微观融合涉及机构融合、人才融合和产品融合，需要收集相关企业的营业收入数据，根据国家统计局发布的文化产业和旅游产业分类标准，将公司经营的海洋文化研究咨询、海洋文化投资运营、海洋产品文化展示以及海洋文化内容创作等划分为海洋文化业务类；将公司经营的滨海旅游观光、滨海餐饮住宿、滨海旅游接待以及滨海研学旅行等划分为海洋旅游业务类，通过使用国家企业信用信息公示系统、天眼查软件、企业官网、艾媒咨询、中商产业研究院等方式选择山东省沿海七市的海洋文化与旅游类企业进行分析。

首先，在天眼查软件中输入企业查询关键词“海洋、文化、旅游”，并限定企业所在地址为山东省沿海七市，共计查询到 213 家企业（见表 6-11）。其次，剔除主营业务不相关、成立时间较短的企业。最后，结合企业在 2020 年发布的财务数据，对其 2019 年营业总收入中产品层面的收入明细进行分类归纳，找出同时经营海洋文化业务和旅游业务的企业作为分析对象。

表 6-11　山东省沿海七市海洋文化与旅游类企业数量

地区	企业数量（家）	成立时间 5~10 年（家）	成立时间 1~5 年（家）
青岛	88	11	47
日照	57	13	33
烟台	22	8	7
威海	26	13	8
潍坊	10	2	5
滨州	2	1	0
东营	8	0	4

资料来源：笔者整理。

（六）海洋文化与旅游微观融合度总结

经过收集企业财务数据可知，山东省沿海七市共有 12 家适合进行财务数据分析的企业，应用 HD 指数对其海洋文化与旅游微观融合度进行计算，计算结果如表 6-12 所示。

由表 6-12 可知，山东省沿海七市海洋文化与旅游微观融合发展进程逐渐加快，这和表 6-11 所展示的近 1~5 年来同时经营海洋文化业务与旅游业务的企业迅速增加规律一致，展现出巨大的融合潜力和经营活力。同时反映了 2018 年之前山东省海洋文化与旅游微观融合发展属于缓慢增长的起始阶段，2018 年之后山东省海洋文化与旅游微观融合发展进入加速阶段，企业业务层面的微观融合逐渐加深。这些企业在微观融合度 HD 方面呈现出的结构性差异表明，山东省沿海七市海洋文化与旅游微观融合发展水平参差不齐，区域性产业结构调整刚刚起步，融合发展尚处于探索阶段。如山东海洋发展有限公司，前期业务经营范围较为广泛，影响了海洋文化与旅游业务的融合发展，后来取消了房地产开发与经营管理的业务，增加了产业园区管理服务，有效提高了海洋文化与旅游的微观融合度。

表 6-12　山东省海洋文化与旅游微观融合度计算结果

公司名称	公司地址	2016 年 HD	2017 年 HD	2018 年 HD	2019 年 HD
山东海洋发展有限公司	青岛	0.21	0.25	0.35	0.41
青岛黄发王台旅游开发有限公司	青岛	0.18	0.16	0.25	0.32
蓬莱西海岸海洋文化旅游产业开发有限公司	烟台	0.16	0.24	0.31	0.40
蓬莱登州古城海洋文化旅游投资发展有限公司	烟台	0.12	0.19	0.28	0.36
威海海洋国际旅行社有限公司	威海	0.09	0.15	0.21	0.28
威海一湾海文化传播有限公司	威海	0.15	0.21	0.29	0.31
山东海洋文化旅游发展集团有限公司	日照	0.19	0.22	0.27	0.38
日照海洋文化发展有限公司	日照	0.16	0.16	0.29	0.34
潍坊新地都文化旅游有限公司	潍坊	0.12	0.15	0.21	0.25
寿光合达极地海洋世界有限公司	潍坊	0.15	0.18	0.22	0.27
山东福海旅游开发有限公司	滨州	0.11	0.15	0.21	0.25
东营黄河三角洲禅莲国际文化传播有限公司	东营	0.12	0.17	0.26	0.28

资料来源：笔者整理。

从海洋文化与旅游机构融合、人才融合、产品融合层次来看，青岛经营海洋文化与旅游业务的企业数量较多（88 家），这些企业间的业务沟通次数较多，组织机构的交叉融合现象较多，从事海洋文化与旅游业务的专业型人才也相对较多，最终形成的海洋文化与旅游产品种类较多，共同作用于青岛市微观融合度，使得其数值较高。

五、海洋文化与旅游产业多维融合度存在的问题

通过宏观、中观、微观三个视角的实证分析研究可知山东省海洋文化与旅游融合度不深，融合发展尚存在许多不足。综合分析可知，山东省海洋文化与旅游融合发展重点存在以下三个方面的问题：

（一）宏观层面重市场营销轻融合创新

海洋文化与旅游的宏观融合包括以政府为主体的政策融合、以企业为主体的技术融合、以消费者为主体的市场融合，市场是检验企业发展的试金石，市场融合成为检验宏观融合度的标志。宏观分析主要基于当地居民和外地游客在旅游景区的实地感知，由其对海洋文化与旅游融合发展带来的影响感知程度可知，融合发展的经济带动作用高于文化传播功能，表明市场融合取得了一定效果，但融合发展的创新力度不够，导致海洋文化与旅游产品文化内涵表达不足，游客实地感知印象不强烈；游客对服务类、商品类、理论类（高乐华和段棒棒，2020）的不同感知则反映出企业海洋文化旅游产品种类仍较单一，表明政策融合效果并未在产品层面得到完全下沉，技术融合亦处于前期发展阶段，所以融合创新力度不足、产品差异化不明显。

目前，海洋文化与旅游的融合发展主要依靠资本主导的市场营销，增加产业在大众范围内的曝光率成为海洋文化旅游向市场推广产品、提高市场占有率的重要渠道，海洋文化与旅游融合创新力度却未受到足够重视，山东沿海地区海洋文化与旅游融合发展后仍缺少吸睛的海洋文化旅游特色产品，游客在旅游过程中仍只是领略滨海自然风光、品尝特色美食，很少有渠道了解当地的民风民俗和文化特色。如烟台蓬莱阁景区有着丰富悠久的海洋文艺资源，依靠秦始皇东巡故事、海市蜃楼奇观对外宣传推广，但蓬莱阁景区在技术融合方面却发展缓慢，很少与掌握高新科技展览技术的旅游企业合作，导致景区产品种类单一，游客很难体验到滨海自然美景背后的海洋文化；烟台长岛县的万鸟岛，海洋文化旅游产品层次较低，主要是为游客提供滨海自然风光，游客的主要花费仍然是轮渡费用，旅游过程中的体验感只是外在的、直观的、短暂的，缺少由文化体验引发的精神层面的满足和触动。

（二）中观层面重景观资源轻产业链架构

海洋文化与旅游的中观融合包括以资源开发为基础的资源融合、以业务合作为基础的产业链融合、以企业集聚为基础的空间融合，资源是决定产品特色的基础，资源融合的好坏往往决定着企业产品的市场竞争力。中观分析主要基于海洋文化与旅游的指标数据，由沿海地区产业分布状况可知，空间融合存在差异性，经济发展较好的地区产业集聚才较为明显，产业链融合较为多元。由海洋文化指标数据经营收入权重值低于海洋旅游指标数据经营收入权重值可知，海洋文化旅游资源在融合发展中的经济带动效应并未得到充分发挥，海洋文化旅游产品与消费者发生联系更多的还是依靠旅游的营销措施，表明资源融合路径较为单一，产业链融合程度较浅，故而经济带动效用不强。

资源融合并不是海洋文化资源与旅游资源的简单叠加，而是打通海洋文化资源与旅游资源的界限及其流动渠道，使两者相互渗透、有机融合、合二为一，为海洋文化与旅游的中观融合提供坚实的资源支撑。山东省沿海七市发展海洋文化旅游主要是简单的对滨海自然资源进行开发利用，延续的还是旅游景区的发展思路，即以自然景观、传说故事打造海洋文化旅游项目，缺少在海洋文化与旅游之间进行产业链的架构，对海洋民风民俗、海洋手工技艺、海洋节庆活动的深度利用也严重不足，海洋文化与旅游上下游产业链业务合作较为单一，海洋文化与旅游企业空间集聚现象整体不明显。如青岛在 2008 年承担奥运帆船项目比赛，青岛奥帆中心逐渐形成了帆船培训、海上休闲等旅游项目，且承接了沃尔沃环球帆船赛、克里伯环球帆船赛等国际顶级帆船赛事，“帆船之都”日渐成为青岛发展海洋文化旅游的一张名片，而日照在 2009 年举办全国运动会水上项目，并接连承接了全国帆船锦标赛、全国沙滩排球巡回赛等一系列国际、国内水上运动赛事，“水上运动之都”也成为日照发展海洋文化旅游的名片，青岛与日照在区域空间内并未形成分工合作明确、产业特色互补的上下游产业链。

（三）微观层面重产品竞争轻人才培养

海洋文化与旅游的微观融合包括以组织架构为基础的机构融合、以人力资源为基础的人才融合、以服务形态为基础的产品融合，产品是企业与消费者进行价值交换的载体，产品融合成为检验微观融合的标志。微观分析主要基于海洋文化与旅游企业的经营业务数据，分析企业经营的具体海洋文化与旅游产品及服务可知，大部分新成立的海洋文化或旅游类企业，业务经营模式尚不成熟，机构融合与人才融合刚刚开始，产品融合较为传统，所涉足的产品基本都是海洋馆、海洋文化会展、海洋文化交流、海洋旅游景区服务等，产品和服务较为雷同，知名度也不高，缺少以海洋文化与旅游为主营业务的大型公司。

山东沿海地区海洋文化旅游产品同质化竞争严重，其本质是企业对专业化人才的重视程度不足，缺乏培养锻炼人才的规范化流程。海洋文化与旅游类企业为

了扩大市场，往往把目光聚焦于市场中的产品竞争，但忽视了对人才的培养和引进，专业人才流动现象也不明显，导致产品始终缺少创意，业务交融进展不顺利。在海洋文化与旅游微观融合过程中，影响机构融合、产品融合成败的关键因素是企业人才，但人才并不会像产品一样为企业带来直接的经济收入，也无法像组织结构一样承载企业正常运作的功能，因而常常被企业忽略，尤其是耗资颇巨、周期较长的人才培养环节，企业往往没有能力承担。然而参与海洋文化与旅游融合发展的大部分又是刚成立的中小企业，更是无力承担交叉型人才的培养工作，现阶段优秀的海洋文化和旅游人才普遍匮乏，严重制约了海洋文化与旅游融合的实际进程。

第七章　山东省海洋文化与旅游多维融合的效应衡量

产业融合效应是指产业融合所产生的影响和作用，海洋文化与旅游融合效应是多层次、多系统、多方面的。梁学成和齐花（2015）从融合发展对城市或区域经济与社会影响的角度将产业融合效应归纳为增长效应、联动效应、创新效应、溢出效应和升级效应；陈柳钦（2006）从融合发展对市场中生产者、消费者影响的角度将产业融合效应归纳为创新性优化效应、竞争性结构效应、组织性结构效应、竞争性能力效应、消费性能力效应和区域效应。本书按照融合效应作用的层面、范围和规模，将海洋文化与旅游融合效应概括为宏观、中观、微观三大维度，考虑前文分别从环境层面、产业层面、企业层面分析了海洋文化与旅游的宏观融合度、中观融合度和微观融合度，这里依旧从环境层面、产业层面、企业层面研究海洋文化与旅游的宏观融合效应、中观融合效应和微观融合效应。

在环境层面，由于海洋文化与旅游的宏观融合能够有效提高社会生产效率，扩大市场规模，并表现出推动经济增长的效应，而随着融合进程的深入和融合规模的扩大，两者融合发展特有的文化属性无疑会提高社会大众的文化素养，表现出增进社会福利的效应，因而选择从融合发展对经济增长推动、生产效率提高、市场规模扩大、社会福利增进的角度来研究宏观融合效应。同理，在产业层面，海洋文化与旅游的中观融合能够有效优化产业间资源配置，以“去粗取精”的融合方式升级产业结构，进而形成区域产业集聚现象，完善区域空间区划，并最终表现为对产业竞争力的提高，因而选择从融合发展对资源配置优化、产业结构升级、空间区划完善、产业竞争力提升的角度来研究中观融合效应。在企业层面，海洋文化与旅游的微观融合能够有效优化企业业务结构、提升企业产品创意，随着消费者对企业产品需求的增加和市场中参与融合发展企业数量的增多，企业规模经济进一步扩大，融合发展的知识溢出效应得到增强，因而选择从融合发展对规模经济扩大、业务结构优化、知识溢出增强、产品创意提升的角度来研究微观融合效应。

一、海洋文化与旅游宏观融合效应剖析

（一）推动经济增长

产业融合发展有助于拓展市场边界、优化经济结构、扩大范围经济，进而推动区域经济增长（但红燕和徐武明，2015）。海洋文化与旅游融合发展过程中需要投入大量的人力、物力和财力，以整合海洋文化旅游资源、增加生产要素投入、扩大生产规模，满足社会消费需求，带动地区经济增长。同时，海洋文化与旅游的融合属于轻资产类型融合发展，对从业人员的素质要求较高，对高新科技等外部支撑性条件的依赖较大，两者的融合发展能够优化经济结构，提高产业管理水平，转变经济增长方式，扩大海洋文化旅游资源的投入产出效益。此外，海洋文化与旅游的融合发展有利于原有的两个产业发挥比较优势，政府提供的财政支持政策和税收优惠政策则能有效促进社会投资和社会消费，并进一步促进产业融合进程的加深。因此，海洋文化与旅游的融合发展有助于推动经济增长。

（二）提高生产效率

产业融合促进产业资本和金融资本的融合，提高了资源配置效率，推动了生产方式变革，淘汰竞争力弱的产业，进一步提高生产效率（史琳等，2021）。海洋文化与旅游的融合发展促进了资源的流通共享，使得原本跨产业间的业务对接关系转变为产业内部之间的业务合作交流，大大简化了产业生产流程，减少了跨产业合作带来的时间成本。海洋文化与旅游融合发展有利于激发企业员工的创意思维，打造一支专业化人才队伍，创新工作研究和方法研究，提高产品设计、生产管理的科学化水平。同时，海洋文化与旅游融合发展有利于建立更合理的生产计划、完善的生产制度，并依靠高新技术改良生产工具，重塑了生产流程，大大减少了生产过程中的无效环节，提高了整体的生产效率。

（三）拓展市场规模

产业业态是指针对顾客的消费需求，按照一定的战略目标，有选择地运用产品价格政策、店铺规模、经营结构、销售方式、店铺位置、销售服务等经营手段，对资源要素进行组合而形成的包含产品、经营形式和组织形式的类型化服务形态（萧桂森，2004）。海洋文化与旅游融合发展打破了两者之间的产业壁垒，原有的市场边界随着两者融合程度的加深而逐渐模糊，产业原有的市场规模随之得到扩大，直至完全实现市场加总。在市场需求的带动下，海洋文化与旅游的融合催生出海洋文化旅游新产品、新业态，产品价值随之得到提升；同时，产业融合简化了生产流程，降低了生产成本，在一定程度上提高了消费者的消费能力，因此海洋文化与旅游的融合发展可以有效刺激消费者的消费水平，扩大产业市场规模，并逐渐形成良性的发展循环。

（四）增进社会福利

根据马歇尔在《经济学原理》中提出的生产者剩余和消费者剩余概念，海洋文化与旅游融合发展改变了两者原本的粗放型生产经营模式，扩展了两者的市场空间，提升了产品和服务质量，增进了社会福利（梁伟军，2011）。海洋文化与旅游融合发展的契机是人们的精神文化需求，两者融合发展催生的在地化海洋文化旅游服务，需要完善的基础设施服务支撑，以宜居的生态环境、便捷的交通道路、完善的接待设施为代表的基础设施服务具有强烈的正外部性，不但便利了外来游客，还完善了周边社区的服务功能，便利了当地村民的日常生活。同时，海洋文化与旅游融合发展催生的新产品和服务带有强烈的文化属性，即海洋文化旅游产品和服务的美学价值、艺术价值要远远大于实用价值，这意味着海洋文化旅游产品和服务具有突出的公共物品属性，两者的融合发展有利于促进海洋文化的发展与传播，丰富消费者的文化消费渠道，使更多游客能够走进海洋文化、了解海洋文化、享受海洋文化，由此潜在地增加社会福利。

二、海洋文化与旅游中观融合效应剖析

（一）优化资源配置

产业融合产生的优化资源配置的效应主要表现为节约经济资源、降低交易成本两方面（梁伟军，2011）。海洋文化与旅游的融合发展是消费者精神文化需求提高后的市场化产物，是为了回应市场需求变化的主动合作。市场在海洋文化与旅游融合发展中发挥着基础性作用，价值规律调节着海洋文化旅游资源的协调流动，资源合作从两个产业部门之间的配置转化为一个产业部门内各个企业之间的配置，甚至是在一个企业部门内配置资源，这意味着资源协调流动的路径大大缩

短，资源使用过程中的无谓消耗也被降低，从而提高资源使用效率。

海洋文化与旅游融合发展模糊了产业边界，大大降低了跨产业业务合作所需的交易成本，包括信息共享、重复交易、规模交易所产生的交易成本节约（杨瑞龙和冯健，2004）。海洋文化与旅游融合发展的落脚点是满足市场需求，寻求市场中最佳合作伙伴，当参与融合的企业建立网络链用于长期合作，有利于矫正企业单次合作存在的不平等现象，重复交易和规模交易则有利于降低企业的交易成本。基于此，企业能够使用更多的精力和成本用于产品创新和组织流程改善，以更好地优化资源配置，满足市场需求。

（二）升级产业结构

产业结构升级是指在产业融合和知识结构优化的基础上，产业边界日趋模糊而形成的产业结构重叠加深，产业结构从低级形态向高级形态转变的过程或趋势（马云泽，2004）。海洋文化与旅游融合发展前，旅游产业生产模式较为单一，景区景点的经济增长较为依赖门票收入；海洋文化因为市场化能力缺失很难打入大众化市场，与主流消费者距离较远，主要依靠文化事业单位的保护和支持。海洋文化与旅游产业的融合本身就意味着产业结构调整，是原有产业结构已经无法适应现实的市场化发展，选择做出结构化调整以优化升级，最大化实现海洋文化旅游资源价值。同时，海洋文化与旅游的融合发展改变了原有经济增长模式，两者的融合发展实现了海洋文化与旅游之间的优势互补，以创意化思维将海洋文化元素嫁接到旅游产品中，提高了产品附加值，使原有的要素驱动转向创新驱动，使劳动密集型增长模式向资本密集型增长、知识密集型增长转变，丰富了原本单一的产业结构，使海洋文化与旅游业务之间的比例日趋合理，促进了产业结构优化调整，带动了经济的集约型发展。

（三）完善空间区划

区域产业发展和空间重构具体体现为产业空间战略的层次性、互补性以及关联性（马蓓蓓等，2006），海洋文化与旅游融合发展带来的区域整合效应属于产业空间重构的一种。海洋文化与旅游融合发展能够完善区域产业结构，打造更为完整的产业体系，通过整合区域内资源要素，以海洋文化打造区域性旅游品牌，以旅游产业、带动海洋文化传播营销，从而丰富区域海洋文化与旅游的特色功能，形成品牌效应。同时，整合区域中的交通、住宿、娱乐等多种周边服务，打造综合性的产品和服务体系，使原本比较单一甚至有所欠缺的区域功能逐渐向多元化方向发展，进而完善区域服务功能。如借助政府扶持和企业参与，促进修建一批具有公共性质的海洋博物馆、海洋美术馆、海洋剧院等，进一步强化当地提供的海洋文化教育和海洋文化消费服务。随着空间功能的逐渐完善，品牌效应会为原本光顾率低、效益差的文化设施场馆招揽更多游客，为当地营造浓厚的区域海洋文化氛围，丰富全域旅游产品的内涵。

海洋文化与旅游的融合发展极易引起区域集聚效应，进一步成长为区域性海洋文化旅游经济发展的增长点，带动周边产业共同增长，逐步完善整个区域的产业结构和产业体系。海洋文化与旅游融合使得区域之间资源要素流动、重组的速度加快，并逐渐形成互补优势，有利于围绕区域中心构建完善的海洋文化旅游服务体系，推动区域海洋文化旅游消费市场的形成和集聚。如烟台蓬莱阁景区，既有海上丝绸之路博物馆、合海亭、登州博物馆等在地化、实体化的旅游设施，又包括海市蜃楼等多种海洋文化意象。烟台可以将蓬莱阁景区作为海洋文化交流、海洋文化创意和海洋文化旅游市场发展的中心，与其他海洋文化旅游资源相呼应，聚合周边生产型的海洋手工艺村镇、体验性海洋文化节庆、观光型海洋旅游景区，形成有层次的海洋文化旅游空间格局，进一步优化当地空间区划。

（四）提升产业竞争力

产业融合优化了产业资源配置，重塑了产业价值链和市场结构，创造出了高产、优质、高效的产品，提升了产业竞争力（梁伟军，2011）。海洋文化与旅游融合发展打破了原有产业边界，市场结构也随之发生变化，这为企业提供了扩大规模、拓展业务范围的契机，有利于优化海洋文化旅游资源的配置，并吸引资金、人才等经济资源流向企业，为企业从事产品研究与开发提供更好的物质条件，从而提高产业竞争力。产业竞争力最终体现于产品、企业及产业的市场实现能力，即产业核心竞争力最直接的表现是在满足市场消费需求方面优于竞争者，其中产业拥有的异质化特征成为关键，而异质化特征需要异质化资源和要素作为基础（温德成，2005），海洋文化与旅游的融合发展能够满足消费者对异质化资源要素的需求。

海洋文化与旅游原本相对固定的业务边界，经融合后相互交叉与渗透，使得市场中部分企业由原来的非竞争关系转变为竞争关系，导致企业间竞争加剧，进而促使企业快速提升其创新能力和创新速度，顺应市场需求，使开发新产品的企业可获得更多的资源、市场份额以及更大的发展空间，而不具备创新能力或灵活性不强的企业则会被市场淘汰。随着新型企业的介入，以及融合过程中发生的一系列企业合并、并购等活动，市场结构得到重塑，企业在市场中的竞争合作关系不断趋于合理化，也可以从整体上提高产业竞争力。

三、海洋文化与旅游微观融合效应剖析

（一）扩大规模经济

规模经济是指在一定条件下，随着企业经营规模的适度扩大，产品和服务的平均成本逐渐降低，从而实现利润的增加（张元智和马鸣萧，2004）。一方面，海洋文化与旅游融合发展打破了原有的产业边界，扩大了市场规模，增加了企业的业务量，促使企业整合现有资源，实现产品和服务生产的规模化运营。同时，两者的融合发展使得业务整合后的企业内部协调代替了企业外部的市场交易，企业的管理水平逐渐提高，产品和服务生产过程中的交易成本有所降低，进一步扩大了企业的规模经济效益。

另一方面，海洋文化与旅游融合发展带来的企业空间集聚，有利于企业之间确定明确的分工合作关系，发挥各自的比较优势，提高区域企业整体生产能力，扩大企业的规模经济效应。海洋文化与旅游融合发展优化了产品设计，丰富了产品文化内涵，提高了产品品质和质量，从而刺激了消费者的购买欲，产品销售量的增加又促使企业扩大生产规模。如在海洋文化手工艺品销售市场，由于海洋文化元素增加了手工艺品的内涵，使得消费者对手工艺品的需求增加，企业为满足市场需求则加大设计、开发的投入力度，扩大手工艺品生产规模，由此带来的经济收益反过来可提升手工艺品设计质量，两者形成良性发展循环。

（二）优化业务结构

业务结构指企业内部多个业务形成的业务组合（赵伟，2013）和企业业务的跨组织设计（崔南方等，1997），以及业务部门之间沟通、交流、协作的基本组织形式。海洋文化与旅游融合发展的本质是企业为了满足市场需求、生产优质的产品而进行的业务结构调整和重组，两者融合发展成熟的标志之一表现为两类企业之间的业务整合归一，这必然涉及海洋文化与旅游业务结构的调整和优化。企业在设立发展战略和发展规划时需要明确划分主营业务部分、辅助业务部分，并淘汰没有核心竞争力的业务，以集中企业人力、财力、物力等有限资源发展核心业务，提高市场竞争力，巩固企业的市场地位。

从生存竞争的角度看，业务结构的本质是企业在市场竞争中通过构建相应的业务组合而形成的一种盈利方式（朱俊，2009），由此可知业务结构决定着企业市场盈利的关键，影响着企业的核心竞争力和绩效水平。海洋文化与旅游融合发展能够发挥海洋文化旅游资源的最大价值，增加企业产品的附加值，优化企业业务组合。如为了满足消费者日益增长的精神文化需求，增加旅游收入，青岛崂山风景区中的太清风景游览区推出了“海上仙山海上看”“太清海上游船”的旅游服务，成为景区新的海洋文化旅游消费热点，丰富了原有产品类型，优化了业务结构。

（三）增强知识溢出

知识溢出是隐藏在企业背后的经济外部性的产生和传递机制，通俗来说就是企业做相似的工作并从彼此研究中受惠（Griliches，1992）。知识溢出效应具体包括知识传播、复制和再造，知识溢出过程具有链锁效应、模仿效应、交流效应、竞争效应、带动效应和激励效应（马艳艳，2011）。具体来看，海洋文化与旅游融合发展可以有效提高企业生产效率和盈利能力，融合发展成功的企业迅速成为行业内的学习典范，并被同行企业跟进效仿，从而达到快速提升产业发展水平的效果。知识溢出的本质在于知识的社会回报率明显高于私人回报率（葛朝阳等，2003），在海洋文化与旅游融合发展过程中，政府出台的支持性政策、行业组织的协调管理、高新技术的研发应用均有利于融合发展方式的传播扩散，在一定程度上完善社会公共文化服务供给，满足市场消费需求。

知识溢出的方式既能通过学术出版物等非嵌入性知识载体实现，也能通过科技、研发人员这类嵌入性知识载体实现，即通过科技、研发人员之间面对面的交流与互动实现知识传播与扩散（周寄中，2008）。海洋文化与旅游融合发展增加了两大产业之间业务往来的次数，提高了人员交流与知识共享的频率，且知识溢出又与产业集聚呈现出内生互动关系，空间上产业集聚可以有效促进知识溢出（赵勇和白永秀，2009），海洋文化与旅游融合发展带来的产业集聚现象更加有利于企业之间的业务往来与合作，业务合作过程中的海洋文化创意性传播、复制和再造，均有利于加速产业融合进程，通过经济外部性内部化来实现知识溢出效应。

（四）提升产品创意

海洋文化与旅游融合能够实现产品创新、运行模式创新，推动产业在横向与纵向上的优化发展（孔令刚和蒋晓岚，2007）。依托在产业园区内发展的海洋文化产业借鉴旅游产业运营模式而形成的海洋文化产业园区旅游、海洋文化影视基地旅游，以及传统滨海旅游景区引入海洋文化形成的海洋文化主题公园旅游，都

属于产品本身的创新实践。通过设置网上购票功能来减少景区的售票环节，通过业务外包来提升景区工艺品的设计美感，通过在节庆上举办海洋文化主题活动来吸引游客关注等环节，则属于在运营模式上的创新实践。

海洋文化与旅游的融合发展有助于提升产业内部结构、要素之间融合的效率和质量，以创新产品设计的方式活化当地传统资源。以视觉观光为主要形式的滨海风景名胜和人文历史遗迹属于基础型的旅游产品，现已无法满足游客的精神文化需求，海洋文化与旅游的融合正是以文化创意的方式对传统旅游产品进行形象提升、功能升级，以丰富产品形态，提高海洋旅游产品品质，多元化动态展示当地特色海洋文化，生产出富有海洋文化底蕴的旅游产品，增强产品内在吸引力，满足市场多元化的需求。参与海洋文化与旅游融合发展的企业，通过采用海洋文化创意与设计方式，向旅游产品中注入当地特色的海洋文化元素，将原本不具有竞争优势的常规旅游产品转变为具有竞争能力的海洋文化旅游产品。

四、海洋文化与旅游多维融合效应定量评判

现阶段，融合效应的测量方法主要有灰色关联系数法、广义最小二乘法、面板向量自回归模型等，或基于耦合协调理论构建产业融合综合效应评价模型（单元媛和罗威，2013；周春波，2018；邹小勤等，2015；王海艳，2019）。基于适用性、合理性与操作的可行性，结合前文总结的海洋文化与旅游宏观环境层面、中观产业层面、微观企业层面的具体效应构建融合效应评价指标体系，运用熵值法确定指标权重，选择菲什拜因—罗森伯格模型构建海洋文化与旅游融合效应综合评价模型，并进行结果分析。

（一）融合效应评价指标选择

通过中国知网查阅学者对产业融合效应评价的一般指标和差异化指标，基于融合效应产生的层面、范围和规模，将海洋文化与旅游融合效应概括为宏观效应、中观效应和微观效应（王颖，2015），参照产业融合相关理论构建融合效应评价指标体系；结合山东省海洋文化与旅游融合发展实际，进一步研究两者融合发展带来的社会福利增加、空间区划完善、知识溢出效应增强等方面的影响，完善融合效应评价指标体系。

为保证评价指标选取的科学合理，这里采用李克特五级量表设计专家调查问

卷（见附录3），根据专家打分结果确定指标体系。参与的专家包括海洋文化研究领域、旅游研究领域的高校老师以及沿海旅游社区的工作人员，问卷共发放50份，回收有效问卷50份。由于问卷评分均值反映了专家意见的集中程度，这里采用问卷评分均值衡量专家意见集中度：

$$M_j = \frac{1}{n}\sum_{i=1}^{n} S_{ij} \tag{7-1}$$

其中，M_j 表示问卷中的评分均值，n 表示参与评分的专家数量，S_{ij} 表示第 i 个专家对第 j 个指标的打分值。

通过计算可知海洋文化与旅游融合效应各评价指标的专家评分均值（见表7-1），再对各指标的均值求平均数，得出专家对此指标体系的总体意见集中度为4.22，由此可知该指标体系总体上较为科学、合理。在海洋文化与旅游融合效应评价指标体系中（见表7-1），宏观效应、中观效应、微观效应为准则层，每一个均包含四个维度八项具体指标。

表7-1　海洋文化与旅游融合效应评价指标体系专家评分均值

目标层 A	准则层 B	维度层 C	指标层 P	专家评分均值
海洋文化与旅游融合效应评价指标体系	宏观融合效应	推动经济增长	地区生产总值（亿元）	4.36
			居民消费价格指数（上年=100）	4.48
		提高生产效率	滨海住宿业营业额与职工薪酬的比值（亿元）	4.34
			滨海餐饮业营业额与职工薪酬的比值（亿元）	4.25
		扩大市场规模	国内海洋旅游人数（万人）	4.40
			国外海洋旅游人数（万人）	4.37
		增进社会福利	滨海区域博物馆数量（个）	4.76
			滨海区域文化站数量（个）	4.82
	中观融合效应	优化资源配置	海洋文化市场经营机构数量（个）	4.32
			海洋艺术展览创作机构（个）	4.21
		升级产业结构	海洋旅游业营业收入增长（%）	4.00
			海洋文化产业营业收入增长（%）	3.93
		完善空间区划	滨海社区便利乘坐公共汽车的户比重（%）	4.53
			海洋旅游信息咨询中心数量与A级景区数量的比值（%）	4.62
		提升产业竞争力	海洋旅游业总收入（亿元）	4.62
			海洋文化产业总收入（亿元）	4.51

续表

目标层 A	准则层 B	维度层 C	指标层 P	专家评分均值
海洋文化与旅游融合效应评价指标体系	微观融合效应	扩大规模经济	海洋旅游产业收入与资产的比值（%）	3.76
			海洋文化产业收入与资产的比值（%）	3.82
		优化业务结构	海洋旅游企业非主营业务营业额（亿元）	3.88
			海洋文化企业非主营业务营业额（亿元）	3.90
		提升产品创意	滨海区域人均文化消费（元）	3.72
			海洋旅游景区文创产品营业收入（万元）	3.85
		增强知识溢出	海洋文化及旅游类企业专利数量（个）	3.74
			海洋文化及旅游类会展次数（次）	3.98

资料来源：笔者整理。

由于一些指标无法从现有统计资料中找到，这里选取统计资料中最贴切的进行补充，如2019年山东省海洋文化产业总收入无法查到。根据《中国统计年鉴2020》中查询到的山东省沿海地区文化制造业企业、文化批发和零售企业、文化服务业企业等营业额相加所得。融合效应评价指标体系指标层选取有以下三个方面：

1. 宏观融合效应

宏观融合效应主要包括推动经济增长、提高生产效率、扩大市场规模、增进社会福利四项。地区经济增长必然会使当地生产总值增加，促进居民多消费，因此这里选择地区生产总值和居民消费价格指数作为经济增长的测量指标；生产效率是指固定投入量下，实际产出与最大产出两者之间的比率，这里借用相关学者的研究，以营业额代表产业总收入，以职工薪酬代表员工数量、企业规模，以两者的比值代表生产效率（曲英杰，2017）；市场规模是指一定时期内吸纳产品和劳务的单位数目，这里以国内外旅游人数表示海洋文化旅游产业的市场规模；社会福利是指面对社会成员提供物质和文化消费福利，这里以滨海区域博物馆数量、文化馆数量表征海洋文化与旅游融合发展增进的社会福利。

2. 中观融合效应

中观融合效应主要包括优化资源配置、升级产业结构、完善空间区划、提升产业竞争力。资源配置指对稀缺资源的使用作出选择，学者一般用市场化运营机构的数量表示资源配置的等级（方军雄，2006），因旅游产业市场化经营程度较高，这里选择市场化的文化市场经营机构数量和艺术展览创作机构数量作为优化资源配置的测量指标；产业结构也叫产业体系，一般指产业内部各生产要素之间、产业之间的数量关系（柯善咨和赵曜，2014），产业结构调整的外在表现通常是营业能力提升和产业资产的增多（李力行和申广军，2015），这里以海洋旅游营业收入增长和海洋文化营业收入增长作为产业结构升级的测量指标；空间区划体现为产业空间战略的层次性、互补性以及关联性，其外在表现为区域综合服务功能的完善（乔显琴，2014），这里用滨海社区乘坐公共汽车的户比重、海洋旅游信息咨询中心数量与 A 级景区数量的比值表示空间优化的指标；产业竞争力一般包括产业实力、产业关联、产业资源、产业环境等核心要素（徐迅，2006），这里以海洋旅游总收入、海洋文化总收入作为评测指标。

3. 微观融合效应

微观融合效应主要指对参与融合发展企业本身的影响，包括扩大规模经济、优化业务结构、提升产品创意和增强知识溢出效应。规模经济指扩大生产规模引起的经济效益增加现象，反映了生产要素的集中同经济效益之间的关系（陈林和刘小玄，2015），这里以海洋旅游总收入与资产的比值、海洋文化总收入与资产的比值作为测量指标；业务结构指企业业务部门之间沟通、协作的基本组织形式，包括企业各个产品业务生产模块，业务结构优化常常表现为企业营收业务的多元化（朱喜龙和吕文元，2004），具体到海洋文化与旅游融合领域，以文创产品为代表的非主营业务营业额的增加一般代表着海洋文化产业业务结构的优化升级（韩宇澄，2020），因此这里以海洋文化产业非主营业务营业额作为业务结构优化的观测指标，海洋旅游产业同理；文创产品创意的增加往往带来产品附加值的提升、产品营收收入的提高（吴晓卓，2019），海洋文化产品的创意增加多体现为人均文化消费，旅游产品创意的增加多体现为旅游景区文创产品营业收入的增加，因此以滨海区域人均文化消费、海洋旅游景区文创产品营业收入作为测量指标；知识溢出效应一般用于描述知识接受者或需求者消化吸收知识，促进企业增长而产生的关联效应，属于一种经济外部性现象，通常表现为同类企业的快速模仿跟进（曹勇等，2016），这里选择海洋文化及旅游企业专利数量、海洋文化及旅游类会展次数作为测量指标。

为减少专家打分时的人为主观影响，这里同样采用熵值法确定指标权重，即根据指标提供的信息量大小确定指标权重，增加指标权重的客观性。可得山东省海洋文化与旅游融合效应评价指标权重，如表 7-2 所示。

表 7-2 海洋文化与旅游融合效应评价指标权重

目标层 A	权重	准则层 B	维度层 C	权重	指标层 P	权重
海洋文化与旅游融合效应评价指标体系	0.35	宏观融合效应	推动经济增长	0.31	地区生产总值（亿元）	0.55
					居民消费价格指数（上年=100）	0.45
			提高生产效率	0.23	滨海住宿业营业额与职工薪酬的比值（亿元）	0.38
					滨海餐饮业营业额与职工薪酬的比值（亿元）	0.63
			扩大市场规模	0.20	国内海洋旅游人数（万人）	0.71
					国外海洋旅游人数（万人）	0.29
			增进社会福利	0.26	滨海区域博物馆数量（个）	0.67
					滨海区域文化站数量（个）	0.33
	0.31	中观融合效应	优化资源配置	0.29	海洋文化市场经营机构数量（个）	0.56
					海洋艺术展览创作机构（个）	0.44
			升级产业结构	0.23	海洋旅游业营业收入增长（%）	0.57
					海洋文化产业营业收入增长（%）	0.43
			完善空间区划	0.19	滨海社区便利乘坐公共汽车的户比重（%）	0.67
					海洋旅游信息咨询中心数量与 A 级景区数量的比值（%）	0.33
			提升产业竞争力	0.29	海洋旅游业总收入（亿元）	0.56
					海洋文化产业总收入（亿元）	0.44
	0.34	微观融合效应	扩大规模经济	0.26	海洋旅游产业收入与资产的比值（%）	0.56
					海洋文化产业收入与资产的比值（%）	0.44
			优化业务结构	0.18	海洋旅游企业非主营业务营业额（亿元）	0.67
					海洋文化企业非主营业务营业额（亿元）	0.33
			提升产品创意	0.35	滨海区域人均文化消费（元）	0.58
					海洋旅游景区文创产品营业收入（万元）	0.42
			增强知识溢出	0.21	海洋文化及旅游类企业专利数量（个）	0.57
					海洋文化及旅游类会展次数（次）	0.43

资料来源：笔者整理。

（二）海洋文化与旅游融合效应测评与分析

选择山东省沿海七市作为海洋文化与旅游融合发展的主要研究区域。数据来源于《中国统计年鉴 2020》《中国文化及相关产业统计年鉴 2020》《中国文化产业年度发展报告2020》《山东统计年鉴2020》《2019年山东省国民经济和社会发展统计公报》《2020山东旅游统计便览》，以及山东省文化和旅游厅公布的2019年山东省文化、旅游相关统计数据，各市统计年鉴、国民经济和社会发展统计公报等资料中的2019年的统计数据，部分需要计算的数据按照上一节指标解释中的相应公式进行计算获得。

运用熵值法确定指标权重，在此基础上选择菲什拜因—罗森伯格模型构建海洋文化与旅游融合效应综合评价模型（胡永宏，2002）：

$$R = \sum_{j=1}^{n} w_{1j} \times x'_{ij}, \ i \in [1, 2, 3, \cdots, m], \ j \in [1, 2, 3, \cdots, n] \quad (7-2)$$

其中，R表示海洋文化与旅游融合效应的综合评价值，w_{1j}表示第j个指标对应于目标层A的权重，x'_{ij}表示第i个样本第j个指标的标准值，m表示样本数量，n表示指标数量。

根据前面构建的融合效应评价模型，采用相应的指标权重和标准化值，计算得出山东省沿海七市海洋文化与旅游多维融合效应得分（见表7-3），并绘制折线图（见图7-1）进行分析。山东省沿海各市海洋文化与旅游多维融合效应发挥不均衡，青岛的融合效应最好，属于第一梯队；日照、烟台、威海、潍坊的融合效应相差不大，属于第二梯队；滨州、东营的融合效应属于第三梯队。

由表7-3可以看出，山东省沿海七市宏观融合效应的均值为0.610，中观融合效应的均值为0.626，微观融合效应的均值为0.574。由此可知，中观融合效应>宏观融合效应>微观融合效应，即海洋文化与旅游融合发展带来的产业层面的优化资源配置、升级产业结构、完善空间区划、提升产业竞争力效应最为明显，其次是环境层面的推动经济增长、提高生产效率、扩大市场规模、增进社会福利效应，最后是企业层面的扩大规模经济、优化业务结构、提升产品创意、增强知识溢出效应，表明山东省海洋文化与旅游融合效应发挥尚不均衡。然而在中观融合效应中，完善空间区划效应>升级产业结构效应>优化资源配置效应>提升产业竞争力效应；在宏观融合效应中推动经济增长效应>提高生产效率效应>扩大市场规模效应>增进社会福利效应；在微观融合效应中优化业务结构效应>扩大规模经济效应>提升产品创意效应>增强知识溢出效应。由推动经济增长效应、扩大规模经济效应大于提升产品创意效应可知，海洋文化与旅游融合发展对经济增长的拉动效应大于对文化创意的带动效应，折射出企业的发展重心依然在经济扩容，对海洋文化本身重视不足，仍然将文化消费市场当作普通消费市场对待。

同时可发现，第一梯队的青岛市海洋文化与旅游融合发展的微观效应和中观效应较突出，宏观效应紧随其后，这和青岛市海洋旅游业发展情况总体较好，海

洋文化消费市场较为成熟，海洋文化与旅游类企业较多相吻合。第二梯队的日照、烟台、潍坊的宏观融合效应较为突出，这与海洋文化与旅游融合发展有助于打造城市特色品牌，借助特色文化提升城市知名度，助力区域整体经济提升有关。威海的中观融合效应略高于宏观融合效应，这和威海海洋文化旅游市场规模较大相关。第三梯队的滨州、东营的中观融合效应较为突出，与文旅融合发展的大趋势下，政府出台扶持政策、投资相关基础设施对产业空间区划和产业结构调整产生积极影响有关，尤其是人均收入较高、政府财政相对富裕的东营市更为明显；然而由于海洋文化与旅游类企业市场化运营收益不高，所以两市海洋文化与旅游融合的微观效益不明显，市场发展不成熟也反映了融合发展仍有待完善。

表 7-3　海洋文化与旅游产业融合发展效应

城市	青岛	日照	烟台	威海	潍坊	滨州	东营
$R_{宏观}$	0.736	0.658	0.675	0.659	0.604	0.471	0.465
$R_{中观}$	0.802	0.621	0.639	0.681	0.585	0.483	0.571
$R_{微观}$	0.839	0.563	0.574	0.582	0.539	0.458	0.465
$R_{综合}$	0.773	0.586	0.628	0.614	0.551	0.462	0.480

资料来源：笔者整理。

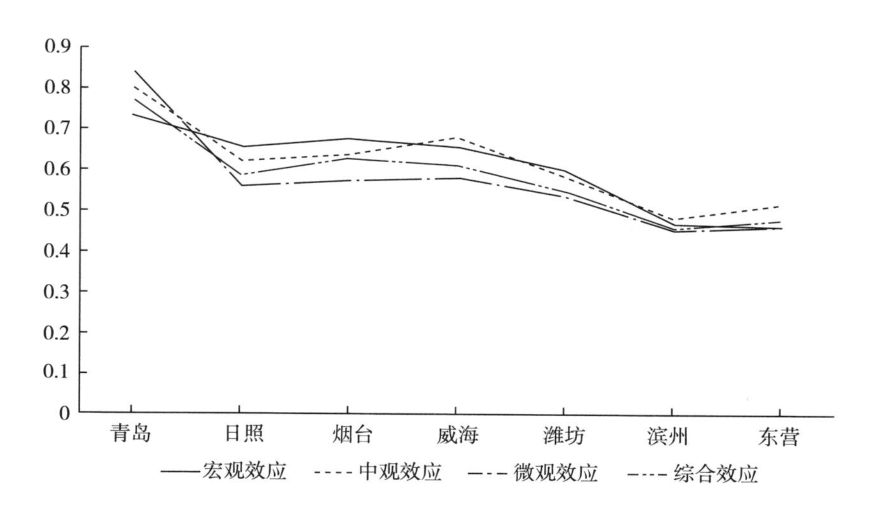

图 7-1　海洋文化与旅游产业多维融合效应折线图

资料来源：笔者整理。

五、融合度与融合效应的相关性回归分析

（一）计量模型设定与变量定义

1. 模型设定

前文融合效应的分析存在一个假设前提，即融合效应的产生源于海洋文化与旅游的融合发展。通过参考学者研究产业绩效与产业融合之间关系所使用的计量模型（毛龙凤，2020），构建实证分析模型对融合效应与融合度的关系进行检验，同时，将其他影响融合效应的因素也纳入模型中。具体设定如下：

$$Y_{it}=\alpha+\beta X_{it}+\gamma \ln HC_{it}+\omega GIN_{it}+\varepsilon_{it} \quad (7-3)$$

其中，Y_{it} 表示 i 地区 t 时期海洋文化与旅游融合效应，X_{it} 表示 i 地区 t 时期海洋文化与旅游融合度，HC_{it} 表示 i 地区 t 时期的人力资本水平，GIN_{it} 表示 i 地区 t 时期的政府投资水平，ε_{it} 表示随机干扰项，α 为常数项，其余字母为待估计参数。

2. 变量选取

被解释变量 Y：被解释变量为海洋文化与旅游融合效应，以前文研究得到的海洋文化与旅游融合效应综合评价值表示。核心解释变量 X：核心解释变量为海洋文化与旅游融合度，由于融合效应评价值是基于产业数据得出的，为保证数据来源的一致性，这里以前文从产业层面研究得到的海洋文化与旅游中观融合度数值表示。控制变量：学者相关研究表明人力资本水平和政府投资水平与融合效应存在正相关关系（冯斐，2020），以此作为控制变量，其中，地区人力资本水平（HC），借鉴学者使用的毕业生数和地区平均受教育年限测量法（周少甫等，2013），以平均受教育年限表示人力资本水平；政府投资水平（GIN），借鉴学者的研究，利用全国固定资产投资中国有固定资产投资占比度量区域政府投资水平（卢福财和徐远彬，2018）。

（二）实证结果检验与回归分析

样本数据为山东省沿海七市 2016 年、2017 年、2018 年、2019 年四个时间节点的相关面板数据。其中，地区年末人口总数、各地区不同受教育程度人数、政府固定资产投资水平等数据来自《中国统计年鉴》《中国文化及相关产业统计年鉴》《中国文化产业年度发展报告》《山东统计年鉴》《山东旅游年鉴》《山东旅

游统计便览》《山东省国民经济和社会发展统计公报》《中国文化文物统计年鉴》以及山东公共数据开放网、各市统计年鉴和社会发展统计公报等资料中的相关统计数据。

考虑到不同变量水平值数量级的差异，首先对地区人力资本水平取自然对数，然后利用 SPSS 软件对数据进行描述性统计。根据表 7-4 可知，山东省沿海七市之间政府投资水平和人力资本水平存在明显差距，反映出各市经济发展水平的分异。

表 7-4　描述性统计

变量	观测值	平均值	标准差	最小值	最大值
HC	28	8. 273	1. 326	5. 054	13. 158
GIN	28	0. 317	0. 099	0. 116	0. 586
X	28	0. 490	0. 046	0. 238	0. 572
Y	28	0. 085	0. 031	0. 011	0. 235
lnHC	28	2. 113	0. 282	1. 620	2. 577

资料来源：笔者整理。

通过对实证分析模型进行检测，发现随机效应模型比固定效应模型更适合对数据进行回归分析，表 7-5 是样本回归分析结果。

表 7-5 中第（1）列数据为只考虑海洋文化与旅游融合度，没有加入控制变量的回归分析结果，海洋文化与旅游融合度（X）系数为 0. 236，在 1%的水平上显著，表示海洋文化与旅游融合度变动一个单位，两者的融合效应变动 0. 236。第（2）列数据为加入控制变量后的回归分析结果，海洋文化与旅游融合度（X）系数为 0. 238，且在 1%的水平上显著，表示海洋文化与旅游融合度变动一个单位，两者的融合效应变动 0. 238。表明整体上随着海洋文化与旅游融合度的加深，两者的融合效应也会随之增加，海洋文化与旅游的融合会促进融合效应的提升，即融合度与融合效应之间存在正相关关系。

表 7-5　海洋文化与旅游融合度同融合效应的回归结果

变量	Y（1）	Y（2）
X	0. 236*** （0. 023）	0. 238*** （0. 025）
lnHC	—	−0. 106*** （0. 021）

续表

变量	Y（1）	Y（2）
GIN	—	-0.062* （0.024）
常数项	-0.023** （0.010）	0.230*** （0.050）
观测值	28	28
R^2	0.3823	0.5179

注：括号内为标准误，***、**、*分别表示在1%、5%、10%的水平上显著。
资料来源：笔者整理。

六、海洋文化与旅游多维融合效应存在的问题

由山东省沿海七市融合效应存在的数值差异及宏观融合效应、中观融合效应、微观融合效应存在的数值差异可知山东省海洋文化与旅游融合效应发挥不均衡，且宏观融合层面存在消费市场不成熟、中观融合层面存在区域产业链不完整、微观融合层面存在企业协作能力不足的问题。

（一）宏观层面消费市场不成熟

没有消费侧顾客需求的拉动，整个海洋文化旅游产业很容易陷入发展的死胡同（牛亚菲，1996），海洋文化旅游产品属于独特的文化消费市场，产品定价和销售策略不同于一般商品，需要通过在社会上传递正确的文化消费观念，为有需求的消费者搭建沟通桥梁，进而培育成熟的文化旅游消费市场。由前文分析海洋文化与旅游宏观融合效应的排序可知，经济增长效应、效率提高效应靠前，而市场规模扩大效应、社会福利增加效应靠后，表明现阶段山东省沿海地区海洋文化旅游融合后的消费市场尚不成熟。

虽然宏观融合发展在一定程度上促进了经济增长、提高了生产效率，但这主要是在融合发展前期，市场供给小于市场需求，融合发展对市场中产品供给方的影响较大，即对经济增长的推动效应、对于生产效率提高的效应较为明显。但随着政策融合和市场融合的推进，市场中参与融合发展的企业增多，而消费市场的不成熟导致市场需求未发生明显变化，即市场消费能力不足使得市场规模扩大效应在后期失去作用，对消费者社会福利的增强也未能显发，并因此影响市场中产

品的更新迭代，亦拖累技术融合产生的生产效率提高效应。因此，海洋文化与旅游宏观融合效应由于存在消费市场不成熟的问题而无法全面发挥，也再次印证了前文海洋文化旅游资源开发面临的障碍。

（二）中观层面区域产业链不完整

文旅融合产业链是一个复杂的产业生态系统，是产业系统内价值增值循环的“营养链”和“食物链”（李树信等，2020），产业链在海洋文化与旅游融合发展中发挥着桥梁的作用，产业间资源流动和共享需要依靠产业链链接，产业空间集聚现象需要区域具有丰富而完善的产业链支撑。由前文分析海洋文化与旅游中观融合效应的排序可知，空间区划完善效应、产业结构升级效应较为靠前，资源配置效应和产业竞争力效应较为靠后，表明山东沿海地区海洋文化与旅游融合后的产业链仍不完整。

在海洋文化与旅游融合发展前期，基础设施不完善是需要首先解决的问题，这也是中观融合发展对区域空间配套服务设施完善作用最为明显的原因。海洋文化与旅游融合发展的过程也是两大产业结构调整优化的过程，故而中观融合发展对产业结构升级效应的发挥也较明显。然而，对海洋文化与旅游融合而言，资源配置优化并不是前期就能轻而易举解决的问题，需要区域完整的产业链支撑，需要融合后期的不断磨合。区域产业链的不完整，导致产业链功能得不到优化升级，资源配置优化效应得不到发挥，产品无法提高市场竞争力，产业竞争力也就得不到实质性提高，于是资源配置优化效应和产业竞争力提高效应排名较为靠后。因而，海洋文化与旅游中观融合效应因存在区域产业链不完整的问题而在一些城市发挥不充分，在青岛等相对产业链完善的城市则表现较好。

（三）微观层面企业协作能力不足

良好的企业协作能力有助于企业组织机构间的业务沟通交流，发挥企业员工的工作技能，打通企业间产品设计、生产、销售的渠道。由前文分析海洋文化与旅游微观融合效应的排序可知，业务结构优化效应、规模经济扩大效应较为靠前，而产品创意提升效应、知识溢出增强效应较为靠后，表明现阶段山东沿海地区海洋文化与旅游企业仍存在企业协作能力不足的问题。

海洋文化与旅游融合发展初始阶段，企业之间的融合发展必定会影响企业内部的业务结构，从而产生业务结构优化效应。海洋文化与旅游融合发展带来的正面效应一定程度上可促使企业扩大生产规模，既能扩大企业自身的市场占有率，又能降低生产成本，因而微观融合发展产生的规模经济扩大效应较为明显。海洋文化与旅游融合发展具有的文化属性，决定了产品创意能力在企业发展中占据着重要地位，而产品创意提升效应更多地依靠企业员工的创意性思维，企业协作能力可显著影响员工间的交流沟通，并进一步影响员工的思维创新能力。同时，知识溢出效应与企业自身对知识吸收处理能力相关（金祥荣和叶建亮，2001），而企业协作能力在一定程度上影响着企业业务合作的范围，决定了企业所能接触到的知识，可以说知识溢出效应与企业协作呈正相关。企业协作能力的不足，限制了企业所能学习、了解的知识范围，影响了企业员工的创意性思维，进而制约着产品的创意研发，导致产品创意提升效应和知识溢出增强效应较为靠后。因此，海洋文化与旅游微观融合效应因企业协作能力不足的问题尚未充分显现，也再次印证了前文中海洋文化旅游资源开发面临的障碍。

第八章　山东省海洋文化旅游资源的多维开发策略

通过前文分析结果可知，山东省49项典型海洋文化旅游资源的平均价值约为190亿元，且绝大多数资源之间的价值总量相差较小，间接使用价值量均远超直接使用价值量（海洋科技资源除外），与实地调研过程中发现的海洋文化旅游资源开发利用水平低、潜在价值未得到市场重视、针对性的开发方案缺乏、同质化现象较为严重有关，导致间接效用未成为推动海洋文化旅游资源开发的动力。因此，基于海洋文化旅游资源价值的定量评估结果，结合实地调研成果，从宏观、中观和微观三个视角提出资源开发对策。宏观上，对山东省海洋文化旅游资源进行整合、规划开发，打造特色鲜明、类型丰富的海洋文化旅游资源带，避免同质化现象的发生；中观上，提取、凝练各市海洋文化旅游资源特色，根据其特色进行针对性开发；微观上，依据各类海洋文化旅游资源特色进行针对性开发，并通过学校教育、媒介宣传、公益演出等形式向社会大众进行普及和推广，培育受众根基，为海洋文化旅游资源带的建设奠定基础。此外，应建立省—市—县三级海洋文化旅游资源信息系统，定时更新海洋文化旅游资源相关信息，以确保及时准确地把握海洋文化旅游资源价值，从而为调整其开发策略提供数据支撑。

一、山东省海洋文化旅游资源的开发原则

目前，山东省海洋文化与旅游尚处于低级的自然融合阶段，所能产生的各种优良效应未能充分发挥，但融合发展的动力机制较为完备，市场条件和政府态度能在一定程度上给予较好的支撑。因此，在推进山东省海洋文化与旅游融合升级时，应在构建起山东省海洋文化与旅游协同机制的基础上，以青岛市、烟台市、威海市、日照市为核心，促进沿海地区的协作配合，打造山东省海洋文化旅游网

络化关联格局，推动该产业由“点”到“面”，再向网络化空间拓展。然而推进山东省海洋文化和旅游融合的横向与纵向延伸，还需要从资源使用层面继续努力，为融合提供保障支持，确保海洋文化与旅游产业顺利升级，在此之前需要确立的海洋文化旅游资源开发原则有七条。

（一）开发与保护结合

在山东省海洋文化与旅游融合发展过程中，海洋文化旅游资源的开发利用应遵循开发与保护相结合的原则，避免出现海洋文化旅游资源被闲置、低水平重复建设、优质海洋文化旅游资源被破坏的情况。如垦利海北遗址、南河崖遗址群、两城镇遗址、杨家古窑址等历史价值和科研价值高的海洋遗迹资源，除对其进行必要的保护之外，可以将它们背后的故事、拥有的文化价值、出土的部分文物等进行整理，在资源所在地或附近条件较优处建立博物馆，吸引游客，发挥资源价值；日照、滨州等地的渔民节、开海节由于数量较多、规模不一且质量参差不齐，严重影响了该类海洋文化节庆活动的发展，破坏了其海洋文化内涵，致使从事该类活动的海洋文化旅游企业无法有效整合相关资源，激烈的竞争也使其发展缓慢。因此，应把握好海洋文化旅游资源开发与保护的度，在保障其能传承的基础上高效发挥资源应有的价值。

（二）本真性与商品化均衡

海洋文化的本真性与海洋文化的商品化并不存在对立关系，“文化搭台，经济唱戏”的开发模式便是对两者共生关系的探讨，但受功利主义的制约，山东沿海部分地区存在海洋文化旅游资源过度开发的现象，致使海洋文化的商品化淹没了其本真性。如日照海战馆是海洋文化展馆，但其开发商因追求经济效益而忽视了对场馆的文化建设，导致游客满意度和回游率大大降低，展馆经营状况与日俱下。类似这样的事实证明，过度重视海洋文化的经济效益往往会忽视游客对海洋文化产品的真实性需求，其不可持续性要求海洋文化旅游产业的发展必须注重海洋文化本真性与商品化的均衡。

（三）传统性与时代性连接

海洋文化与旅游融合发展依托的资源主要为历史遗留的海洋文化遗产，在开发利用这些资源的过程中，应该坚持传统性与时代性的均衡。一方面，要保护和弘扬实质性的山东省沿海海洋文化传统，在推进旅游开发现代化、经营理念现代化、管理手段现代化的同时，坚持以传统的海洋文化为底蕴；另一方面，必须超越海洋历史文化范畴，通过结合经济、社会、科技、管理、传播等不同学科领域

的研究，实现现代化合理改进，对传统海洋文化进行创新与改良（马波，2003），使之符合现代旅游市场的需求方向。

（四）规划与管理并重

在海洋文化与旅游融合发展过程中，应将景区前期规划工作与景区点建成后的中后期管理工作纳入统一战略体系。前期规划工作须借助旅游规划领域专家、海洋文化领域专家、当地相关行政部门负责人、旅游市场领域专家等众多力量，保证规划的合理性、科学性和可行性，为景区建设奠定良好基础。中后期管理工作则主要依靠海洋文化旅游企业，通过招聘、培训等方式汇聚一批管理经验丰富的旅游人才，达到减少景区管理成本、提高景区美誉度、增加景区收入的目的。日照海战馆和海上丝绸之路博物馆截然相反的发展情况是对规划与管理同等重要的最好例证。

（五）海洋与陆地联动

山东作为“孔孟之乡”，海洋文化的发展演变不可避免地受到儒家文化的影响，山东沿海的海洋文化除了具有鲜明的海洋特征外也带有典型的内陆性，其双重属性要求在开发海洋文化旅游资源时应注意正确处理海洋与陆地的关系，加强海陆之间的联系和相互支援，满足不同受众的文化需求。如日照渔民节、羊口开海节、碣石山古庙会、毓璜顶庙会等海洋民俗资源在开发过程中，可以将儒家的祭祀文化、服饰文化等内陆文化与海洋文化有机结合起来，拓宽海洋文化旅游资源内涵，实现海洋文化与内陆文化优势互补。

（六）居民公共服务与游客服务协调

山东省沿海地区海洋文化和旅游的融合发展意味着城市对外开放度的不断提升，必然导致当地居民公共服务与游客服务不协调矛盾的出现。因此，山东省沿海各市首先要将当地居民的公共服务摆在首位，满足当地居民出行、住宿、购物、娱乐、卫生等方面的需求，提高服务质量。在此基础上预测当地旅游业发展态势，参考城市规划专家等专家意见，合理扩大基础设施规模，科学布局，实现城市空间高效利用，进行资金、人力等资源有效配置，实现居民公共服务和游客服务相协调的效果。

（七）高端市场与大众市场互补

面对不同阶层的消费者群体，山东省沿海地区在打造海洋文化旅游产品和服务时应进行市场细分，需分别针对高端市场和大众市场提供相应的产品和服务。

面对高端市场，海洋文化旅游企业的主要目的是为游客提供体验产品，使其在体验中感受海洋文化的熏陶。山东省沿海地区可通过投资硬件基础设施，打造高端旅游服务体系，开发邮轮、游艇、度假、会展、演艺、科技等高端海洋文化旅游项目，形成海洋文化旅游服务全产业链。面对大众市场，海洋文化旅游企业的主要目标是向游客普及海洋文化，培养其兴趣，为其转向高端市场做铺垫。山东省沿海地区可设置海洋人文观光、海洋文化展示、海洋文化节庆等普及性旅游产品，在“薄利多销”的盈利中传播海洋文化，培养海洋文化意识，从而为高端市场培育受众。

二、山东省海洋文化旅游资源的宏观开发策略

基于海洋文化旅游资源自身特有的突出属性和资源价值评估结果，遵循全面性、差异性、因地制宜的开发原则，打造代表山东省海洋文化特色的五条海洋文化旅游资源带。具体而言，将自然风光优美、娱乐属性强的海洋文化旅游资源串联起来，打造海洋观光旅游带；将历史价值高、受众支付意愿强、科研意义大的海洋文化旅游资源串联起来，打造海洋科考研究带；将具备海洋科普功能、海洋科技属性的海洋文化旅游资源串联起来，打造海洋科技体验带；将文化教育价值高、生活气息浓、精神启迪性强的海洋文化旅游资源串联起来，打造海洋风俗体验带；将传承困难、象征意义大的海洋文化旅游资源串联起来，打造海洋技艺传承带。

（一）海洋观光旅游带

以海洋景观资源和海洋娱教资源为主体，打造沿渤海—莱州湾—黄海的滨海观光线，如无棣大河口海滨旅游度假区—沾化徒骇河入海口—东营仙河镇—东营港—黄河口生态旅游区—潍坊寿光羊口港—北海渔盐文化民俗馆—登州古船博物馆—威海仙姑顶—莱阳丁字湾滨海度假区—胶州湾海湾大桥—日照海战馆，为游客提供海域观光、休闲垂钓、体育活动、特色住宿、娱乐体验、精神洗礼、思想升华等服务。具体而言，北部以价值总量最高的黄河口生态旅游区和价值量相对高的无棣大河口海滨旅游度假区为核心吸引点，打造以体验、娱乐为主的滨海观光休闲区；东部以高价值总量的登州古船博物馆（依托蓬莱阁景区）、威海仙姑顶和莱阳丁字湾滨海度假区为引擎，打造以“海上仙山”为主题的滨海观光体验区；南部以价值总量相对较低的胶州湾海湾大桥、日照海战馆（依托万平口景

区）为核心，打造路桥和沙滩相结合的滨海观光休闲区。山东省海洋观光旅游带如图 8-1 所示。

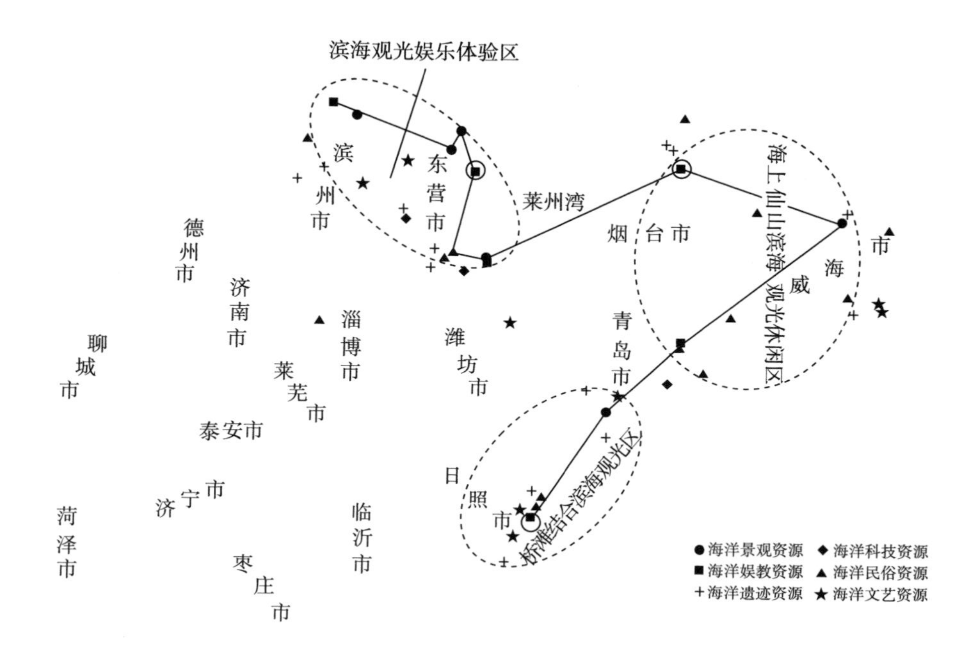

图 8-1　山东省海洋观光旅游带

此外，在综合考量海洋文化旅游资源价值量及其发展潜力的基础上，选择滨海观光线上的黄河口生态旅游区、登州古船博物馆、日照海战馆作为重要节点，结合周边海洋文化旅游资源，打造影视拍摄基地，吸引剧组、自媒体“大 V”、名人明星来此工作，实现以海洋影视带动旅游业发展，以旅游业发展促进海洋文化旅游资源的高效开发。

（二）海洋科考研究带

以海洋遗迹资源为主体，依托资源的异质性、资源价值量的差异性，打造主题各异的海洋科考线。如以杨家古窑址—垦利海北遗址—南河崖遗址群—双王城盐业遗址群为主的盐业文化科考线，其平均资源价值总量为 86.2412 亿元，主要受众为海洋考古、海洋文化、古代制盐技艺、古代海上丝绸之路等领域的研究学者；以海丰塔—庙岛显应宫遗址—威海卫塔—马濠运河—岚山海上碑为主的沿海信仰和古建筑科考线，其平均资源价值总量为 144.7591 亿元，受众为古建筑、海洋运输等领域的研究学者；以两城镇遗址—胶州板桥镇遗址—靖海卫古城—长岛北庄遗址为主的沿海古城镇（村落）溯源科考线，其平均资源价值总量为204.7360亿元，主要受众为人类起源探索、古代城镇（港口）变迁史、明代卫所制度、古代海洋贸易等领域的研究学者。

海洋科考研究带（见图8-2）的绝大多数海洋文化旅游资源地处偏僻、交通不便，且在政府的扶持下处于保护状态，缺乏多余经费用于资助科学研究。同时，其科考价值大多单一，在很大程度上导致了研究群体的小众性、有限性，难以开展持久、稳定的科考活动。因此，在考虑不同海洋科考线资源价值总量的基础上，应积极同各级院校、科研院所寻求合作，依据资源实际情况提供适当的政策、资金扶持，维护和壮大研究群体，探索未曾发现的资源价值。

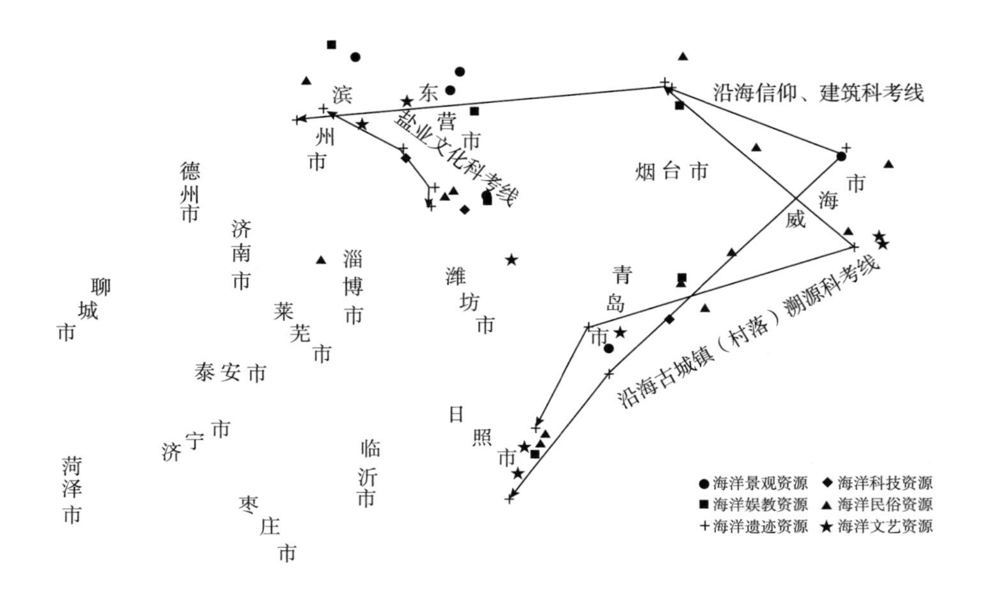

图8-2　山东省海洋科考研究带

（三）海洋科技体验带

依托海洋科技资源，以胜利油田科技展览中心、潍坊滨海经济开发区、海洋科学与技术试点国家实验室为重要节点，打造集海洋科学知识普及、海洋科技产品展示、海洋产品服务体验等功能于一体的海洋科技体验带，充分发挥和彰显海洋科技资源价值。其中，海洋科学与技术试点国家实验室的文化教育价值量最高，是其余资源的3.9~5.9倍，因此将海洋知识科普作为主要功能，根据实际情况适当提供海洋科技旅游产品销售、海洋科技旅游产品体验等服务。胜利油田科技展览中心应重拾其立馆初心，重现旅游服务功能，以海上石油的开采、提炼

等技术为核心，打造海洋科技展示区。潍坊滨海经济开发区作为新兴的海洋科技资源，虽价值总量较低，但可利用空间充足、发展潜力大，可建设充满海洋科技元素，集餐饮、住宿、文创产品、特色科技成果等于一体的海洋科技体验区。山东省海洋科技体验带如图8-3所示。

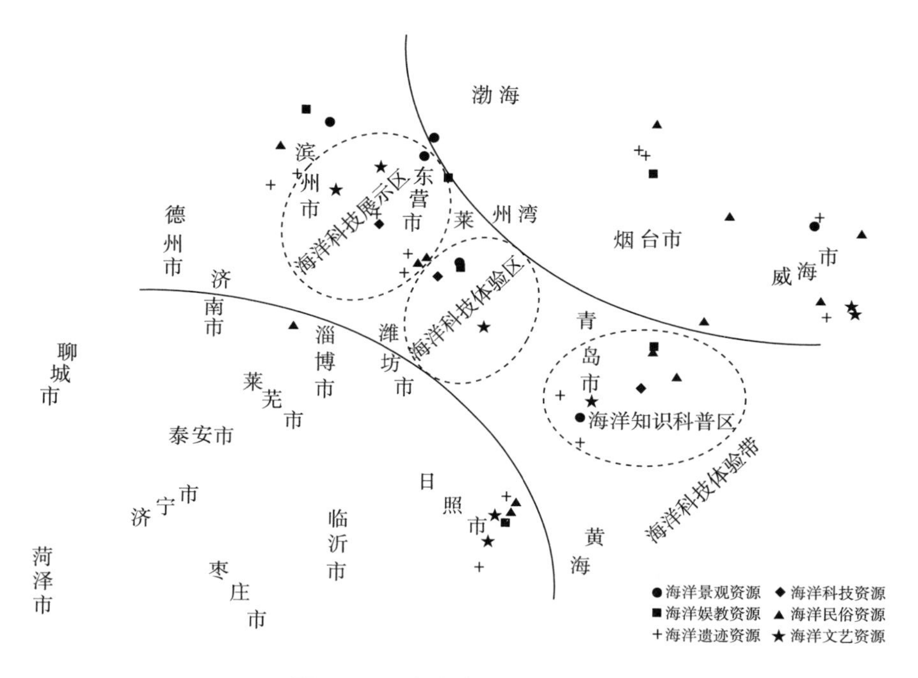

图8-3 山东省海洋科技体验带

（四）海洋风俗体验带

以海洋民俗资源和海洋文艺资源为主体，按照资源价值特性打造四条特色海洋风俗体验线（见图8-4）。一是以羊口开海节—庙岛显应宫遗址—荣成赤山明神传说—即墨田横岛周戈庄祭海节—日照渔民节为主的海洋崇拜体验线，彰显沿海居民对于海洋的敬畏之情，传达居民对于美好生活的向往。二是以碣石山古庙会—北海渔盐文化民俗馆—毓璜顶庙会—威海仙姑顶（仙姑庙会）—即墨金口天后宫为主的海洋庙会体验线，展示山东当地特色小吃、手工艺品、语言风格、娱乐活动等生活元素，再现沿海居民的传统生活风貌，作为海洋文化元素和精神的日常化呈现。三是以柳毅传说—荣成赤山明神传说—渔祖郎君爷传说—鱼骨庙传说为主的海洋传说体验线，呈现古代山东先民同海神（实质上是海洋）间的故事，弘扬沿海居民自强不息、顽强拼搏的精神。四是以沾化渤海大鼓—长岛海洋渔号—海阳大秧歌—石岛渔家大鼓为主的海洋演艺体验线，通过音乐、舞蹈动作、特色服饰等展示山东沿海人民的智慧成果和娱乐方式，传达人们美好的生活愿景。

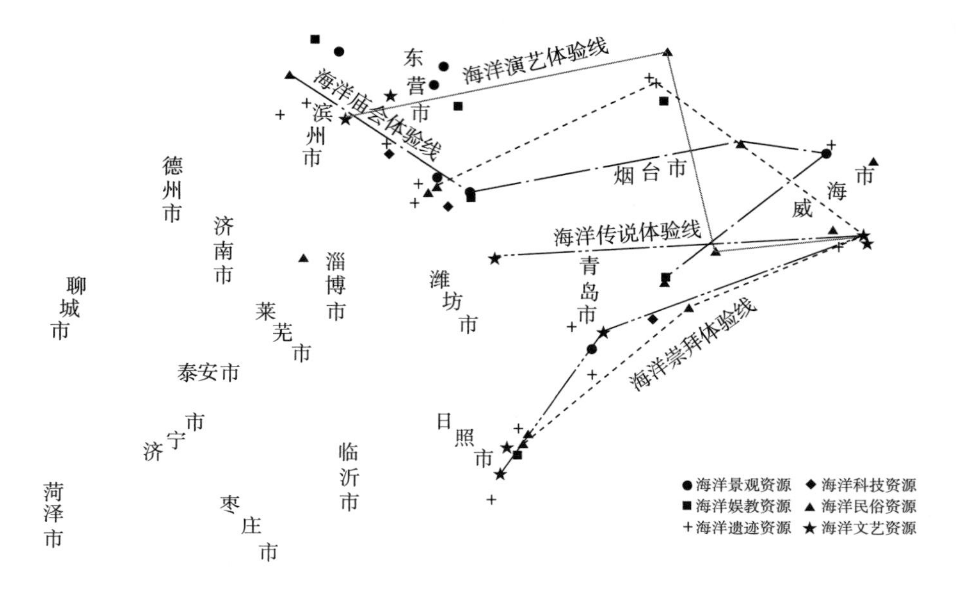

图 8-4　山东省海洋风俗体验带

其中，海洋演艺体验线的平均资源价值最低，为 96.4201 亿元，应该在继承海洋文化精神内涵的基础上，借鉴《青秀》《印象刘三姐》等演出，设计出新颖性、趣味性、体验性强的演艺产品，开拓海洋文化旅游服务价值。海洋崇拜体验线、海洋传说体验线、海洋庙会体验线的平均资源价值接近，约为 165.7935 亿元，已经历了初级的开发阶段，可在现阶段的基础上深挖其海洋文化内涵，提供高雅性、艺术性、实用性强的产品和服务。

（五）海洋技艺传承带

以海洋文艺资源和海洋民俗资源为主体，依资源特性打造两条特色海洋技艺传承线（见图 8-5）。一是以寿光卤水制盐技艺—荣成海草房民居建筑技艺—荣成海参传统加工技艺—日照踩高跷推虾皮技艺为主的海洋生产技艺传承线，承载了山东省沿海人民的生产劳动智慧，对其进行学习是对古老智慧和奋斗精神的继承和弘扬。二是以沾化渤海大鼓—芦苇画—长岛海洋渔号—石岛渔家大鼓—海阳大秧歌—满江红为主的海洋生活技艺传承线，彰显了沿海人民乐观、进取、奋发的生活态度，是山东沿海先民生活智慧和生活痕迹的见证，对其进行学习有助于今人感悟领会古人智慧、汲取精神食粮。

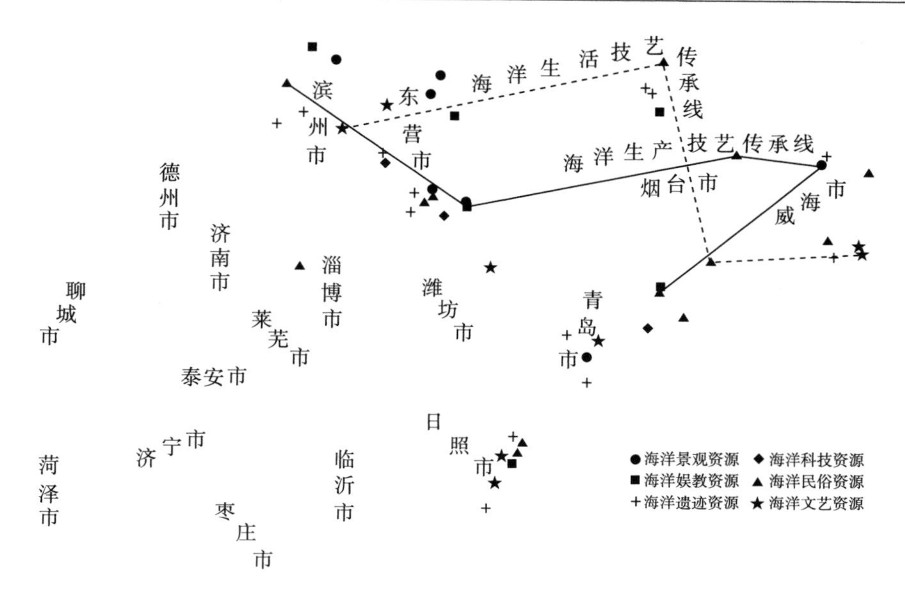

图 8-5　山东省海洋技艺传承带

海洋生产技艺传承线的平均价值为 184. 3365 亿元，且非使用价值量占比约 56%，这与当下这类资源实用性弱、象征意义强相关。考虑到生产技艺的复杂性、展示的困难性和学习的周期性，可成立专门的海洋生产技艺传承机构。机构须保持数量稳定的传承人队伍，负责向意向人群传授技艺，定期向社会公众宣传普及相关知识，并可与社会资本进行合作，开发海草房民宿、踩高跷推虾皮体验等产品和服务。海洋生活技艺传承线的平均价值为 93. 3939 亿元，其实用性弱、知名度低、与当下生活契合度低，可在考虑主流人群文化诉求的前提下，兼顾实用性、时尚性和新颖性，并按照学习者技艺掌握的熟练程度分梯次设置奖品，以吸引各个阶层的群体来此学习，利用其积极性和创造性激发出海洋文化旅游资源新的潜能。

三、山东省海洋文化旅游资源的中观开发策略

基于历史和现实的双重视角，以各市海洋文化旅游资源的文化特色和资源价值评估结果为依据，秉持典型性、因地制宜和因时制宜的原则，确立山东省沿海各市的海洋文化旅游资源开发基调，分别为青岛海商文化区、烟台仙海文化区、

威海海军文化区、日照渔家文化区、东营黄河文化区、潍坊海盐文化区、滨州庙会文化区（见图 8-6）。

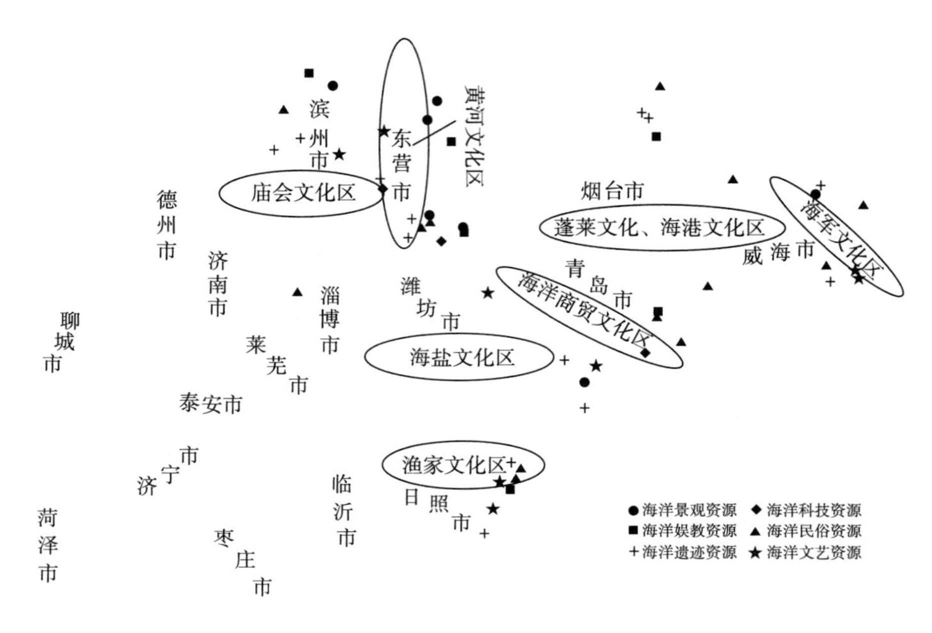

图 8-6　山东省沿海各市海洋文化旅游资源开发定位

（一）青岛——海商文化区

青岛海洋文化受本土文化、外来文化等的综合影响，是多种文化因子、多种文化特质共融一炉的统一体，具有商业属性强、物质生产粗鄙的特征。经调研发现，青岛大部分海洋文化旅游资源都已被商业化开发，甚至海洋遗迹资源这类不易开发资源的利用率也较高；但以海洋文化旅游为核心的产品和服务，其实用性强而内涵不足，作为游憩地供居民休息或作为景区获取收入，缺乏思想深度和海洋文化中应有的精神特质，导致影响力小、知名度不高。由资源价值评估结果可知，青岛海洋文化旅游资源价值总量位于山东省第二阶梯，其旅游服务价值、文化教育价值、科学研究价值、IP 授权价值等使用价值量均居山东省沿海七市前列，但在很大程度上是由其优越的经济地理区位条件所致，其资源价值开发应向融入青岛海洋文化特质、输出青岛海洋文化精神进行纵深开发。

首先，青岛作为开放、现代、活力、时尚的国际化大都市，居民素质和眼界普遍较高，文化需求层次较高，结合青岛海洋文化及海洋文化旅游资源特色，确立以进取性、开拓性、冒险性为核心的海洋商贸文化为其资源开发基调。其次，

选取胶州湾海湾大桥、马濠运河、胶州板桥镇遗址等带有海洋商贸元素的海洋文化旅游资源进行海洋商贸文化项目的重点打造，凸显其蕴含的冒险精神、奋斗精神和拼搏精神。最后，产品和服务要与城市定位相符，在实现新奇性、时尚性、创造性的基础上完成海洋商贸文化的建构与输出。

（二）烟台——仙海文化区

烟台古称登州、东莱，是“一带一路”倡议重点建设港口城市、国家历史文化名城，是山东省第三强市。经调研发现，其海洋文化旅游资源丰度高，七种类型都有涉及且数量众多，共有343项，但资源分布较不均衡，蓬莱、芝罘资源利用率要优于其他地区。总体而言，烟台资源开发的利用层次普遍不高，大多数海洋文化旅游资源仅进行了粗浅的挖掘，海洋文化精神及其内涵未得到充分彰显。由资源价值评估结果可知，烟台海洋文化旅游资源价值总量位于山东省第一阶梯，其旅游服务价值、文化教育价值、IP授权价值均居于沿海七市前列，这与其优越的经济区位条件相关，也与“蓬莱仙境”的高知名度带来的高吸引力息息相关。

因此，秉持效益最大化原则，在综合考量海洋文化旅游资源地理位置、知名度、价值等因素的前提下，确立蓬莱文化、海港文化作为其资源开发基调，并将蓬莱阁及周边海洋文化旅游资源作为重点示范区域，集中优势资源打造烟台“仙海”旅游新名片，借助博物馆、实景演出、影视演艺、游戏体验、情景Cosplay等形式丰富文化旅游形式和游客体验，以实现烟台海洋文化旅游人数跨越式增长，并带动其他海洋文化旅游资源的充分开发和利用。

（三）威海——海军文化区

威海于明永乐元年（1403年）筑成，起名威海，寓“威震东海”，后经历了第一支海军——北洋海军的建设发展和著名的甲午海战，直面黄海的地理位置使其既易于与外界交流，又容易遭受侵略，历史赋予了其浓厚的海军文化特色。经调研发现，威海海洋文化旅游资源主要分布于荣成市和环翠区，有大量海洋遗迹资源、海洋文艺资源和海洋民俗资源待开发，部分资源已面临严重传承困境，资源开发利用明显不足。由资源价值评估结果可知，威海海洋文化旅游资源价值总量位于山东省第二阶梯，非使用价值量仅次于烟台，表明受众对其潜在价值的期待很高，海洋文化旅游资源开发利用具备良好的受众基础。

首先，结合威海近代发展史和海洋文化旅游资源特征，提取、凝练其海洋文化精神、特质，确立以爱国主义为核心的海军文化作为其资源开发基调。其次，选取威海卫塔、靖海卫古城、刘公岛等带有海军元素的海洋文化旅游资源作为重点开发项目，通过建设海军文化博物馆、档案馆、影视馆、游戏体验中心等，传递和弘扬爱国主义精神。最后，以海军文化为核心和吸引点，吸引各种资本力量参与海洋遗迹资源、海洋民俗资源等的开发，实现公益性和营利性的平衡发展。

（四）日照——渔家文化区

日照地处山东半岛东南部，又称“东方太阳城”，是一个宁静祥和的城市。经调研发现，其海洋文化旅游资源开发利用不足，开发层次低，大多数海洋文艺资源、海洋遗迹资源未被开发，已开发的资源则存在设计简单、产品粗糙、缺乏文化气息等问题。由资源价值评估结果可知，日照海洋文化旅游资源价值总量位于山东省第二阶梯，旅游服务价值仅次于青岛，表明其具备较强的游客吸引力。

因此，在深入了解日照海洋文化旅游资源特色和区位条件的基础上，结合日照城市气质和人们生活习惯，确立以恬淡幽静、安宁祥和为核心的渔家文化资源开发基调，并以日照渔民节、满江红、日照踩高跷推虾皮技艺等带有渔民日常生活气息的海洋文化旅游资源为重点打造项目，展示渔民生活中的酸甜苦辣和智慧结晶，向受众提供各种渔家生活、劳作体验项目，使其更好地体会对宁静、恬淡生活的感触与珍惜，在体验中感悟人生、收获启迪。

（五）东营——黄河文化区

东营地处山东省东北部，黄河于此汇入渤海，是一个资源丰富、人均收入水平高、地广人稀的城市。经调研发现，东营海洋文化旅游资源丰度低、分布散，数量仅有 59 个，为山东省沿海七市最低，且资源主要存在于河口区、垦利区和广饶县，南北跨度大，不利于多目的地旅游路线的开发。当前，东营海洋文化旅游资源开发不足，利用率低，许多海洋文化旅游资源特别是海洋遗迹资源仅作为保护单位存在，重视历史价值而忽略经济价值，造成了资源浪费。同时，东营基础设施建设有待加强，海洋文化旅游资源所在地的交通、住宿、餐饮、购物、娱乐等配套设施欠缺，无法对游客形成吸引力，游客旅行意愿不强。由资源价值评估结果可知，东营海洋文化旅游资源价值总量位于山东省第一阶梯，非使用价值量亦居于首位，这与其拥有黄河口生态旅游区这一 5A 景区相关，但其他各项资源价值总量与之相差较大。

综合考虑上述因素，确立以文明传承、艰苦奋斗为核心的黄河文化作为其资源开发基调，并以黄河口生态旅游区作为核心打造项目和示范点来带动东营海洋文化旅游资源的开发利用。黄河和海洋在此相遇，黄河文化和海洋文化在此碰撞交融，海洋文化以其“海纳百川”的品质吸收、容纳了黄河文化的优良因子，使得东营海洋文化旅游资源带有鲜明的黄河特色。东营芦苇画、黄河沙画、黄河

口剪纸、黄河口泥陶等海洋文艺资源皆承载了东营沿海人民的生活态度和生活智慧，传承了黄河沿岸人民的精神气质，可将其作为黄河口生态旅游区开发的有机组成部分。此外，作为胜利油田的崛起地，东营遍地的芦苇和海域风光构筑了一道独特的风景线，东营沿海人民和黄河沿岸人民的艰苦奋斗精神皆在此得到彰显和见证，可以此为依托建设海洋—黄河精神教育学习基地。

（六）潍坊——海盐文化区

潍坊地处山东半岛中部，又名潍州、潍县，是世界风筝之都。经调研发现，潍坊海洋文化旅游资源丰度低且分布集中，资源数量仅高于东营，为68个，集中分布于寒亭区、寿光市两地。资源开发利用不足，开发层次低，多数海洋文化旅游资源基于传承目的而被保护起来，未得到开发，已开发的资源则商业气息较重，价值内涵未得到彰显，因此影响力小、知名度低。由资源价值评估结果可知，潍坊海洋文化旅游资源价值总量位于山东省第三阶梯，非使用价值量、旅游服务价值量均处于沿海七市第七位，其余价值量亦处于末位，这与其盐业遗迹资源多、实用性差、资源利用难度高等相关。

综合考量潍坊海洋文化旅游资源禀赋及其制盐工业的发展状况，确立以精益求精、推陈出新为核心的海盐文化作为其资源开发基调，并将寿光卤水制盐技艺、北海渔盐文化民俗馆、双王城盐业遗址群等与海盐文化有关的海洋文化旅游资源作为重点打造项目，展示盐业发展历史及制盐工艺的革新历程，推出食品、清洁用品、玩具、服装、工艺品等与海盐文化有关的系列衍生品，提供制盐工艺流程体验、海盐产品设计体验等诸多体验项目，实现在产品输送中向受众全方位地传递精益求精的海盐文化精神。

（七）滨州——庙会文化区

滨州地处山东省北部、黄河三角洲腹地，下辖4县2区1市，是齐文化的发祥地之一。经调研发现，海洋文化旅游资源主要集中分布在无棣县和沾化区两地，开发层次较低，大多数已开发的海洋文化旅游资源商业气息较重，海洋文化元素及内涵未得到彰显，且资源所在地之间缺乏顺畅的公共交通体系，游客出游仍主要依靠自驾游的方式。由资源价值评估结果可知，滨州海洋文化旅游资源价值总量位于山东省第二阶梯，文化教育价值、科学研究价值、IP授权价值均处于沿海七市末位，这与其海洋文化旅游资源禀赋差、吸引力低、交通通达性差等相关，导致学生群体、科研群体、影视行业人员等相关受众流量小，市场价值显现低。

综合考量上述因素，确立以热闹、开放、时尚为核心的庙会文化作为滨州海洋文化旅游资源开发基调，将碣石山古庙会、红庙庙会、秦皇台庙会、洪福园庙会等传统庙会进行整体规划开发，引入沾化渤海大鼓、无棣刺绣、蓝印花布制作技艺、无棣苇帘、草编、海瓷等民间工艺品，借助 AR、VR、旅游演艺、虚拟工艺流程体验等高科技形式，丰富庙会的内容，增加庙会的新奇性，提升游客的体验感，进而在有力的公共交通体系的支撑下实现人流积聚，带动海洋文化旅游资源的充分开发和当地社会经济的良好发展。

四、山东省海洋文化旅游资源的微观开发策略

经实地调研和海洋文化旅游资源价值评估结果的佐证可知，山东省各类海洋文化旅游资源整体处于较低的开发利用水准，具体表现为层级未提升、思维未转变、制度未改进、品牌未打响、市场未培养、效率未提高、宣传未普及、技术未引入，存在事业属性与产业属性对立、科学性与人文性对立、实用性与稀缺性对立、保护和开发对立、经济效益与社会效益对立、短时发力与持久发展对立等问题，且各项资源数量不均衡、资源禀赋和价值差异较大，“马太效应”显著。因此，为解决上述问题，须秉持扬长补短的资源开发原则，对海洋文化旅游资源价值量高的某一方面（如旅游服务价值、科学研究价值）要继续保持，凸显其海洋文化精神内涵，提升产品和服务的档次、品位；对价值量低甚至极低的某一方面（如文化教育价值、IP 授权价值），要在培育受众市场、强化配套设施的基础上开辟“新战场”，以促成海洋文化旅游资源各方价值联动，实现“1+1>2”的良性循环，充分挖掘海洋文化旅游资源的已有价值和潜在价值，实现直接价值量的稳中求进，扩大和提高间接价值量的充分发挥，进而使受众重新认识海洋文化旅游资源，重新衡量其支付意愿和支付意愿值，最终实现居民、游客、消费者等受众群体的自发式参与，增强海洋文化旅游资源开发的内生动力。

（一）海洋景观资源开发策略

对于青岛石老人观光园、威海仙姑顶、东营仙河镇等已开发的海洋景观资源，应在原有的自然风光优势上拓展海洋体育运动、涉海节庆会展、海洋音乐节、烧烤轰趴节等活动，以新颖、趣味、丰富、流行的内容形式会聚人气，提高其旅游服务价值；可成立景区科普中心，主要介绍资源的发展历程、特色、价值性等，并与周边中小学合作，在培育受众基础的同时实现文化价值量的提升；可打造最佳拍摄点、成立景区自媒体中心，积极扩大景区的知名度和影响力，吸引相关影视行业从业者到此取景，吸引相关出版物将其纳入，以提高 IP 授权价

值量。

对于胶州湾海湾大桥、东营港、潍坊寿光羊口港等基本未开发的海洋景观资源，应在满足实用性、安全性的前提下，考虑游客的观光、娱乐和体验需求，如胶州湾海湾大桥增设人行步道、东营港提供出海垂钓项目等，实现旅游服务价值的零突破，并以此带动 IP 授权价值量、文化教育价值量等其余部分价值量的增长。

（二）海洋娱教资源开发策略

因资源自身禀赋的优异性，山东沿海地区如黄河口生态旅游区、登州古船博物馆、莱阳丁字湾滨海度假区等海洋娱教资源在旅游服务价值、文化教育价值、IP 授权价值、非使用价值方面均表现良好，但与福州三坊七巷、南京秦淮河风景区、西安秦始皇兵马俑博物馆等省外知名娱教场所相比仍有较大差距。对此，应在保持现有产品或服务项目丰富性的同时，提取、凝练海洋文化精神和内涵，设计个性化、针对性强的海洋文化符号，结合声光电等视觉特效和丰富的体感体验形式推出时尚性、互动性、体验性、文化性强的项目，实现产品、服务同受众在精神上的共鸣和身体上的交互，从而提升海洋娱教资源的开发利用水准，不断挖掘并发挥其潜在的经济价值和社会价值。

（三）海洋遗迹资源开发策略

对于南河崖遗址、杨家古窑址、双王城盐业遗址群、垦利海北遗址等地理位置偏僻、与居民日常生活紧密度低、非使用价值量低的海洋遗迹资源，目前的市场化前景较差，难以转化为接受度高的产品，应以保护为主，并借助高校、科研院所和社会媒体的力量向周边民众宣传、普及其价值的重要性，为其市场化奠定受众基础。对于长岛北庄遗址、两城镇遗址、马濠运河等非使用价值量高的海洋遗迹资源，应以宣传其历史价值和文化价值为重点，通过在资源所在地兴建博物馆，增加在出版物中出现的频率和比重，制作专题纪录片，设计带有其文化元素和内涵的系列衍生品等，提高该类资源的科学研究价值量和 IP 授权价值量。

对于庙岛显应宫遗址、胶州板桥镇遗址、海丰塔等已开发的海洋遗迹资源，可从提升文化水准、丰富内容形式、提高情感体验三个方面入手提升开发层次。如景区可借助历史学者、文化学者的力量梳理、提炼其文化元素和精神内涵，形成初步的文本大纲，借助导演、编剧等相关人员的力量将其转化为一个或系列剧本，并在专业演员的帮助下组织当地民众将其演绎出来，进而实现资源价值挖掘和带动当地居民就业的双向良性互动。

（四）海洋科技资源开发策略

因资源自身条件的特殊性，海洋科学与技术试点国家实验室、潍坊滨海经济开发区等海洋科技资源在文化教育价值和科学研究价值方面位居首位，但未实现旅游创收。因此，可在保障正常工作的前提下，凭借其雄厚的科技资源和人才资源开拓旅游服务业务，实现资源高效利用和经济效益提升的双赢。如可在当地交通通达性高的地方建立海洋科技体验中心，依靠科技优势和文化元素打造充满海洋科技风格的餐饮区、住宿区、体验区、文创产品区和高端科研产品区等，发挥其旅游服务价值；可定期通过线上与线下相结合的方式向社会公众免费普及海洋科技知识，并对海洋科技充满兴趣和学习热情的群体提供精品讲授服务，提高社会公众对海洋科技资源的认知度和认同度，实现以公益性带动资本性，促进资源价值量的全方位析出。

（五）海洋民俗资源开发策略

由资源价值评估结果可知，山东省沿海地区海洋民俗资源的旅游服务价值、文化教育价值、科学研究价值均处于末位，这与其处于中游水平的非使用价值量不相匹配，反映出受众对目前的开发利用状况不甚满意。因此，可学习借鉴嵊泗贻贝文化节等，提炼碣石山古庙会、即墨田横岛周戈庄祭海、毓璜顶庙会等民俗资源的海洋文化元素和精神，丰富其表现内容和形式，塑造其庄重性、仪式感，打造属于自身特色的文化风格。此外，还可借助线上线下意见征询、众筹等方式为寿光卤水制盐技艺、日照踩高跷推虾皮技艺、长岛海洋渔号、海阳大秧歌等民俗资源提供资源开发方案的选择和启动资金的筹备，充分尊重受众的意愿，激发其创造性，以实现资源的精准、高效开发。

（六）海洋文艺资源开发策略

由资源价值评估结果可知，山东省沿海地区海洋文艺资源的非使用价值量和IP授权价值量普遍较低，表明受众对其了解度处于较低水平，开发应以宣传普及资源知识、培育受众市场为主。对于满江红、芦苇画、沾化渤海大鼓等具有实物形式的文艺资源，因实用性低、效益性差，应在政府牵头、民众主导、社会参与的力量格局下组建资源传承队伍，通过表演展示、技艺教学、网络宣传等方式潜移默化地扩大其辐射范围，提升受众对该类资源的认知度和认同度。对于荣成赤山明神传说、柳毅传说、渔祖郎君爷传说等无实物形式的文艺资源，重点在于无形资源的有形化、产品化，可借助影视演艺、小品相声、主题游戏、情景扮演等形式提升受众的感知度，满足受众的参与感，进而使受众自发投身于海洋文化旅游资源的欣赏和开发过程中。

第九章　山东省海洋文化与旅游多维融合发展的协同机制与提升方案

一、海洋文化与旅游多维融合发展的主体角色定位

针对海洋文化与旅游宏观融合层面存在的重市场营销轻融合创新、消费市场不成熟的问题，建议政府发挥顶层设计和舆论引导的作用，让消费者树立正确的消费观念，引导和规范海洋文化旅游市场；企业打通海洋文化旅游产品服务生产及销售渠道，重视市场消费需求的变动，基于优势资源积极创新研发；消费者对海洋文化旅游产品进行评价，完善市场评价机制；社区提供便利的海洋文化旅游消费周边服务，发挥基层服务组织的支撑性，延伸融合发展的市场空间；中介搭建政府和企业沟通的桥梁，协调两者之间的关系，确保市场竞争活力。

针对海洋文化与旅游中观融合层面存在的重景观资源轻产业链架构、区域产业链不完整的问题，建议政府发挥政策激励和市场监督的作用，转变企业落后的资源开发方式和盈利模式；建议运营良好的企业树立典型示范引领作用，初创企业借鉴行业内成熟的经营模式，增加企业间的业务交流，不断开拓新的价值增值点，完善产业链环节和功能；建议社区保护传承海洋文化遗产，中介搭建海洋文化旅游资源流通平台，确保海洋文化与旅游资源的原真性，提高海洋文化旅游产品开发品质，实现海洋遗迹资源、海洋文艺资源、海洋民俗资源、海洋娱教资源和海洋科技资源等价值的全面发挥。

针对海洋文化与旅游微观融合层面存在的重产品竞争轻人才培养、企业协作能力不足的问题，建议政府发挥公共服务作用，多为市民提供海洋文化公益性宣传和展览服务，提高社会整体的海洋文化鉴赏能力，为海洋文化旅游专业人才的培养提供良好的社会环境；企业更新发展理念，筹措充足的资金提高自身协作能

力，强化行业内交流沟通，并加强专业化人才的引进和培养，提高企业对资源的改造和产品的创意设计能力；消费者提高自己的文化素养，引导海洋文化旅游产品和服务的优化升级，促进企业对跨界协作和创新能力的重视。

（一）政府角色定位

1. 发挥顶层设计作用

顶层设计是实现海洋文化与旅游融合的重要前提，长期以来海洋文化和旅游在行业管制、法律政策制度框架内各自独立发展，大量行政垄断和部门分割现象导致海洋文化与旅游的融合常常是“纸上谈兵”。过高的产业集中形成了进入壁垒，导致相互独立的产业融合边际成本递增，加强顶层设计是海洋文化与旅游实现真正融合的基础。在海洋文化与旅游融合发展前期，山东省各级政府实际上充当着经营者的角色，需要在宏观上对两者融合的大方向进行把握，明确两大产业融合的定位和侧重点，以市场为主导，充分把握市场发展趋势和文旅发展条件，根据市场的反馈情况，制定好海洋文化与旅游融合发展的相关规划和法律法规，做好战略上的部署和政策上的引导。

首先，山东省各级政府应发挥战略领导作用，在海洋文化与旅游融合中充分做到“有所为，有所不为”。通过积极的产权体制改革，清除两者融合的羁绊，充分放权给海洋文化与旅游单位，在关键环节充分发挥政府的调控、引导功能，积极鼓励海洋文化与旅游企业间的合作，为其发展提供便利的通道，营造良好的外部环境。其次，山东省各级政府应构建海洋文化与旅游融合机制，通过积极改革和创新打破传统产业分立而导致的多种管制格局，建立融合信息与数据平台，通过加强信息沟通与协作，形成海洋文化与旅游相关部门之间相互支持与互动发展的格局，逐步打开海洋文化与旅游融合的实际操作空间。再次，山东省相关政府部门应建立海洋文化与旅游融合发展区域规划，通过加强海洋文化旅游资源普查与整合，秉持互通有无的原则，制定海洋文化与旅游融合步骤和方案，在区域空间上科学合理布局、共同谋划，突出海洋文化与旅游融合的效益与质量，打造区域一体化的海洋文化与旅游融合发展模式。最后，山东省各级政府还应积极建设海洋文化与旅游基础设施，鼓励企业进行海洋文化旅游投资，出台相应政策文件在社会上形成保护海洋文化旅游资源、发展海洋文化旅游产业、培养海洋文化旅游专业人才的环境，在两者融合逐渐走向成熟过程中，把握其发展趋势，协调与各相关部门之间的关系，不断调整海洋文化与旅游发展方式，优化其发展方向与整体战略。

2. 引导社会舆论氛围

目前，山东省海洋文化和旅游还处于低度融合阶段，因融合而出现的创新性

产品并没有被旅游者普遍接受，一方面是游客的总体收入水平还不够高，低收入限制了海洋文化与旅游产品市场的发展；另一方面是游客的传统消费理念没有彻底转变，对创新型产品往往采取暂时观望的态度。拥有积极的舆论氛围是海洋文化与旅游稳定、持续、深度融合的先决条件，舆论氛围的营造需要依靠山东省各级政府发挥引导作用，适时根据新的发展形势，主动、正确地引导舆论，使开发者对海洋文化与旅游融合的影响、潜力和效益有深刻的认识，激发各方的积极参与。在引导游客合理消费的过程中，山东省各级政府可以加强与企业的合作，通过为企业制定合理的广告宣传政策，加大对创新性海洋文化旅游产品的宣传力度，促使创新性海洋文化旅游产品通过现代传媒技术和营销手段被消费者熟知，在潜移默化中提高游客对新产品的认知能力和接受能力。同样地，山东省各级政府近几年可通过一系列专题新闻发布会、政府工作报告等，宣传党和政府在推进海洋强国战略方面的方针政策，不断发挥宣传工作对引导海洋文化与旅游融合的积极推动作用。

3. 提供公共文化服务

虽然公益性的公共文化服务与商业性的文化产业分属两种发展模式，但两者都致力于满足人们的文化需求，公共文化服务是满足社会公众一般性、基础性的文化需求，文化产业则是满足社会公众特殊性、个性化的文化需求，当基础性文化需求得到满足时，社会公众的文化需求就会上升为特殊化、个性化需求，就需要发展相应的文化产品，满足公众高级化、小众化的文化需求。因此，游客对海洋文化旅游产品消费的基础是建立在政府向公众提供海洋文化旅游公共服务基础之上的。海洋文化与旅游融合形成的海洋文化旅游产业仍然属于旅游活动，大众的积极参与和支持是其发展的关键。政府通过发挥其公共服务作用，为大众提供相应的海洋文化知识展馆、海洋文化博物馆等公共文化旅游设施，可以加深大众对海洋文化的了解，激发他们参与、体验更深层次海洋文化旅游项目的兴趣和热情。因此，山东省各级政府向大众提供海洋文化旅游公益性产品或服务，更有利于培养商业性海洋文化旅游产品的消费，因而能够加大海洋文化旅游市场需求，对海洋文化与旅游融合形成更强劲的拉力。

4. 开展市场监督管理

市场是配置资源最有效的方式，也能够为企业提供良好的融资渠道，提供交流合作的平台，同时市场也是检验海洋文化与旅游融合效果与质量的依据。山东省海洋文化与旅游融合的目标是通过优化产业结构的方式寻求新的利润增长点。能否实现这一目标，关键要看新的海洋文化与旅游产品是否能得到市场认可，因此，发挥山东省各级政府的市场监督作用，可以保障市场良好的检验和反馈功能，有助于评价并提升海洋文化与旅游融合的力度与效果。目前，山东省海洋文化与旅游融合已经呈现多层次、多领域并进趋势，各级政府在把握两大产业融合方向、营造良好融合环境的同时，还应承担起对市场监督的责任，通过建立公平合理的市场运行机制促进两者的深度融合。具体来看，山东省各级政府应减少对市场的直接干预，通过完善市场运行机制，充分发挥市场配置资源的功能，促进海洋文化旅游资源跨地区、跨行业流动，达到资源的最优化使用。同时，做好市场监管，设置健全的管理制度和严格的法律法规，规范企业运作，维护海洋文化旅游产品生产、交换、消费等各个环节的正常秩序，使海洋文化与旅游融合发展在竞争中不断地完善内部结构，提升市场竞争力。

5. 制定优惠激励政策

海洋文化与旅游融合时，常面临资金短缺的风险，尤其在两者融合的初级阶段。为了充分加深两者的融合程度，获得更好的经济和社会效益，山东省各级政府应该重点提高对海洋文化与旅游相关企业的资金扶持力度，也可通过向相关企业提供各种财政补贴、税收优惠、土地优惠、信贷配给等优惠政策，大力促进海洋文化与旅游的融合。如在《山东省精品旅游发展专项规划（2018—2022 年）》文件中，设计了发展海洋旅游精品工程及对精品旅游的资金支持政策，对海洋文化与旅游融合发展具有重要的支持和激励作用。山东省各级政府发挥优惠政策激励的具体办法有三种：第一，合理增大财政拨款，帮扶融合企业的发展；第二，开设专项基金，如海洋影视旅游基金，给予资金上的支持；第三，建立专门的融资交流渠道。由于现阶段山东省海洋旅游企业和文化企业上市较为困难，两者的融资能力一直较为薄弱，山东省各级政府可以通过融资平台使相关企业和投资者更为顺畅地交流，弱化信息不对称带来的损失。

（二）企业角色定位

1. 筹措充足的资金支持

山东省海洋文化与旅游的融合发展是对原有产业结构的一次革新，文化项目和旅游项目的开发建设本就耗资巨大，海洋文化与旅游融合发展所催生的海洋文化旅游资源开发项目自然需要雄厚的资金支持。参与融合发展的企业单纯依靠当地政府提供的优惠政策和奖励性资金不足以持续地发展下去，大量的人、财、物的投入也会给当地政府带来巨大的资金压力，因此，需要充分发挥民间资本及企业自有资金的优势，解决大型海洋文化旅游资源开发项目建设前期资金投入巨大、后期资金回收缓慢的问题。近年来，国内互联网产业发展迅速的一个原因是国内风险投资操作的逐渐成熟，山东省海洋文化与旅游融合发展可以借鉴互联网产业的方式，除了积极引进参与融合发展的企业资金之外，还应当设立合适的股权收益分配模式，引进更多的民间风险投资资本，充实融合发展的资金库。这样

既能有效缓解参与海洋文化与旅游融合发展企业自身的资金压力，提高参与融合发展企业的积极性，又能为外界资金创造良好的投资环境，有利于资金的有效流通和利用。

2. 借鉴成熟的管理模式

参与海洋文化与旅游融合发展的企业主要为两大类，第一类是新成立的专注于从事海洋文化旅游业务的企业，第二类是从文化产业、旅游产业、酒店住宿业等相关领域转型而来从事海洋文化旅游业务的企业。第二类中的大多数企业在自己的专业领域内摸爬滚打多年，拥有较为丰富的管理经验、较为成熟的管理模式，而海洋文化与旅游融合发展形成的新型产业模式亟须借鉴这种管理模式，克服新型产业初期出现的效率低下、资源配置不合理等弊端。同时，第二类企业的高管人员通常拥有较高的管理水平，由他们参与海洋文化与旅游融合发展的进程，可以精简企业管理流程、提高项目运营效率。海洋文化与旅游的融合发展牵涉众多参与者的利益博弈，为减少不必要的争端和摩擦，推动融合顺当无误地进行下去，需要先进的企业管理经验和高层次的管理人才。同时，为保证融合发展后的企业高效率连接和运营，企业内部必须要设计合理的薪酬体系、监督考核体系以及一系列的人才引进、培养策略等，而这种管理流程大多是可以借鉴原有企业的管理经验快速学会，并根据实际情况充实完善的。

3. 打通产品的产销渠道

保障海洋文化旅游产品生产和销售渠道的畅通，对相关企业快速成长并占领市场来说十分关键，海洋文化与旅游融合发展形成的企业在业务培育阶段，需要打通产品和服务供应链的前端，确保能及时接触到海洋民俗、海洋文艺、海洋遗迹、海洋科技等文化旅游资源，为产品和服务的设计提供灵感。海洋文化旅游产品完成生产后需要尽快推向市场，寻找合适的销售推广渠道，将产品和服务推向自己的目标客户，实现从产品到资金的变现过程。同样，海洋文化旅游产品在市场上的宣传和销售需要契合消费者的需求，一个成功的营销广告能够大大提高海洋文化旅游产品的曝光率，吸引更多的消费者，进而形成良性的循环发展模式。参与融合发展的大多数海洋文化企业、旅游企业在从事海洋文化旅游业务前，拥有自己稳定的客户群和业务合作伙伴，可以通过发挥自身客户和渠道优势，尽早完成海洋文化旅游产品生产线及销售网络的建立。

4. 树立典型的示范引领

山东省海洋文化与旅游融合使得原有的价值链和产业链发生了变化，通过重组实现了新产品的创造，而新产品的核心竞争力主要体现在品牌效应上。海洋文化和旅游相关企业在融合过程中，应打造符合山东省沿海各地海洋文化特色的产品和精品，立足消费市场，让企业享受融合带来的经济和社会效益。海洋文化与旅游的融合属于新型的产业发展方向，只有选取行业内融合发展较好的示范企业，将其相对成熟的管理运营模式进行推广，为众多参与融合发展的企业树立典型示范引领作用，才能形成品牌效应，在市场中扩大山东省海洋文化旅游产业的影响力。在选取融合发展企业作为示范时，可以选择旗下运营的特色海洋文化旅游产品及线路，也可以选择新型海洋文创产品系列，或者是众多项目形成的独具一格的产业园区，其共性需是特色鲜明，能够对游客形成强烈的吸引力，具备市场典型性。通过选取具有典型示范性的企业作为行业学习对象，发挥其引领作用，带动更多企业深化海洋文化与旅游的融合，扩大两者融合发展的效应。由于典型示范企业的存在，能够吸引更多的投资者对山东省海洋文化与旅游融合发展进行投资，深入挖掘山东沿海的海洋文化旅游资源，推动山东海洋文化旅游产业的发展壮大。

（三）消费者角色定位

1. 引导产品优化升级

企业生产的产品和服务需要得到消费者青睐并购买才能实现其价值，相比于一般性的物质消费品，海洋文化与旅游融合发展所催生的产品和服务并不属于人们日常生活当中的必需品，因而消费者在海洋文化旅游产品市场中相对占据着主导地位，即消费者的选择权与购买权决定了海洋文化旅游市场的需求和企业的供给，尤其是在海洋文化与旅游融合发展后期，产品和服务相对丰富时。随着社会经济的快速发展、市场中消费者对精神文化的需求逐步增多，引导着越来越多的企业参与海洋文化与旅游融合进程，催生海洋文化旅游产品。市场中消费者的消费行为与其个人的需求心理、消费习惯、消费理念息息相关，并受到个人购买能力的限制，市场中差异化的消费需求也引导着企业对海洋文化旅游产品进行差异化定位。同时，市场中消费者的消费心理逐渐成熟、消费标准逐渐提高、消费需求逐渐多样，都必然引导着企业对原有的产品和服务进行优化升级，从而在海洋文化旅游市场中实现“优胜劣汰”。

2. 完善市场评价机制

良好市场秩序的构建少不了监督环节，除政府机构监督、新闻媒体监督外，由众多消费者组成的舆论和社会监督是市场秩序良好运营的有效环节。消费者在海洋文化旅游市场中扮演着产品和服务的选择者、购买者的角色，同时又是海洋文化旅游产品品牌的认知者、使用者和评价者。因此，衡量产品和服务好坏的标准可以从众多消费者的评价中获得，这样既弥补了政府管理机构对海洋文化旅游市场抽样调查带来的不足，又降低了市场评价的行政成本，同时还提高了市场评价的质量。在自由竞争的市场上，产品和服务能否获得消费者的青睐是评价一个

企业是否具备市场竞争力的标准。由于消费者拥有对海洋文化旅游产品的选择权，在一定程度上，消费者便是海洋文化旅游市场的决定者，消费者在互联网时代形成的巨大监督体系，能够有效督促海洋文化与旅游的相关企业坚守诚信原则，保障产品和服务质量。

（四）社区角色定位

1. 发挥基层组织的支撑性

山东省海洋文化与旅游的融合发展不仅体现在景区，还发生在颇具特色的沿海村镇中。在乡村振兴背景下，独具特色的历史文化古村落造就了一大批颇具观赏性、体验性的社区，尤其是坐落在景区周边的社区，因其地理位置和海洋文化旅游资源的独特性往往也被纳入海洋文化旅游的消费支撑体系。如大力发展全域旅游和乡村振兴的青岛市，出现了一大批风景优美的社区，位于太清游览区附近的青山渔村，因其建筑颇具特色、风景格外优美，获评首批“国家级传统村落”，常有游客来此休闲度假，领略山海渔村的独特风情。作为海洋文化旅游的好去处，社区本身承担着景点的文化旅游消费功能，因此，社区内部不仅需要完善相应的接待服务设施，如餐饮店、民宿小屋、文旅纪念品商店等，而且要保持社区的干净整洁，提高社区建筑特色的格调。作为著名景点附近的社区，同样需要完善海洋文化旅游服务供给功能，主动将社区经济发展纳入海洋文化旅游的经济体系，实现景区经济和社区经济之间的良性互动。

2. 确保海洋文化的传承性

社区内的传统建筑本身便是文化资源，承载着浓厚的文化气息，社区内的居民以及居民的日常生活共同组成了海洋文化场景，游客到社区可领略山海渔村的独特建筑，参与热闹隆重的民俗活动，并在当地体验滨海生活的丰富多彩。如游客在夏天来到青岛市滨海村落参加捕捞海蜇、腌制海蜇的活动等，都离不开以社区为基础的居民日常行为及生活的支撑。随着现代化生活的日新月异，居住在沿海村镇社区内的人们也有追逐便利生活的需要，这也是传统海洋文化逐渐变迁的原因。因此，社区在保证居民日常生活逐步现代化的同时，也应注重培育成熟的特色海洋文化旅游产品，串联海洋文化旅游线路，打造海洋文化旅游核心区，在充分发挥海洋文化旅游资源原真性、完整性的同时，形成新型海洋文化旅游社区运营模式，运用市场力量确保海洋文化旅游资源得到传承和发展。

（五）中介角色定位

1. 搭建资源流通平台

海洋文化与旅游的融合发展需要多方角色的参与，尤其是海洋文化和旅游之间的产业合作必不可少。海洋文化旅游资源的流通和整合是海洋文化与旅游融合发展的基础，而参与融合发展的企业之间的业务合作有一个从陌生到熟悉的过程，中介角色的加入恰好加快了这个难题的解决。中介凭借着丰富的人脉和以往的业务操作经验，可为市场上亟须合作的企业牵线搭桥，加快海洋文化旅游资源的流通和整合，广泛促成企业之间的业务合作。现阶段较为成熟的展览公司和会展公司在市场中所充当的便是中介角色，通过在固定的时间举办固定的展览会，为市场上的企业提供交流合作的平台，可帮助企业寻找合适的业务合作伙伴。随着互联网的发展，中介公司已开始搭建线上平台为企业提供资源、信息协调服务，解决了线下展览所出现的时间、空间有限的难题。在山东省海洋文化与旅游的融合发展中，以山东智业文化发展有限责任公司为代表的众多中介公司为参与融合的各方企业搭建沟通桥梁，方便各方之间的资源流通和业务合作，便是例证。

2. 协调政府企业关系

中介并不单单指以盈利为目的的企业组织，还包括介于政府与企业之间，生产者与经营者之间，为其提供咨询、沟通、监督、协调、规范等服务的行业协会。海洋文化与旅游的融合发展是一个多方博弈的过程，融合发展的顺利实施离不开政府的大力支持、企业的奋发图强、渠道商的鼎力相助，而牵涉其中的利益分配成为影响融合发展的关键性环节。行业协会可以有效避免政府过度干预的弊病，增强企业间的合作和交流，同时协助政府制定和实施行业发展规划、产业政策、行政法规，在政府和企业之间扮演着缓冲区的角色，在保障海洋文化与旅游融合发展不受政府行政权力影响的同时，又不至于触犯政策红线。作为企业之间沟通交流的平台，参与融合发展的众多企业可以通过行业协会商谈、协作的方式避免陷入恶性竞争，维持市场的良好秩序。

二、海洋文化与旅游多维融合发展的协同机制构建

海洋文化与旅游宏观融合发展需要地方政府的引导、高新技术的支撑、成熟的消费市场驱动，为确保海洋文化与旅游融合发展能够拥有有序的市场环境、完善的政策制度以及较为成熟的消费观念，从宏观环境层面构建保障协同机制，为海洋文化与旅游融合发展提供良好的发展条件。海洋文化与旅游中观融合涉及上下游产业链的各方参与者，市场各方参与者之间的合作协调状况共同决定了产业融合度及融合效应，为确保海洋文化旅游资源的供给与应用、产业链上下游中间

商的配合与协作、产业集群业务功能的拓展与完善，从中观产业层面构建运营协同机制以协调企业、政府、消费者等融合发展参与者之间的关系。海洋文化与旅游微观融合发展既包括产品和服务的融合，又包括人才和机构的融合，且创意思维和设计理念主要以企业组织为单位，为提高产品服务创新、机构组织创新和人才培养创新，从微观企业层面构建创新协同机制，优化海洋文化与旅游企业的融合路径及模式，为产品生产设计提供创意支持。由前文分析可知，海洋文化与旅游融合发展的动力因素包括拉力、推力、支持力和阻力，为有效发挥融合发展的拉力、推力和支持力，尽可能减少融合发展所受到的阻力，确保海洋文化与旅游多维融合的顺利进行，构建动力协同机制为海洋文化与旅游融合发展提供动力支持。综上所述，海洋文化与旅游融合发展协同机制如图 9-1 所示。

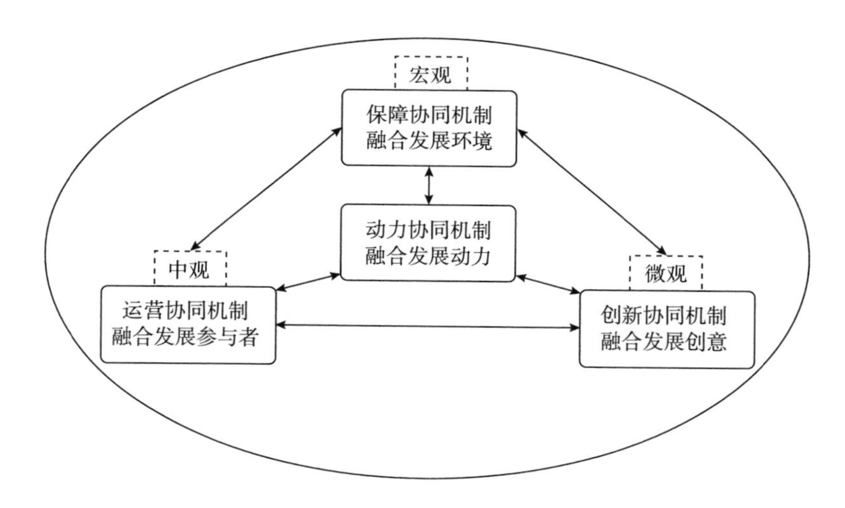

图 9-1　海洋文化与旅游融合发展协同机制

资料来源：笔者整理。

（一）保障协同机制

海洋文化与旅游的融合发展需要地区政府的大力支持，政府制定的产业发展政策是融合发展的指南针，政府制定的税金优惠政策可有效解决融合前期资金缺乏的难题。政府是市场的监管者，可以借鉴其他产业发展理念，适当改革市场监管体制，引入消费者评价体系，提高海洋文化旅游产品的竞争活力，保障海洋文化与旅游融合发展的潜力发挥。同时，政府还承担着为社会消费服务兜底的角色，消费者文化消费需求的满足离不开政府对既有市场产品结构的改革，对市场准入门槛的降低，以及对海洋文化旅游资源自由流动的允许。此外，海洋文化与旅游应该主动拥抱高新科技，搭乘高新科技这辆快车加快融合发展进程。对参与海洋文化与旅游融合发展的企业来讲，为消费者提供优质的海洋文化旅游产品，为丰富悠久的海洋文化旅游资源找到新的价值依托，是融合发展顺利的有效保障。

（二）运营协同机制

海洋文化与旅游融合发展涉及上下游产业链的各方参与者，市场各方参与者之间的合作协调状况共同决定了融合度及融合效应的显现，因而运营协同机制主要针对中观产业融合层面，包括确保海洋文化旅游资源的供给与应用、产业链上下游中间商的配合与协作、产业集群业务功能的拓展与完善。从海洋文化旅游产品生产流程来看，产业链上游海洋文化旅游资源是产品和服务设计的灵感来源，产业链下游实体店是产品和服务面向消费者的销售终端，政府则需要出台政策法规维持市场秩序，海洋文化与旅游融合发展的良好进行离不开市场各方参与者的良好合作。政府负责保护海洋文化旅游资源，规范海洋文化旅游产品市场，确保融合发展的良性竞争；企业负责发挥创意，为市场顾客提供产品服务；行业协会负责产业信息协同，为政府与企业提供合适的洽谈渠道。

（三）创新协同机制

海洋文化与旅游融合发展，既包括产品和服务层面，又包括资源、产业链、人才和机构层面，而创意思维和设计理念又主要以企业组织为单位，因此创新协同机制主要针对微观企业融合层面，包括产品设计创新、机构组织创新、人才需求创新。创新协同机制的构建应该以部门或工作小组为单位，积极推进海洋文化旅游产品和服务创新，优化海洋文化和旅游产业结构。海洋文化和旅游企业可以设置员工职位轮岗，设立企业大学，或者和政府部门、高校机构合作，设置实践性的学科培养模式，创新企业人才培养模式，迅速提高员工的实践能力，有针对性地获取紧缺型人才，解决高层次人才缺乏的难题。同时，生产设计部门是企业运作的基础，营销推广部门是海洋文化旅游产品和服务走向市场的前沿阵地，售后保障部门关乎产品声誉和形象，危机公关部门则是负责解决面临的突发问题，为优化企业组织架构并加强各部门的良好合作，可以制订部门员工轮岗计划，定时组织聚会和娱乐活动等，加强员工之间的沟通交流和协作，增进部门和部门之间、员工和员工之间的了解，提高企业整体的运营效率，加快对海洋文化旅游资源的创新利用，促进海洋文化与旅游融合发展。此外，企业还可以成立专门的技术研发和创意思维中心，紧跟时代潮流，搭乘高新科技的快车，提高海洋文化旅游产品、服务多样性和科技、创意含量。

（四）动力协同机制

海洋文化与旅游融合发展的动力因素包括拉力、推力、支持力和阻力，动力协同机制的构建便是要有效发挥拉力、推力和支持力，尽可能减少融合发展所受到的阻力，因此，要发挥政府政策对融合发展的支持和引导，发挥市场需求对融合发展的促进作用，发挥高新科技对融合发展的推动作用。具体而言，政府要平衡规划指导和市场自由发展的关系，有效发挥上层规划效应，指导企业融合发展的方向，保障融合发展实现海洋文化旅游资源物尽其用、高层次员工人尽其才。海洋文化与旅游企业要及时掌握市场状况，根据市场需求的变化及时调整公司运营策略，通过员工培训、专家咨询、实地调研的方式提高企业内部生产力，同时重视高新科技的研发和利用，提高产品生产的创意化思维，打造符合社会消费需求的海洋文化旅游产品。

三、海洋文化与旅游多维融合发展的提升方案制定

由前文分析可知，针对海洋文化与旅游宏观融合存在的重市场营销轻融合创新、消费市场不成熟的问题，提出市场培育方案，以培养社会大众的消费习惯，提高市场需求规模与结构。针对海洋文化与旅游中观融合存在的重观光资源轻产业链架构、区域产业链不完整的问题，提出资源使用方案，以提升资源的开发价值，优化海洋文化旅游资源配置效果，提高资源利用率，完善产业链功能。针对海洋文化与旅游微观融合存在的重产品竞争轻人才培养、企业协作能力不足的问题，提出企业协作方案，建立企业合作机制，改进企业协作效能，共同培养复合型专业人才。此外，聚焦多维融合发展最终的产品生产环节，提出产品打造方案，以刺激顾客消费需求，提高海洋文化与旅游多维融合度及融合效应。

（一）市场培育方案

海洋文化与旅游宏观融合发展存在重市场营销轻融合创新、消费市场不成熟的问题，其核心便是市场消费理念与环境的不成熟，需通过创新市场运营机制、培养用户消费习惯来实现海洋文化旅游消费市场的培育和壮大。

1. 创新市场运营机制

海洋文化与旅游融合发展属于新兴的产业范畴，其消费市场远未成熟，且海洋文化与旅游企业受地方政府政策影响较大，市场化运营经验不足，亟须针对市

场动态和游客消费心理进行创新。一是理念创新，海洋文化与旅游企业要清楚地认识到海洋文化与旅游融合发展不是海洋文化和旅游的简单叠加，而是两者在宏观、中观、微观各个维度的有机交汇，必须树立正确、持续的发展理念，深刻认识到海洋文化与旅游融合的现实意义和多元益处，以迎接而非抵触的心理确保融合的顺利推进。二是制度创新，海洋文化与旅游企业作为市场主体，需要准确把握顾客消费心理和消费需求，应加大市场调研力度，完善市场与企业之间的信息反馈渠道，合理配置资源以构建功能完善的以市场为主导的企业运营机制。三是经营创新，海洋文化与旅游企业不要故步自封，应扩大眼界，积极学习外界先进的经营手段，不断改善和提升自身，可派遣调研小队到浙江省、上海市、福建省等海洋文化旅游产业发达的地区学习交流，并结合本地实际情况架构企业融合发展的长效机制，完善市场运营。

2. 培养受众消费习惯

海洋文化旅游市场消费环境不成熟的另一个原因便是大众的文化消费理念不成熟，导致产品市场接受度较低，制约了产品市场规模。政府部门和相关企业应该积极传播政府政策，扩大海洋文化与旅游融合发展的影响范围。根据当下居民和游客的消费需求和消费习惯，将海洋文化旅游资源融入公共文化服务，通过互联网、电视、广播、微信、微博等媒体渠道同步传播，结合线上线下之力使海洋文化旅游服务走进社会大众生活，加深大众对海洋文化旅游产业的了解。

政府和海洋文化、旅游企业可以通过纪录片、图书、抖音小视频、微信等多种方式加强海洋文化的知识普及力度，提高人们对海洋文化的了解，激发人们的消费兴趣，提高人们对海洋文化旅游产品的消费意愿，如南河崖盐业遗址群可借助 AI、VR 等技术推出在线博物馆，通过让“文物开口说话”的方式来展现其社会文化价值，激发人们的好奇感和探索欲。同时，举办海洋文化旅游产业体验活动，可开展研学旅游、亲子旅游活动，让有兴趣的顾客亲身体验日照踩高跷推虾皮技艺，带领游客欣赏沾化渤海大鼓节目，领略荣成海草房民居建筑技艺等，激发顾客消费海洋文化旅游的兴趣，培养社会大众的文化消费习惯。

（二）资源使用方案

海洋文化与旅游中观融合发展存在重资源消耗轻产业链架构、区域产业链不完整的问题，产业链功能完善和区域产业链关系增加可以通过加强企业协作解决。为了优化海洋文化旅游资源配置，提高资源利用率，建议在融合发展的前期阶段，重视资源开发利用工作，建立“深挖资源、整合资源、突出海洋文化特色”的规范化资源开发利用流程。

1. 深挖资源

人们对海洋文化认识的不断深化致使其对海洋文化的需求不断增加，需要不

断深挖海洋文化旅游资源，填充海洋文化旅游产品的种类，提高海洋文化旅游产品的品质，满足人们日益增长的海洋文化需求，增强海洋文化旅游产业发展潜力。一是要深度挖掘海洋文化内涵，提升海洋文化的市场属性和经济价值，将海洋文化优势转化为经济优势，创造新的经济增长点，尤其是应深挖海洋遗迹资源和海洋文艺资源，通过市场化运作丰富海洋文化旅游体验产品，全面彰显海洋文化旅游资源的历史价值、教育价值、艺术价值。二是要强化海洋文化意识，经营好海洋文化这一极具感召力和亲和力的文化符号，通过生动、形象、艺术的表现形式，设计带有海洋元素的Logo、景区设施（灯、垃圾箱等）、纪念品等，让更多的顾客认识并参与其中，使海洋文化旅游资源保持持久的吸引力和生命力，全方位提升海洋文化旅游产品的水准与内涵。

2. 整合资源

山东省沿海地区海洋文化与旅游融合发展时，应对海洋文化旅游资源进行有机结合、整体包装、综合开发，加强区域内资源的整合利用，组合出不同的文化旅游路线，形成丰富多样的高质量产品与服务。如山东省烟台市蓬莱阁景区涵盖了海洋文艺资源、海洋景观资源、海洋娱教资源、海洋遗迹资源、海洋民俗资源，是资源整合的典型。山东省沿海地区应在整体把握本地资源禀赋及开发条件的基础上，因地制宜、多方参考先进经验，综合开发海洋观光休闲、海洋节庆会展、海洋体育竞技、海洋诗词歌曲等多元化海洋文化旅游产品，形成以海洋人文体验为核心的集观光、休闲、娱乐、教育、节庆等为一体的综合性海洋文化旅游项目，通过打造具有强烈地域特色的海洋文化旅游品牌，全面拉动山东沿海地区海洋文化旅游市场的发展。

3. 突出海洋文化特色

山东省沿海地区应根据当地海洋文化旅游资源优势和海洋文化特色全力打造各市海洋文化标签，如日照的渔家文化标签、威海的海洋军事文化标签、潍坊的海洋渔盐文化标签、烟台的仙海文化标签、滨州的庙会文化标签、东营的黄河文化标签、青岛的海洋商贸文化和休闲度假标签等。同时，挖掘山东沿海的海上生活习俗、海洋生产技艺、海洋民俗信仰、海洋文艺作品、海洋历史人物等资源，将其开发成书籍、画册等文化旅游纪念品；船模、沙绣、贝雕等特色工艺美术品，活化当地海洋文化特色符号，打造富有代表性的海洋文创品牌，从而为游客带去新奇的视觉享受、情境体验以及内心愉悦。

（三）企业协作方案

海洋文化与旅游微观融合发展存在重产品竞争轻人才培养、企业协作能力不足的问题，因此选择建立企业合作机制、打造企业知名品牌，来提高企业的协作能力，企业协作现象的增多也意味着海洋文化旅游产业链的丰富和完善。参与海洋文化与旅游融合发展的企业之间应该加强协作，增加合作交流的机会，共同培养复合型专业人才。在企业协作过程中，应以原本从事旅游产业、文化产业，现在转型从事海洋文化与旅游融合业务的大型企业为主力，以新成立的海洋文化与旅游企业为推手，联合开发海洋文化旅游资源，打造海洋文化旅游产业知名品牌，增强海洋文化旅游产业竞争力。

1. 建立合作机制

山东省海洋文化和旅游企业间由于具有相似的地理环境、市场背景，或出于资源共享目的而进行的合作可起到优势互补、协同发展的作用。一些转型而来的企业实力较强，而海洋文化旅游产业整体实力仍较弱，产业链并未完善，单个经营主体形成的规模效应较小，通过建立企业合作机制可以进一步扩大规模效应，补充产业链功能，形成更为完善的产业发展体系。具体来看，一是在当地政府发布的税收优惠、地租优惠等政策的支持下，地域内具有竞合关系、生产上有交互关联性的海洋文化与旅游企业、金融机构、专业化基础设施供应商、服务中介商、科研机构等在一定的地理空间内聚集，形成产业集群，可实现资源和信息共享、资源优化配置、创意和创造力喷发、交易和经营管理成本降低等效果。二是结合当地海洋文化旅游资源特色，地域内的政府部门、海洋文化与旅游企业可达成共识，明确各区域资源开发的主题格调、市场定位，将山东省海洋文化旅游的发展视作一个有机整体，避免相邻地区恶性竞争和同质化发展，通过共同规划山东半岛七市海洋文化旅游发展格局，彰显“一市一品”，推动海洋文化与旅游企业跨区协作，形成错落有致的空间格局和完善互补的产业链条。

2. 打造知名品牌

良好的品牌知名度和美誉度可以大大提高海洋文化旅游产品的附加值，山东省海洋文化和旅游企业在发展中应着重打造特色海洋文化旅游项目，形成重点突破，塑造品牌形象，从而扩大市场影响力。如长岛著名的海上半日旅游项目包括海岛、海鸟等海上自然风光和庙岛显应宫遗址，游客在游玩过程中既可以满足感官需求，又可以体验文化风俗。大量事实证明，“物质”景观资源和“非物质”文化体验的有效组合是获取游客青睐、提高游客满意度进而形成产品品牌的有效方法，因此，可以结合海洋文化旅游资源的整合利用对海洋文化旅游产品进行品牌塑造，彰显多种资源联合后的独特性和重要性，重点突出海洋文化旅游资源多元的历史价值、教育价值和服务价值，通过恰当的品牌定位、优美的品牌形象设计、多渠道品牌形象传播、审慎的品牌形象维护，建立海洋文化旅游产品优势品牌，刺激和吸引消费者的购买冲动。

（四）产品打造方案

海洋文化与旅游多维融合发展的最终落脚点是向市场推出海洋文化旅游产品和服务，按照企业运营产品的主次和产品对企业重要程度的差异，可尝试将海洋文化旅游景区点打造为网红打卡胜地，提高客流量，或为顾客增加参与体验型产品，提高消费者的海洋文化体验，同时增加海洋文创纪念品的数量，满足顾客的多方购物需求。

1. 塑造网红打卡型景点

互联网的发展和普及使得诸多特色性旅游景区点迅速蹿红，网红型旅游景区点往往能够满足消费者个性化需求，具有丰富的文化内涵，背后多有历史文化或多元文化的支撑（王金凤，2018）。因游客的文化素养、消费水平、旅程安排等诸多因素的影响，网红景区点凭借知名度高、消费门槛低、参与过程简单成为大众旅游消费的热门选择，能够满足游客的消费需求。山东省已开发的海洋文化旅游景区点可以突出海洋文化特色，打造以海洋文化符号为核心的网红景区点，如荣成赤山景区、威海仙姑顶景区、碣石山风景区、柳毅山景区、胶州板桥镇景区等可以合理调整其布局，增添与景区整体特质相符合的海洋文化场景，提炼独特符号，同时完善旅游配套设施建设，设计品牌形象和产品规划，通过多吸引游客眼球来增添游客对景区的好感度，进而提高游客的回头率，扩大景区影响力，为景区推广打下良好基础。莱阳丁字湾滨海度假区可以建设充满海洋文化气息的主题酒店，配备带有海洋文化元素的游船，提供带有海洋文化元素的特色美食，在满足景区原始格调布局的条件下将景区转变为名副其实的海洋文化旅游度假区，提高品牌知名度和美誉度。

2. 增加参与体验型项目

参与体验型项目的主要特征是海洋文化特征鲜明，可以有效满足游客的精神需求、文化需求和体验感，经济效益和社会效益俱佳。体验项海洋文化旅游项目的开发需要最大限度地体现地方海洋文化特色，突出差异化内容，如可让游客亲身参与祭海节仪式，感受渔民对海洋的敬畏之心，可让游客尝试踩着高跷推虾皮的传统技艺，感受沿海渔民的勤劳与智慧，充分利用游客的体验动机和追求非惯常环境（张凌云，2008）的心态，深挖海洋文化旅游资源所蕴含的海洋文化精神和特质。同时，也可借助 VR、AI 等技术手段与实景演出、场所表演、节庆活动、工艺制作等多种形式相结合，打造出代入感强且能使游客得到海洋文化感知和熏陶的产品，如可以借鉴《印象武隆》打造《印象长岛》，让游客亲身体验渔民生活，感受长岛海洋渔号的魅力。

3. 完善文创纪念型产品

文创纪念型产品是指含有海洋文化元素的衍生品，包括带有海洋文化符号的娱乐玩具、文具用品、生活用品、旅游纪念品等，其作用在于营造浓厚的海洋文化氛围，在游客手中承载差异化的海洋文化遗产，承载游客场景化旅游的记忆和情感。海洋文化与旅游企业可以将海洋文化旅游资源符号化，提炼出能够体现地域特色的代表性元素符号，结合审美性使其融入物质产品（磨炼，2016），通过提高在游客眼前出现的频率，加深游客对海洋文化的印象，扩大海洋文化旅游产品的影响范围。如在山东沿海各景区点及特色产品集市打造充满海洋元素的纪念品商店，售卖带有海洋文化符号的房间摆件、衣服装饰品、学习文具等。海洋文化旅游文创纪念品应重视产品的文化性、故事性与实用性，打入消费者的日常生活，拓展海洋文化的生产力和影响力。

四、海洋文化旅游多维融合发展的主导模式推进

根据海洋文化与旅游融合过程的阶段性，可把融合分为三个类型：第一，海洋文化与旅游存在功能互补的现象，两者通过互相扩展产业外延进行商业合作，形成延伸性融合模式；第二，海洋文化与旅游在融合过程中，发现原本没有联系的产业活动可以通过重组的方式打造全新的海洋文化旅游产品，进而构筑出海洋文化旅游产业新业态；第三，具备高渗透性的海洋文化与旅游逐步走向深度融合，导致两者内部的产业链发生变化，重组为更具竞争力的产业价值链，以此提高海洋文化旅游产业的竞争力。山东省海洋文化与旅游多维融合发展可从以下三种模式依次推动：

（一）延伸型融合模式

基于产业功能上的互补，通过延伸产业经济活动来实现两者融合的方式即产业延伸型融合。这一类型的产业融合往往发生在产业链可以自然延伸的地方，在海洋文化与旅游的产业链中存在着相似或互补的部分，两者可打破各自的产业边界，实现产业链环节的交叉重组。此类型产业融合的结果是赋予了原有产品新的附加功能，实现了产品的创新。在满足海洋文化与旅游市场需求、实现产业升级的同时形成融合型的产业新体系。海洋文化与旅游的延伸型融合可分为两种，一种是海洋文化向旅游产业延伸融合，另一种是旅游产业向海洋文化延伸融合（见图 9-2）。

海洋文化向旅游产业的延伸融合可延长旅游产业链，丰富旅游经济发展方式（朱晓辉和段学成，2017）。为了促进旅游经济特色化、规模化，旅游企业基于现

有的海洋文化旅游资源，将海洋文化价值链延伸本产业内，充分利用特有的海洋文化旅游资源、技术条件、营销手段等，创新出新型旅游景点或旅游项目。山东旅游开发商借助高科技手段，创新性地将海洋文化元素融入旅游产品中，通过海洋文化的传播与营销吸引游客眼球，延长游客停留时间，刺激游客的旅游消费，能够延长海洋文化旅游产业的产业链和生命周期。在融合过程中，通过产业链的价值延伸，旅游产业可获得文化整合功能，拥有更强的海洋文化内涵与影响力，实现价值增值，如开发海洋文化主题公园、海洋节庆旅游、海洋演艺旅游等。青岛赋予海洋文化内涵的演艺节目《青秀》，便饱含丰富的海洋文化元素。

旅游产业向海洋文化的延伸融合可为海洋文化带来全新的运作模式和盈利模式，在原有的海洋文化旅游资源、技术优势及市场吸引力基础上，形成新的盈利支撑点，实现海洋文化景点化（舒卫英，2014）。旅游产业拥有相对成熟的设计构思、生产制作等产业流程，通过向海洋文化引入这些旅游功能，可最大化实现海洋文化旅游资源价值。如青岛崂山一些渔村作为海洋文化氛围浓厚的传统村落，有风光秀丽的自然美景，村民们效仿旅游景区对村落进行开发，现在有些已成为知名的海洋旅游休闲地。威海巍巍村的海草房是当地海洋文化特色建筑的代表，开发潜力巨大，未来整个村庄可以此为主题打造海洋文化特色旅游村庄。

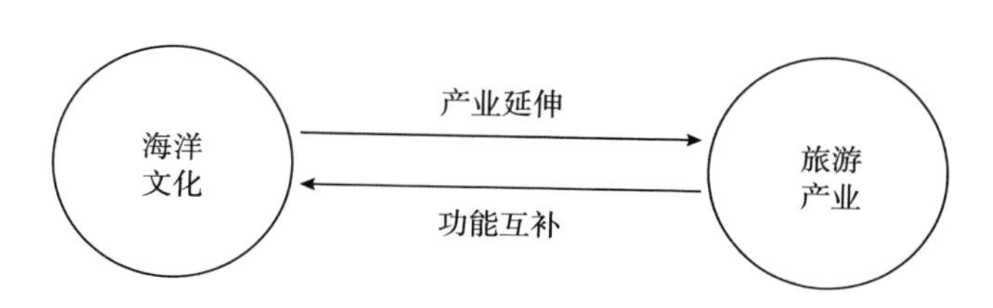

图 9-2　海洋文化与旅游延伸型融合模式

资料来源：笔者整理。

（二）重组型融合模式

重组融合是指在同一集合下，原来互不相关的产品或服务通过重组逐渐融合为一体的过程。一般而言，这类融合主要存在于产业关联度较大的产业中，经过重组集合原有产品、服务的功能，进而产生新的产品或服务形态。随着产业发展的不断成熟，同属于第三产业的海洋文化与旅游，在产业融合的过程中，以重组产业活动的方式实现资源的整合，打造出新的海洋文化旅游产品，进而构筑出海洋文化旅游产业新业态（见图 9-3）。

重组型融合模式打破原有的海洋文化与旅游产业的价值壁垒，提取其中的核心价值环节，经过资源整合和产业重组构建新的海洋文化旅游产业链，促进已有产业的升级换代（刘水良和吴吉林，2017）。作为一种新型的产业形态，海洋文化旅游产业在具备原有产业价值创造功能的同时也能衍生出新型的商业运作模式，因而具有强劲的市场竞争力，极大地促进产业的优化升级。现阶段，山东省沿海地区海洋文化和旅游主要是借助节庆、赛事、会展等平台，通过产业活动重组来实现融合。2019 年中国田横祭海节期间，“文旅融合”“经旅融合”“时尚娱乐”三大板块协同发力，除了原汁原味的原始祭海民俗，还有“鲜美田横”旅游特色产品展、“文化即墨”非物质文化遗产项目展、“璀璨星空”田横祭海广场灯展、山东省美丽月滩海洋风筝邀请赛等 20 项活动吸引国内外游客参与，六大祭海亮点正式于“田横”开启，仅祭典就吸引 22 万余人来到现场。[①] 田横祭海节正是通过海洋节庆这条纽带实现了海洋文化与旅游的重组，推动了海洋文化与旅游的深度融合，对当地的经济起到了巨大的带动作用。

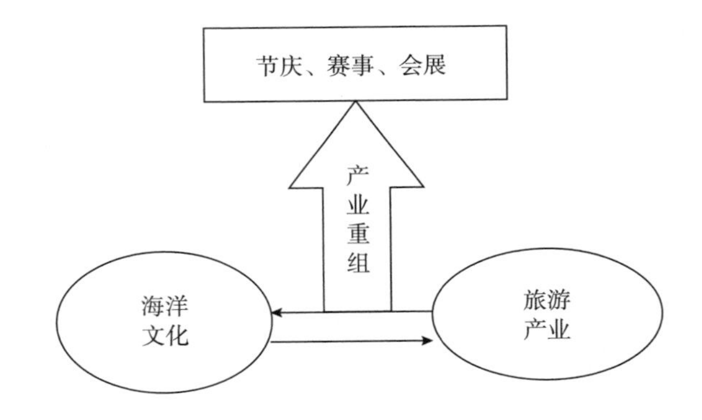

图 9-3　海洋文化与旅游重组型融合模式

资料来源：笔者整理。

（三）渗透型融合模式

虽然海洋文化与旅游在核心业务方面有所差别，但由于两大产业都具有较强的产业渗透力和关联度，在高新技术的支持助力和保障下，产业渗透模式日渐成为两产业融合的重要方式。渗透型融合是指在技术进步的作用下，海洋文化与旅游在深度融合过程中企业的价值链环节交叉融合，形成了更具竞争力的海洋文化旅游产品和服务（赵蕾和余汝艺，2015）。根据渗透方向的不同，可分为海洋文化向旅游产业渗透及旅游产业向海洋文化渗透两种（见图 9-4）。

① 田横祭海，青岛 22 万游客共享祭海节欢乐［EB/OL］.［2019-03-17］https：//dwz.cn/K2HBfTOs.

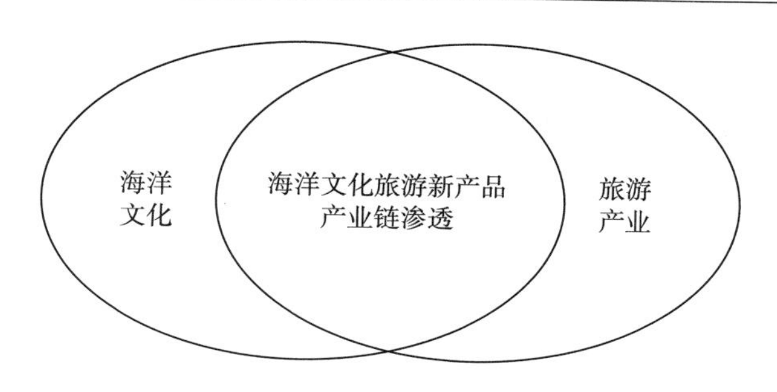

图 9-4　海洋文化与旅游产业渗透型融合模式

资料来源：笔者整理。

海洋文化向旅游产业渗透可促进新型旅游产品的出现。这一融合模式主要源于技术的进步与管理方式的创新。随着市场需求的日益多样化，为了丰富旅游产品，旅游企业凭借先进的制作技术和创意手段，将海洋文化里符合市场需求的海洋文化内容、海洋文化元素及海洋文化符号纳入原有的旅游产品体系中。一方面可打破原有的产业边界，旅游企业可依赖于海洋文化所特有的高效传播方式，达到低成本高效果的传播目标；另一方面则能赋予旅游景点深层次的海洋文化内涵，在两者融合的动态发展过程中实现旅游产品的创新。

海洋文化凭借其内容和市场优势，借助高新技术手段和管理创新的契机，融合参与性、娱乐性、体验性、教育性和休闲性等创新理念，开发出包含各种海洋文化主题的旅游景点景区。在这一过程中，通过内容和渠道的深度融合，旅游产品体系也能得到丰富。各个旅游目的地推出的符合当地海洋文化的旅游景点、旅游纪念品等都是这一融合模式的具体体现。如烟台蓬莱阁因“海市蜃楼”的奇观而享誉海内外，海上丝绸之路博物馆（原名“蓬莱古船博物馆”）的存在则丰富了该旅游景点的内涵，满足了游客对体验性、参与性、娱乐性、教育性旅游产品和服务的追求，实现了海洋文化与旅游的有效融合。

旅游产业向海洋文化渗透也可引发新型海洋文化产品的出现。海洋文化类企业为使已有的海洋文化产品具有创新性，可运用现有的海洋文化旅游资源及相关技术优势，将旅游产业中具有竞争优势的要素引入海洋文化产品开发中，增强海洋文化产品的新颖性和吸引力，将其升级为特色海洋文化旅游产品。同时，旅游产业可利用自身表现手法和高新技术来打造海洋文化旅游产品，以旅游景点所在的自然和人文空间来承载和表现海洋文化（李晓松，2020），使得相对枯燥的海洋文化旅游资源具体化、生动化，然后通过旅游景点的知名度向外界推广介绍海洋文化旅游产品。如青岛承办 2008 年北京奥运会帆船比赛后，通过不断完善奥帆中心的海洋文化旅游项目打造“帆船之都”的称号，进而丰富了青岛的海洋体育文化，并承接了克利伯环球帆船赛、沃尔沃环球帆船赛、国际极限帆船系列赛等知名赛事，“市长杯”国际帆船赛、“市长杯”大中小学生帆船比赛等新型赛事，形成了帆船旅游、游艇旅游、船模工艺品等多种海洋文化旅游产品。

三种融合模式之间是互相递进的关系。延伸型产业融合一般发生在产业价值链的生产制作和消费环节，可延伸山东省海洋文化旅游产业链，提高海洋文化旅游的吸引力，适合在山东省海洋文化与旅游融合的初级阶段推进。重组型融合需要打破原有的产业价值链，提取其中的核心价值环节，重组成新的海洋文化旅游产业价值链，适合在山东省海洋文化与旅游融合的中级阶段推进。渗透型融合借助于技术创新的动力，实现两产业间价值链的互相渗透，在活化海洋文化旅游资源并增强海洋文化旅游资源的参与性和体验性的同时，创新旅游景区点，可提升山东省海洋文化旅游的内涵，适合在山东省海洋文化与旅游融合的中后阶段推进。

第十章　山东省海洋文化与旅游多维融合发展的制度保障

深度开发海洋文化旅游资源，全面推进海洋文化与旅游的多维融合，首先，必须突破投入的“瓶颈”制约，既要加大政府的支持和投入力度，制定一系列优惠政策和财政税收政策，加强旅游基础设施投入和科研经费投入，又要面向市场筹资，构建多元化投融资渠道和风险控制机制，实现信贷投资、证券市场、社会风险投资和海外融资等资金要素与海洋文化和旅游产业链各环节的有效对接，为山东海洋文化旅游产业项目创新、产业迅速发展和产业集群形成提供有效的资金支持；其次，还要引进和造就一批高素质人才队伍，牢固树立人力资本是海洋文化旅游发展的“首要资源”的观念，应用新思路、新机制、新条件，吸引人才、试用人才、培育人才为海洋文化旅游产业非常规发展提供服务；最后，海洋文化和旅游由于产业门槛低，在空间上集中布局的限制较小，海洋文化旅游发展环境是引导产业空间集中发展最重要的条件，只有具备好的发展环境，才能吸引海洋文化和旅游各类流动资源向山东沿海地区集中，因此，应当在创建先进配套的基础设施环境、实行优惠透明的政策环境、优化高效优质的旅游服务环境、打造政府协助的服务环境，营造严明的旅游法规环境、培育健康向上的海洋人文环境、建设完全稳定的治安环境和公平竞争的市场环境的基础上，为海洋文化旅游产业进一步聚集创造创新氛围，提高对人力、资本、信息和市场资源的吸引力，切实促进山东省海洋文化旅游产业的高效、聚集、持续发展。

政府和市场是海洋文化与旅游经济的两大调节主体，而效率和公平是山东省沿海地区海洋文化与旅游融合发展应当兼顾的基本目标。支持海洋文化与旅游融合发展，一方面要保证海洋文化旅游产业有较高的增长速度，取得良好的经济效益，实现较高的战略目标；另一方面又要兼顾区域公平，不使山东省沿海七市内部差距拉得过大，并适时缩小区域间发展差距，最终形成差异化协调发展格局。在此要求下，山东省各级政府及海洋文化和旅游相关部门亟须在行政机制、管理体制、财政资金、优惠政策、相关法规、人才培养、环境构建等方面做好改进工作，为海洋文化与旅游融合发展的突飞猛进提供更加完善的支撑。

一、海洋文化与旅游多维融合的行政机制完善

海洋文化与旅游融合的行政机制就是山东省各级政府对海洋文化旅游产业发展发挥作用和承担职责的行政机关设置。政府在旅游业的不同发展阶段中扮演着开拓者、规范者和协调者三种角色（陶银科，2010），而山东省各级政府在以往旅游业发展中更多地承担的是立法、规划、指导和行政审批等职能。随着海洋文化与旅游融合程度的加深，政府作为发展规划的制定者，应积极适应经济发展的要求，根据海洋文化与旅游融合现状及时调整完善行政机制，加快推进服务机制、组织协调机制等融合机制的构建，适应海洋文化旅游产业的发展变化。

与政府的职能转变同理，随着山东省海洋文化旅游产业的不断发展变化，各级政府应做好旅游行政管理职能的加减法，增加和强化必须承担的职责，减弱甚至舍弃不必要的职能，做好对海洋文化旅游产业的行政机制完善工作。山东省成立了文化和旅游厅，加快转变政府职能、创新文化和旅游行业监管方式，简化企业融合行政审批流程、降低产业间合作的行政壁垒，为海洋文化与旅游进一步融合创造良好的社会环境。通过完善行政机制，扶持海洋文化旅游产业更好发展，能够促进两者在技术、产品、机构、市场等各个方面都达到最佳的融合状态。

（一）综合协调职能

山东省海洋文化旅游产业的出现是海洋文化与旅游融合发展的结果，这种全新旅游形态是旅游产业向海洋文化延伸的表现，打破了传统产业封闭的发展模式，变得更加开放、包容。为了适应这种全新的旅游发展方式，需要山东省各级政府行使其综合协调管理职能，对文化和旅游行政部门进行制度调整。

首先，山东省各级政府促使海洋文化与旅游融合发展需要政府行使其综合协调职能。山东省沿海地区的海洋文化与旅游融合能够拉动当地经济增长，在就业、税收、环境、文明建设等方面起到积极作用。因此，当地政府需要坚持党政主导，加强海洋文化与旅游相关行政管理部门的综合协调职能，赋予其足够的综合协调管理的权力，厘清市文化和旅游局下属的政策法规处、监督管理处、市场开发处和规划发展处的关系，确定各个部门的具体职责和任务，使之积极加入推进海洋文化与旅游融合发展的工作。

其次，山东沿海地区在整合海洋文化旅游资源方面需要政府行使综合协调职能。海洋文化旅游资源是海洋文化旅游行为发生的根源，也是海洋文化与旅游融合发展的关键之处。由于海洋文化旅游资源之间差异化明显，海洋文化旅游资源的行业分割成为阻碍海洋文化与旅游融合发展的一个客观现象。如各类主管部门在对海洋文化旅游资源开发和管理的过程中，赋予了资源不同类别的旅游品牌和称号（见表 10-1），需要对这些资源进行整合管理，进行捆绑、联合，形成合力，以最大限度发挥其市场吸引力。

表 10-1　海洋文化旅游的品牌评定类别及相关行政部门

行政管理部门	旅游品牌、称号
文化和旅游部	A 级～AAAAA 级景区、旅游饭店、百强旅行社、自然保护区
自然资源部	风景名胜区、历史文化名城、国家森林公园
住房和城乡建设部	自然遗产、文化遗产
国家文物局	全国重点文物保护单位
农业农村部	全国休闲农业与乡村旅游示范点

资料来源：笔者整理。

最后，山东沿海地区在加强海洋文化旅游公共服务体系建设和促进区域联动发展方面需要政府运用综合协调职能。海洋文化旅游公共服务体系主要涵盖交通、信息咨询、便民服务、安全保障和行政服务等方面的内容，文化和旅游局需要在统一协调下与交通运输局、经济和信息化委员会、应急管理局、人力资源和社会保障局等部门进行合作，共同构建海洋文化旅游公共服务体系。山东沿海地区在实现海洋文化旅游区域联动发展中，既需要相关政府部门横向进行协调合作，又需要相关政府部门纵向理顺部门间的权责关系，避免形成交叉管理和多头管理的局面。

（二）产业促进职能

在海洋文化与旅游融合发展过程中，必须充分发挥山东省各级政府和部门的产业促进职能，保障海洋文化旅游产业健康持续发展。随着两者融合程度的加深，越来越多的问题将会出现，这需要各级政府加强相关部门之间的协调，构建协同管理体制。具体来看，要以规划为起点，将旅游规划的主体由文化与旅游局上升到政府层面，建立以海洋文化旅游规划为核心的规划体系，在加强海洋文化旅游规划与其他各类规划的衔接性的同时，提高海洋文化旅游规划的权威性和执行力，切实保障海洋文化旅游规划的编制和实施。此外，各级政府还应加大对海洋文化旅游产业发展的专业技术支持，如建立健全海洋文化旅游项目开发管理体系、海洋文化旅游大数据平台等。

同时，还要实现山东沿海区域内社会资源与海洋文化旅游资源的有机整合，健全海洋文化旅游公共服务体系，甚至开展跨区域的交通、信息服务以及各项公共基础设施的全面升级。山东省各级政府及相关部门还需要制定和实施海洋文化旅游发展专项资金使用计划，监督资金的使用过程，并释放更多的政策红利，促进海洋文化旅游产业投资和海洋文化旅游项目的开发，提高海洋文化旅游发展的质量。

（三）宏观调控职能

在海洋文化与旅游融合背景下，为了构建山东省海洋文化旅游综合行政机制，需要各级政府与相关部门进行文化和旅游行政管理职能转变，增强对海洋文化旅游宏观的调控职能。近年来，山东省各级政府和相关部门对发展海洋文化旅游业重要性的认识越来越深刻，不断加大对海洋文化旅游产业的扶持力度。山东省许多城市设置了旅游巡回法庭，并在景区景点进行流动式办案等一定程度的探索，但目前大多数地方政府对于文化和旅游的管理还是停留在以微观监管为主的模式。为了构建符合现代发展的海洋文化旅游行政机制，山东省各级政府和相关部门需要从微观的全能包办式管理向宏观的有限管理转变，将管理职能聚焦于宏观调控上，制定科学的海洋文化旅游业发展规划；综合利用山东半岛蓝色经济区的各项政策红利；引导海洋文化旅游投资方向；加强对海洋文化旅游资源的保护以及为海洋文化旅游业培养高素质人才等。

（四）法规建设职能

虽然山东省已初步形成了相对完善的旅游法规体系，但海洋文化旅游产业的兴起却面临着原有旅游法规不相适用的情况，需要政府进一步完善海洋文化旅游法规体系建设，并对与之配套的地方性法规、其他部门的相关法规进行改革完善。在海洋文化与旅游融合过程中，旅游产业的发展格局变得更为广阔，与之对应的跨区域的联动和协作会越来越多，矛盾和冲突也将不断凸显。因此，山东省各级政府与相关部门需要继续强化法规建设职能，完善海洋文化旅游法规体系，规范海洋文化旅游产业相关主体的行为，并对海洋文化旅游利益相关者的权利和义务从法律上进行界定，更好地为海洋文化旅游产业的发展保驾护航。此外，还需要加强对海洋文化旅游法律法规的宣传和解读，使相关主体明确海洋文化旅游法律法规的意义和具体内容，更好地促进山东省沿海地区海洋文化旅游产业的切实发展。

（五）行业监管职能

虽然海洋文化旅游已成为山东省沿海地区旅游发展的新业态，然而，从其整体实力来看，取得的成就主要表现在规模和速度上，质量却没有得到很大程度的提升，海洋文化旅游景区点服务质量、基础设施建设、导游服务水平等都需要进一步提升。为了实现当地海洋文化旅游产业优质发展，山东省各级政府和相关部门应加强海洋文化旅游产业监管，改善海洋文化旅游市场秩序，优化海洋文化旅游服务体系，不断提升海洋文化旅游公共服务水平，提高海洋文化旅游的服务质量和品质，从而不断加强游客的忠诚度和满意度，打造优质的山东“海洋文化旅游服务”品牌。

二、海洋文化与旅游多维融合的管理体制改革

这里的海洋文化旅游管理体制是为实现海洋文化与旅游更好融合而参与其中开发建设的各行政主体、企事业单位、中介服务机构等组织在企业运营管理、组织架构等方面相互关系的总和（吴智锋，2014）。

根据现阶段山东省海洋文化与旅游管理体制的参与主体，特别是地方政府和开发主体的参与程度，大致可以将管理体制划分为政府主导型管理体制、企业主导型管理体制及政企混合型管理体制三种类型。长期来看，由于海洋文化与旅游的融合发展涉及海洋文化旅游资源开发利用及公共服务建设等，政府在海洋文化与旅游融合发展中发挥着不可忽视的作用，政府主导型管理体制仍将是山东省海洋文化与旅游融合发展管理的主流。然而，企业毕竟是海洋文化与旅游融合发展的主体，政府作为经济发展中重要的参与力量，应该积极转变管理理念、调整管理角色，早日理顺工作思路，及时更新落后的管理体制，力求通过优惠政策和宏观调控等方式把工作的重点放在对企业能力的培养上。

（一）企业主导，政府服务

山东省海洋文化与旅游的融合发展必须要适应市场化的发展机制，各级政府应该适当放松对海洋文化与旅游的管制，在海洋文化与旅游产业中建立企业主导开发、政府有限介入、政企沟通合作的发展模式。既充分发挥企业主导在海洋文化与旅游融合发展中的创意开发、人力资源培养、组织架构等优势，又充分利用政府介入在海洋文化与旅游融合发展中的财政资金支持、税收优惠减免、市场运

营监督、投资平台建设等优势。

当下，山东省海洋文化与旅游处于初始融合发展阶段，各级政府在改革管理体制时应做好以下三点：第一，支持企业不断提高自主创新能力，为海洋文化和旅游更好地融合打下坚实基础；第二，抓住经济机构调整的趋势，积极吸引资本进入海洋文化旅游领域，尤其是鼓励海洋文化与旅游企业同高新科技产业的合作，学习先进的生产、管理理念和技术；第三，政府应引导有实力的海洋文化和旅游企业积极“走出去”，为两者的融合开拓广阔空间。企业主导、政府适当介入的管理体制有助于发挥市场的资源配置功能，有助于维持市场的公平竞争，新兴的海洋文化旅游企业能够快速提升企业治理及市场运营能力。

此外，山东省各级政府应该建立与海洋文化旅游开发项目同步的权威性行政服务机构。在项目开发之初同步组建管理机构，有利于管理机构对项目理念与特色的理解和认同，并在开发建设与运营管理中贯彻执行，政府、服务机构、项目、企业之间形成的良性互动关系能够减少和避免项目建成后再设立管理机构所产生的磨合成本。

（二）厘清权责，明确分工

由于海洋文化与旅游融合涉及众多管理部门，而且其发展是政府与企业协同作用的结果，需要在海洋文化与旅游产业中建立权责清晰、分工明确的管理体制，明确各利益相关者之间的权利义务关系，为山东省海洋文化与旅游融合的长远战略目标和发展计划实施提供必要的制度保证。具体来看，山东省各级政府可以在海洋文化与旅游融合发展中提供公共设施建设、道路桥梁铺设、土地使用控制和规划、消防、紧急医疗服务、环境保护、建筑法规实施等管理与服务，并负责与中央政府机构保持联系和进行协调。当地具体的海洋文化旅游项目开发，包括开发区域内的度假、游乐、文博等项目的投资建设与运营管理可全部由相应的企业承担。这种情况下，政府可以集中精力为沿海区域内的商业主体提供高质量的行政服务，企业则能够最大限度地发挥自身优势，为游客提供最称心的服务。

此外，山东省各级政府还可以采取开发经营权和监督权分置的管理方式。企业可以自主选择海洋文化旅游资源使用方式、基础设施建设投入、商业合作伙伴组建、经营性项目投资等市场化开发行为。相应地，山东省各级政府及相关部门应依照相关法律规定对企业的开发经营行为进行监督控制。在海洋文化旅游景区点规划开发方面，相关部门应该宏观把握景区点和城市的协调关系，具体规划应交由企业负责，如在海洋文化旅游项目规划设计方案评审会上，政府工作人员可以参会提问并给出相应的建议。企业和政府在海洋文化旅游资源开发利用及海洋文化旅游项目建设方面保持密切合作，明确划分管理权限，共同致力于当地海洋

文化与旅游的融合发展。

（三）协调社区，联动周边

山东省沿海七市海洋文化旅游项目的良好运营管理离不开与周边社区的良性互动和联动发展。在消防、安全、紧急医疗救护等应急方面，海洋文化旅游景区点可以通过和当地行政部门合作解决运营中出现的突发问题。同时，海洋文化旅游景区应与当地社区共同发展。基于周边社区建立起来的海洋文化旅游景区点的空间开发较为复杂，必须妥善处理好景区一体化管理与社区居民自治之间的矛盾，否则在利益的驱动下，景区点周围的社区居民往往会存在私自进行旅游商业开发的行为，甚至会出现社区功能扩张、社区建筑风格改变等难以规范的现象。企业在景区开发之初，便应该提前进行规划考虑，综合考虑是采取在景区外建立安置区对社区居民进行搬迁，还是在景区发展中为社区居民提供相应的工作岗位，提前消除海洋文化旅游景区点后续开发过程中可能出现的利益纷争。总之，相关企业和政府管理部门应当将与周边社区联动发展作为重要的工作职责之一，避免开发运营之后出现“孤岛效应”和利益纷争。

三、海洋文化与旅游多维融合的财政资金支持

海洋文化与旅游在融合发展过程中，往往面临着资金短缺的问题，突出表现为海洋文化旅游资源的价值难以确认、海洋文化或旅游企业缺少一定的有形资本等。为了提高海洋文化与旅游融合发展的水平，获得更好的经济效应和社会效应，山东省各级政府应该从财政资金投入规模、投入领域、投入方式及投入效益评估等方面重点加大对海洋文化与旅游的财政资金支持力度。

（一）扩大财政资金投入规模

山东省各级政府应该大力拓宽对海洋文化旅游产业的资金投入渠道。目前从总量上来看，山东沿海地区对海洋文化旅游产业的财政资金有所增加，但所占政府财政总支出的比重仍然很低，各级财政部门应扛起财政资金支持海洋文化旅游产业发展的重任，提高财政资金拨付额度。

山东省各级政府应该积极完善对海洋文化旅游产业的资金筹集机制，在推动财政资金支持海洋文化与旅游融合发展的过程中，必须要丰富资金筹集体系的建设，做到对新兴的海洋文化旅游产业全方位的财政资金支持。一般来说，地方发

展旅游的财政资金包含三部分：中央对地方的旅游经济支持、省级政府对地方的旅游经济支持、当地政府设置的旅游发展专项资金。对山东省海洋文化旅游产业来说，一方面，可以进一步争取中央财政旅游补助资金以及山东省财政旅游专项补助，增加当地旅游发展专项资金的投入量；另一方面，在政府投入财政资金资助的同时，积极通过市场引进多方资本，为企业打造全方位、多角度的财力援助。

总之，山东省海洋文化旅游产业的财政资金投入必须紧跟当地旅游业的发展需求，为海洋文化旅游产业发展提供充足的资金支持。

（二）均衡财政资金投入领域

根据“木桶效应”，山东省在促进海洋文化与旅游融合时必须要注意财政资金投入比例的问题，只有使财政资金投资比例均衡化、合理化，才能更好地发挥促进作用。

首先，山东省各级政府应该加大海洋文化旅游基础设施和公共服务体系建设力度。旅游基础性建设，是针对旅行者在旅游过程中所需的各种服务而提供的设备，是当地旅游经济发展必需的前提条件，无偿面向全体旅游者，主要包括交通、给排水、供配电、邮政通信、环卫设施、资源保护、生态建设等（郑耀星和储德平，2004）。当地城市的公共服务体系也是评价该地海洋文化旅游价值的关键要素，对当地的海洋文化旅游经济成长至关重要。由于旅游基础设施和公共服务体系的公共产品属性，必须由山东省各级政府加大资金的投入，大力增进游客服务中心等重要基础设施建设，建立全面的交通、通信、卫生等服务体系，并完善海洋文化旅游公共信息服务。

其次，山东省各级政府应该加大对海洋文化旅游资源保护的资金投入。山东沿海地区海洋文化与旅游融合的基础是当地遗存的海洋文化旅游资源，一旦这些海洋文化遗产遭到破坏，海洋文化旅游产业便会成为无根之木。因此，在对海洋文化旅游资源进行开发前，应进行专业的项目规划，避免规划不当造成破坏性开发。同时，对海洋文化旅游资源的保护要融入整个融合发展的升级之中，加大对开发后期资源维护的财政资金投入，实现海洋文化旅游资源的可持续利用。

再次，山东省各级政府应该加大对海洋文化旅游产品研发及推广的资金投入。山东省沿海地区打造海洋文化旅游产品优质品牌，可以抢占市场先机，对当地相关旅游产品形成带动作用。海洋文化旅游知名景区是品牌化持续发展的中心力量，山东省各级政府有必要通过财政力量扶持建立起一系列特色鲜明、知名度高、影响力大的海洋文化旅游景点。可通过设立海洋文化旅游重大项目建设专项资金，采取以奖代投的方式，重点支持重大项目的建设和改造。同时，要积极开

拓海洋文化旅游市场，有针对性地对海洋文化旅游进行推广和品牌营销，加大海洋文化旅游产品宣传促销的预算支出，有效地帮助各地方海洋文化旅游产品走向全国。

最后，山东省各级政府应该加大对海洋文化旅游市场主体培育的资金投入。旅游相关企业如旅行社是海洋文化旅游发展的主体力量，但目前山东沿海海洋文化旅游企业大部分是中小企业，尚未形成规模经济效应。各级政府应加大财政资金支持力度，重点支持海洋文化旅游企业开拓市场、扩大就业，并改善对企业的公共服务，促进海洋文化旅游市场主体的成长和完善。山东省各级政府应考虑对海洋文化旅游企业设置资金奖励的长效机制，以及对部分小微型海洋文化旅游企业的专项资金支持。

（三）优化财政资金投入方式

山东省各级政府在对海洋文化旅游进行财政资金投入时，应以产业激励效果、资金使用效益为导向，积极地跟上时代的步伐，结合当下的新要求，变革以往的落户模式，实行新的支出管理方式。

首先，山东省各级政府应继续实行海洋文化旅游财政投入国库集中支付制度，省去中间环节，将财政资金直接下拨，既能保证专款专用，又可提高相关款项的利用效率，还能有效避免资金去向复杂、管理混乱等问题，提高资金的使用效益。

其次，山东省各级政府应合理界定海洋文化旅游财政资金的结构投向。只有合理界定财政资金支出的投向，明确资金投放重点，才能确保财政资金效益的发挥（李锋等，2013）。在促进海洋文化与旅游融合过程中，山东沿海地区可获得的整体资金支持是有限的，必须形成良好的财政支出系统，才能有效改善海洋文化与旅游融合程度和效应的现状。例如，在支持海洋文化与旅游融合发展资金预算的分配上，可全面推行“零基预算”，尽可能完善每个类别的下拨，改善之前零散的下拨方式，切实解决海洋文化与旅游融合发展中遇到的现实问题。

再次，山东省各级政府应建立健全海洋文化旅游财政资金投入的决策机制。规范财政资金支持海洋文化与旅游融合发展投入的论证、决策、制定、实施和监督程序，建立健全决策机制，加强各级政府在现金使用方式上的合法性。在制定海洋文化与旅游融合发展的预算指标时，要从实际出发，充分考虑海洋文化与旅游的特点和财力状况，并结合具体的方式方法，加强相关的预算工作，注重对相关工作的绩效评估，使得一切的财政资金投入都有理有据。此外，必须广泛征求和听取有关部门、学者、执行单位、相关组织以及广大人民群众的意见，经过分析、比较和论证，选择最优的财政资金投入方案。

最后，山东省各级政府应改革单一的海洋文化旅游财政资金支出形式。当前，山东沿海地区在支持海洋文化与旅游融合发展的支出形式上较为固化，可选方式也较为有限，更为灵活的财政支出模式，是今后工作应改革的重点。对海洋文化与旅游融合的扶持要根据不同实际加以区分和比较，可尝试采取财政补贴、实物补偿、政策倾斜、以工代赈等多种方式相结合的方法，因地、因事、因时选用，政府要坚定决心，对现有支持海洋文化和旅游融合发展资金支出中不合理、不符合时代要求的方式方法进行大力改革，还要适当形成一个可行的诱导路径，确保海洋文化与旅游切实有效地获得帮助。

四、海洋文化与旅游多维融合的优惠政策扶持

针对海洋文化与旅游融合发展初期融资难的问题，政府在进行财政资金投入的同时还可以通过出台相应的优惠政策对其进行扶持。

首先，山东省各级政府可对海洋文化与旅游产业实行税收优惠政策，适当减免相关企业的增值税。海洋文化与旅游产业整体上属于服务业类型，相关企业在融合发展前期需要进行市场开拓、与其他企业共建产业链，相应的税收优惠政策能够极大地减轻中小微海洋文化与旅游企业的发展压力。例如，严格执行国家支持小微企业发展的税收优惠政策，对符合小微企业条件的特色海洋文化与旅游企业免征增值税；对特色海洋文化旅游项目建设过程中的行政事业性收费、政府性基金等，实行最大限度的减免。

其次，当地政府对海洋文化旅游项目可实行用地扶持政策。海洋文化旅游景区、海洋文化旅游景区周围服务设施（如住宿、餐饮等）的建设都需要用到土地，当地政府可优先保障海洋文化旅游项目的用地指标，通过允许分期付款或为其提供优惠购地价格等提高相关企业的入驻率。

最后，山东省各级政府需实施对海洋文化与旅游企业的经营扶持。政府通过设立一定的标准条件，提供相应的奖励资金，激励海洋文化与旅游企业融合发展，或对入驻园区的企业提供租金优惠政策、给相关企业提供相应技术支持、帮助企业开展品牌宣传等助力企业扩大市场影响力。在海洋文化与旅游企业招聘专业化高素质人才方面，政府可以设置相应的人才引进奖励政策，通过对高素质人才进行现金奖励或发放住房补贴等帮助当地招揽人才。

五、海洋文化与旅游多维融合的相关法规保障

海洋文化与旅游融合发展是通过创意思维进行要素整合、主题策划和产业创新的结果，融合发展模式和创意成果的突出特点是极易被模仿和复制，因此需要采取有效的法律措施对创意成果进行有效保护。具体而言，不仅要保护海洋文化旅游创意成果本身，还要保护由海洋文化旅游资源开发衍生出的知识产权、版权、专利权和商标权，对知识产权形成有效保护，才能不断完善海洋文化与旅游融合发展的法律环境。同时，政府还应通过出台相应的法律法规完善市场运行机制，维护企业在海洋文化旅游市场上的生产、交换、分配、消费等各个环节的正常秩序，营造良好的市场竞争环境。

（一）提高相关法规的可操作性

山东省各级政府在制定相应的海洋文化旅游法规之前，应该考虑日后旅游法规的针对性和可操作性。尤其是地方政府在考虑本地区具体情况和实际需要的同时，应该充分考虑立法区域性特点，避免出现海洋文化旅游立法混乱、海洋文化旅游立法雷同等现象。因此，山东沿海地区政府在制定本地区旅游法规时，应该认真考察分析本地区海洋文化旅游资源特色、产业发展规划要求、景区建设项目等实际，细化地方海洋文化旅游立法的针对性，突出地方海洋文化旅游立法的区域性。同时，将比较成熟的行政规章、政策等及时上升为地方法规、正式制度，注意协调海洋文化旅游立法与其他产业相关法律之间的关系。高度实现山东海洋文化旅游立法的可操作性，在沿海七市形成稳定统一的海洋文化旅游发展法律环境。

（二）完善相关法规的立法内容

山东省沿海地区在进行海洋文化旅游法律法规体系建设时，应该全方位对海洋文化旅游产业发展过程中可能遇到的情况进行分析，完善现行法律制度中缺失的部分。为加强对文化和旅游系统知识产权工作的指导，文化和旅游部积极了推进《中华人民共和国文化产业促进法草案》的制定和研究工作，在知识产权工作的理论研究方面，文化和旅游部在年度全国艺术科学规划项目课题指南中专门设立了“传统艺术成果的知识产权问题研究”等方向，并针对文化系统知识产权工作薄弱环节和各个领域的不同需求，研究制定了涉及图书馆、美术馆、非物质文化遗产、艺术表演团体等领域的《知识产权工作指南》①。这些都为山东省海洋文化和旅游知识产权保护的立法工作开拓了思路、奠定了基础。

山东沿海地区较为注重旅游资源方面的开发利用和保护，但是，具体的海洋文化与旅游融合发展的知识产权保护政策法规并未形成。这种低风险地模仿优秀企业的海洋文化旅游创意产品、创意服务乃至创意性发展模式的情况，将影响海洋文化与旅游融合创新的积极性、主动性。因此，山东沿海地区应加强对海洋文化旅游系统的知识产权保护力度，加快推进政策法规的出台，同时应加强餐饮业、交通业、娱乐业等诸多方面的法规建设，补充地方海洋文化旅游立法体系的空白领域，使法规体系建设更为完善，更加适合海洋文化与旅游的融合发展。

（三）加强立法执法过程透明度

海洋文化旅游产业属于综合性产业，其发展的指导和管理需要多个部门的协调与配合。但是在具体制定和实施海洋文化旅游法规时，相关部门都会优先考虑己方利益，造成海洋文化旅游法律丧失相应的作用。另外，海洋文化旅游立法过程目前尚缺乏透明度，从商讨、确定方案到制定颁布、具体实施，整个过程都是由相关部门来确定，缺少海洋文化旅游活动的主体——文化和旅游消费者、文化和旅游经营者、旅游地居民等的参与和监督。因此，应该加强山东省各级政府在海洋文化旅游立法过程与执法过程的透明度，制定“海洋文化旅游产业行政管理准则”和“海洋文化旅游产业违规处罚准则”等相关法规，遵循海洋文化旅游立法全民参与商讨、相关部门协调商榷、执法过程全民监督的原则，保证立法过程与执法过程的透明性与科学性，提高海洋文化旅游法规的有效性。

六、海洋文化与旅游多维融合的人才培养强化

海洋文化和旅游融合的基石是技术。近几年，我国科学技术的研发能力、创新能力及应用能力都有了长足进步，但与英国、美国等人才大国相比还有较大的差距，而且引进新技术还面临着高昂的技术改造成本和应用成本。因此，拥有先进科学技术和先进管理理念的高端人才是两者融合的关键，海洋文化与旅游的融合发展也需要大批专业性人才。山东省各级政府应该高度重视复合型和专业型海洋文化和旅游人才的培养，在增加教育基础设施投入的同时，还要为相关高校、

① 近年来文化和旅游领域知识产权保护工作综述［EB/OL］.（2019－04－30）.http：//www.ce.cn/culture/gd/201904/30/t20190430_ 31977607.shtml.

科研部门的合作创造有利外部条件，促进海洋文化和旅游人才、知识资源的共享、整合。山东省各级政府应加大对融合后海洋文化旅游教育、培训的投入，推动形成区域性海洋文化旅游人才市场，发挥区域海洋文化旅游人才交流的辐射带动作用，建立起一群拥有专业水准的海洋文化旅游工作人员，创造经济效益的同时，形成良好的社会效益。

当前，山东沿海地区在发展海洋文化旅游产业时，面临着高端海洋文化旅游人才缺乏的问题，而且国内现有的海洋文化和旅游教育体系尚不能满足培养高端海洋文化旅游人才的需要。因此，可通过规范旅游中等职业教育来培养合格的一线服务人员，通过改革高等教育体系培养新型高端海洋文化旅游人才，通过加强岗位培训提高海洋文化旅游从业者的综合素养。

（一）积极提升现有旅游职业教育

海洋文化与旅游融合发展的人才需求是多层次的，而旅游职业教育的学生实践能力更强，从业后能够快速适应海洋文化旅游一线服务的需要。山东省相关学校应重视对学生海洋文化基础理论知识的教育，加强其理论素养的提升，在着重提高学生实践能力的同时，增加对学生在海洋文化与旅游融合方面专业知识及相关知识的传授，提升学生的认知空间和发展潜力。

（二）改革海洋文化旅游高等教育

海洋文化和旅游高等教育是培养新型高端海洋文化旅游人才最重要的平台，但现在山东省高校相关专业教育培养的人才存在和海洋文化旅游市场需求脱节的现象，需要从高校旅游专业设置的角度进行全面、深入的高等教育改革。山东省相关高校可设立交叉性旅游专业，实现学科内容改革。海洋文化旅游产业是海洋文化与旅游交叉融合产生的，要求相应的专业人才具有多学科的知识体系，因此在旅游专业学科设置上，可将旅游学科的基础知识与海洋文化、多媒体、文化产业、信息技术、金融、经济、管理、营销、历史等关联性较强的学科相结合，以产业交叉点进行专业细化。同时，可通过重点高校对海洋文化旅游专业进行扶持，提高海洋文化旅游专业的学科地位，增加报考海洋文化旅游专业的人才。

山东省相关高校可与海洋文化类、旅游类企业建立创新实践基地，提高学生的专业实践能力。借鉴部分高校形成的产、学、研一体化的人才培养模式，与相关企业共建实训基地，提升学生实习的比例与精度，并通过“订单式”培养将人才直接输送至企业，提升人才入职适应度和行业就业率。如可将课下实践学习按照不同的比例从大一贯穿到大四，让学生持续积累在社会实践方面的经验，提高工作技能。

（三）调整海洋文旅人才岗位培训

人才的在岗培训是海洋文化和旅游相关企业进行自身人才提升的必备环节。任何学历层次的海洋文化和旅游从业者都需要经过工作经验的积累和人生阅历的积淀，在工作的磨炼下成长为合格的高端人才。海洋文化旅游岗位培训应把握促进两个产业融合发展的原则，以培养交叉性知识与实践能力为重点，为不同基础的从业者制定针对性的、科学的、完整的岗位培训体系和方案。

山东省海洋文化和旅游企业应加强对员工交叉性知识的培训。海洋文化旅游产业在发展初期，肯定会有许多曾经从事旅游产业或海洋文化的人才，它们往往缺乏对海洋文化旅游这一融合产业的具体了解，企业应以人才所在机构、所在岗位需要的知识为主，以产业发展方向、人才变动方向需要的交叉性知识为重点，建立科学、完整的海洋文化旅游从业者培训体系。

山东省海洋文化和旅游企业应设置考核与奖励政策，快速提高员工的工作能力。通过考核与奖励，可以督促在岗人员更加深入地参与培训工作，在一定程度保障培训的效果。一方面，对于新型海洋文化旅游人才的考核应该与培训方案同时定制，考核应该与实际工作相结合，以通过培训后的一个时段的工作成果作为考核的重要评价内容之一；另一方面，岗位培训应当适当加入奖励内容，对考核成绩突出的员工给予奖励，比如提供海洋文化旅游度假机会、外出培训机会以及岗位升迁机会等，通过多样的形式将考核作为选拔受奖励者的途径，将奖励作为继续不断深造的过程，使海洋文化旅游在岗培训形成一个良性循环。

七、海洋文化与旅游多维融合的和谐环境构建

旅游环境作为海洋文化旅游产品的延伸部分，对产品质量和体验度正起着越来越大的作用。一个相匹配的、良好的海洋文化旅游环境，可更好地烘托海洋文化旅游产品的主题和特色，大大增强其旅游价值和对旅游者的吸引力。

（一）政策环境优化

在海洋文化旅游产业发展初期，山东省各级政府可以成立海洋文化旅游专题小组或机构，对产业进行前期走访调研，借助政企的力量制定有利于海洋文化旅游产业顺利且快速发展的政策，营造政府大力支持海洋文化旅游发展的良好氛围。

（二）市场环境优化

对于海洋文化旅游经营主体之间的市场竞争，政府要做好市场裁判的角色，使企业间保持公平合理的竞争，保持市场最佳的资源配置效率，维护良好的市场经营秩序。随着游客市场需求的变动，市场会呈现出持续的不均衡状态，经营主体应该重视海洋文化旅游产品或服务的创新，结合高新技术发展及时对产品进行升级换代，确保市场活力的延续。同时，应紧扣海洋文化旅游主题，塑造和推广山东沿海整体的海洋文化旅游形象，扩大知名度、美誉度和市场影响力。山东省沿海海洋文化类、旅游类企业可进行区域联合，通过协力举办海洋民俗文化节、海洋主体文化展等活动，向外传播山东海洋文化的深刻内涵和独特魅力，可以借鉴“好客山东”这一山东文化旅游品牌形象打造山东海洋文化旅游品牌形象，积极组织相关企业参加中国国内旅游交易会和中国国际旅游交易会，通过成熟的平台实现知识和经验的获得和品牌的推广。

（三）社会环境优化

海洋文化旅游产业是基于游客的文化需求产生的，因而，应在社会上加强对海洋文化的普及与宣传，引导培养游客对海洋文化旅游的消费习惯。必须有计划地让游客参与到海洋文化物质和非物质遗产体验中来，促进其对海洋文化的感知和了解。山东沿海地区海洋文化旅游资源种类繁多且各具特色，其在内容和形式上的差异性是吸引游客的重要因素之一。在对山东海洋文化旅游资源进行整体普查、调研、成果整理的基础上建设山东海洋文化旅游数字化平台，并建立青岛、烟台、威海等市级海洋文化旅游数字化平台，实现对海洋文化旅游资源相关资料的留存和信息的定时更新，便于资源管理、资源整合开发和海洋文化的普及。同时，发挥人民群众主体力量，建立游客与平台互动机制。游客在旅行过程中所得到的信息可以上传平台，平台则依据相应的标准有选择地吸纳游客所提供的信息，完善海洋文化旅游信息数据库。

（四）生态环境优化

海洋文化旅游产业发展依托的海洋文化旅游资源均与大海相关，因此，维护海洋生态环境的良好状态不仅是海洋文化发展的根本性需求，也是游客体验海洋文化魅力的环境基础。根据相关法律法规，向山东省沿海地区居民宣传海洋保护的重要性，及时约束、制止破坏海洋生态环境的行为，对相关人员进行严厉惩罚，对已被破坏的海洋文化旅游资源通过提高资源修缮技术、实施海洋生态修复政策等方式予以恢复。

第十一章　结论与展望

一、研究结论

在对海洋文化旅游资源实地考察的基础上，以马克思主义理论为指导，以效用价值论和消费者剩余理论为支撑，借鉴资源经济学、文化遗产经济学、海洋文化学、管理学等领域的研究成果，构建海洋文化旅游资源价值体系，运用直接市场法、替代市场法和虚拟市场法评估其多元价值，形成了较为完善的海洋文化旅游资源价值评估路径。基于海洋文化旅游资源价值，厘清海洋文化与旅游融合发展的内在机理，剖析对海洋文化与旅游融合发展的演进过程和障碍因素，综合运用问卷调查法、离散函数法、均匀分布函数法、修正 HHI 指数、企业财务指标、菲什拜因—罗森伯格模型等计量方法分别对海洋文化与旅游在宏观、中观、微观层面的融合度及其融合效应进行实证研究，形成了较为系统的海洋文化与旅游融合研究框架。研究结论有助于从历时性视野客观认识海洋文化旅游资源具备的多重价值，从价值功用角度衡量山东海洋文化与旅游融合的程度与效果，从共时性格局全面构筑山东省海洋文化旅游资源的开发策略及海洋文化与旅游融合的综合提升方案，主要结论有以下八点：

第一，海洋文化旅游资源价值审视的结论。海洋文化旅游资源是涉海人员在与海洋互动过程中所产生的承载人类精神、信仰、习俗、意识形态等在内的客观存在形态，具备涉海性、地域性、系统性、经济性、社会性，可分为海洋景观资源、海洋遗迹资源、海洋民俗资源、海洋文艺资源、海洋娱教资源、海洋科技资源六类。海洋文化旅游资源价值可分为使用价值和非使用价值两大部分：①使用价值是指海洋文化旅游资源能够满足人们休闲娱乐、知识汲取、精神享受和物质消费等多重需求的价值形式，包括直接使用价值和间接使用价值。其中，直接使

用价值指人们可直接从海洋文化旅游资源中获取的效用，包括旅游服务价值、文化教育价值、科学研究价值；间接使用价值指人们从海洋文化旅游资源中获取的无形的间接效用，包括艺术欣赏价值、精神启迪价值、IP 授权价值。②非使用价值是指人们目前还未利用到的海洋文化旅游资源中的那部分价值，包括选择价值、存在价值、遗产价值。

海洋文化旅游资源类型多样，自身特质和开发情况存在差异，可确定各类海洋文化旅游资源的价值构成为五种情况：①海洋景观资源、海洋娱教资源、海洋民俗资源（已开发），拥有旅游服务价值、文化教育价值、间接使用价值、非使用价值；②海洋遗迹资源（已开发）、海洋文艺资源（已开发），拥有直接使用价值、间接使用价值、非使用价值；③海洋遗迹资源（未开发）、海洋民俗资源（未开发），涵盖科学研究价值、文化教育价值、间接使用价值、非使用价值；④海洋文艺资源（未开发），蕴藏文化教育价值、间接使用价值、非使用价值；⑤海洋科技资源，蕴藏科学研究价值、文化教育价值、IP 授权价值、非使用价值。

第二，海洋文化旅游资源价值评估方法构建的结论。海洋文化旅游资源价值评估需综合使用直接市场法、替代市场法和虚拟市场法：①旅游服务价值、文化教育价值、科学研究价值和 IP 授权价值皆可通过具有交易属性的海洋文化旅游产品或服务获得，故采用直接市场法进行评估；②艺术欣赏价值、精神启迪价值来源于人们的心理预期，难以直接衡量，采用间接市场法进行评估；③对于未开发的海洋文化旅游资源，因缺乏直接的市场价格，亦无可替代的市场费用信息，采用虚拟市场法进行评估；④非使用价值属于无形价值，目前无法确定、难以预估，故采用条件价值法和层次分析法进行评估。

具体而言，①旅游服务价值是指游客为使用海洋文化旅游资源而产生的全部直接费用和间接费用的总和，包括交通费用、餐饮费用、住宿费用、景区内费用和时间成本，宜采用市场价格法、费用支出法和替代市场法进行评估；②文化教育价值是指受众在使用海洋文化旅游资源的文化教育服务中所产生的全部费用，包括学生团体参观学习价值、学生研究选点价值和大众获取海洋文化信息价值，宜采用费用支出法进行评估；③科学研究价值是指科研人员在研究海洋文化旅游资源过程中所产生的全部费用，包括基础研究价值和应用开发研究价值，宜采用费用支出法进行评估；④艺术欣赏价值和精神启迪价值是指受众在使用海洋文化旅游资源过程中所获得的视觉冲击、心灵放松和精神启迪等无形收获的心理预期值，与受众的心理预期、社会经济背景等密切相关，宜采用旅行费用区间分析法、基于旅行费用法的联立方程模型、意愿调查法进行评估；⑤IP 授权价值是指承载海洋文化旅游资源的文化符号、精神内涵的载体花费，包括出版物价值、影视相关产品价值和浏览相关网页的价值，宜采用费用支出法进行评估。

第三，山东省海洋文化旅游资源价值评估的结论。通过对山东省49项典型海洋文化旅游资源的价值评估结果进行对比分析，发现山东省海洋文化旅游资源开发面临五个问题：①山东省海洋文化旅游资源整体盈利能力较弱，旅游服务属性不强，游客吸引力和景区开发层次须大幅提升，如无棣大河口海滨旅游度假区、柳毅山景区、东营仙河镇等；②山东省海洋文化旅游资源的文化知识、价值内涵的普及范围有限，文化教育功能较弱，存在两极分化现象，呈现极不均衡的状况；③山东省大部分海洋文化旅游资源目前仅处于单纯的保护状态，在艺术形态展现、精神内涵彰显、沉浸体验感受、心灵共振共鸣等方面表现较差，导致受众的持续使用意愿受到削弱，如威海卫塔、长岛海洋渔号、杨家古窑址等；④山东省海洋文化旅游资源在宣传推广表现较差，缺乏足够的吸引力，且海洋文化旅游资源的使用者目前以山东省内居民为主，文化辐射力、影响力有限；⑤山东省居民在整体上表现出对海洋文化旅游资源开发的重视，但在认知度、了解度方面呈不均衡状态，且因诸多现实难题如相关企业能力不足、市场发育不充分、复合创新人才缺乏而对山东省海洋文化旅游资源未来的深度开发缺乏信心。

通过对各类海洋文化旅游资源的价值评估结果进行对比分析发现：①海洋娱教资源的旅游服务价值量、非使用价值量、价值总量较高，其多样新颖的表现形式、配套完善的基础设施、高水平的服务能力发挥了关键作用；②海洋科技资源的文化教育价值量、科学研究价值量较高，且文化教育价值量以学生研究选点价值为主，这与其特有的文化属性、科研属性密切相关，并且便捷的交通通达性、完善的基础配套设施服务亦满足了受众的多项需求，吸引力稳步提升；③未开发的海洋景观资源、海洋遗迹资源、海洋民俗资源、海洋文艺资源的消费者剩余价值量相近，表明海洋文化旅游资源的开发利用情况是影响受众心理预期的重要因素；④海洋文艺资源（已开发）、海洋遗迹资源的IP授权价值量高，且以出版物价值为主，表明近两年学术界对其关注度较高。

通过对各市海洋文化旅游资源的价值评估结果进行对比分析发现：①东营、烟台的海洋文化旅游资源平均价值总量处于290亿~340亿元；②滨州、日照、青岛、威海的海洋文化旅游资源平均价值总量处于140亿~170亿元；③潍坊的海洋文化旅游资源平均价值量约为100亿元，按照各市海洋文化旅游资源价值量的大小依次将其划分为第一、第二、第三梯队。总之，各类海洋文化旅游资源价值的充分发挥，有利于山东省在新时代下加快新旧动能转换，进一步提高产业链附加值，增强当地文化自信，为居民创造出更加美好的生活。

第四，海洋文化与旅游宏观融合度及融合效应探讨的结论。借鉴旅游社会学的分析方法，以旅游目的地“文化主体”对海洋文化与旅游融合发展的感受构

建宏观融合度测评理论模型，结合问卷调查的数据分析，“文化主体”对目的地变化的感知：市场融合（4.35）>技术融合（4.29）>政策融合（4.11），表明山东省海洋文化与旅游宏观融合势头较好，融合成效初显，但尚处于融合发展的初始阶段。宏观融合的外在表现为：①海洋文化与旅游市场融合最为明显，对经济增长、市场规模扩大、知名度提高的影响较为直观，故而“文化主体”的感知最为敏感；②海洋文化与旅游技术融合紧随其后，对服务接待水平提高、产业结构调整、产品种类丰富的影响显现稍慢，表明现阶段高新技术对山东海洋文化旅游产业组织和顾客消费结构的影响力仍较弱，短时间内产品形态和种类未能发生较大改变；③海洋文化与旅游政策融合尚未完全发挥应有的作用，对资源保护开发方式的规范、融合发展环境的优化、政府政策的推进影响不大；④海洋文化与旅游融合发展在市场层面表现出的经济带动作用并非通过丰富产品种类，而是经由市场营销手段实现。综合海洋文化与旅游融合程度的外在影响与内在变化可知，两者的宏观融合发展程度仍较浅，存在重市场营销轻融合创新的问题。

结合菲什拜因—罗森伯格模型构建融合效应评价指标体系，利用统计数据计算得知：推动经济增长效应>提高生产效率效应>扩大市场规模效应>增进社会福利效应。结果表明：①海洋文化与旅游宏观融合对经济增长的带动效应最明显，与宏观融合度中“文化主体”对“旅游经济增长”的感知最明显相符合；②市场规模的扩大需要依靠成熟的产品体系，即产品种类应丰富、比例应恰当，而扩大市场规模效应较低与宏观融合度分析相一致，均表明两者技术融合有待提高，产品市场尚未成熟；③增进社会福利效应垫底，再次表明政策融合尚未发挥应有的作用，宏观融合产生的正外部性尚不明显。综合可知，宏观融合效应发挥面临着市场不成熟的障碍。

第五，海洋文化与旅游中观融合度及融合效应探讨的结论。构建中观融合度指标体系，借鉴离散函数法和均匀分布函数法对中观融合度进行计算，发现随着时间的推移，山东省沿海七市海洋文化与旅游产业融合度均呈现升高趋势，表示两者融合进程不断加深，中观产业融合取得了较为明显的效果。山东省沿海各市间表现出的中观融合度差异与各个城市文旅产业发展的繁荣状况相对应，表明经济基础和城市知名度影响着海洋文化与旅游的中观融合进程。分析结果显示：①青岛市海洋文化与旅游的中观融合度较好，滨州和东营的海洋文化与旅游中观融合度较差，与青岛市海洋文化旅游资源较丰富、产业链较完整、区域空间产业较集聚相关；②在山东省沿海七市中，威海、烟台、日照的海洋文化与旅游中观融合度与青岛存在较大差距，但其海洋文化旅游资源与青岛的差距并不明显，主要在于区域内的产业空间布局和产业链功能不同，表明基于后天能动性的产业链融合相较于基于先天优势的资源融合对中观融合度的影响较大，也折射出青岛在产业链融合层面优于其他城市。因此，中观融合面临重资源消耗轻产业链架构的问题。

在海洋文化与旅游中观融合效应显现中，完善空间区划效应>升级产业结构效应>优化资源配置效应>提升产业竞争力效应，具体原因有三点：①完善空间区划、推进企业空间集聚首先需要区域配备完善的基础设施服务，完善空间区划效应最为明显，说明山东省沿海七市近年对海洋文化与旅游基础设施建设较为重视；②升级产业结构效应较为明显，与中观融合度研究得出的产业链融合对融合度影响较大相符合，海洋文化与旅游融合发展的进程也是两大产业结构调整优化的过程；③但资源配置优化并不是前期就能轻而易举解决的问题，需要区域完整的产业链支撑，也需要融合后期的不断磨合，区域产业链的不完整，海洋文化旅游产业链功能得不到优化升级，资源配置优化效应便得不到发挥，产品无法提高市场竞争力，产业竞争力也得不到实质性提高，故资源配置优化效应和产业竞争力提高效应显现相对滞后。因此，中观融合效应发挥面临产业链不完整的障碍。

第六，海洋文化与旅游微观融合度及融合效应探讨的结论。山东省沿海七市近年从事海洋文化业务与旅游业务的企业大幅增多，展现出两者融合具有巨大的发展潜力和经营活力。应用修正的赫芬达尔指数对微观融合度进行计算可知，2018 年前，山东省海洋文化与旅游微观企业融合处于缓慢增长的起始阶段，2018 年后，进入加速增长的发展阶段，企业的微观融合度逐渐加深。不同企业在微观融合度数值方面呈现出的结构性差异，表明海洋文化与旅游企业融合发展水平参差不齐，尚处于探索阶段。其中，青岛市海洋文化与旅游微观融合度数值较高，与青岛市经营海洋文化与旅游业务的企业数量较多相关，同一区域内企业数量较多，企业间的业务沟通次数和组织机构的交叉融合现象便会增多。但大多数企业为扩大市场规模、提高经济利益，采取的仍是同质化产品竞争，市场中充斥着缺乏创意的海洋文化旅游产品、服务，其本质都是企业对创新创意专业人才的重视不够，更缺少成熟的人才培养机制，因此，微观企业融合重产品竞争轻人才培养的问题较为突出。

在海洋文化与旅游微观融合效应显现中，优化业务结构效应>扩大规模经济效应>提升产品创意效应>增强知识溢出效应。与微观融合度研究结论相符合，即参与海洋文化与旅游融合发展的企业表现出的明显变化有三点：①彼此之间业务往来增多，组织机构融合加快，业务结构得到优化；②经营业务的融合发展激发着分工合作的优化，专业化分工进一步扩大了企业的规模经济效应；③但企业协作能力不足，限制了所能学习、了解的知识范围，影响了员工创新能力的提升，导致产品创意提升效应和知识溢出增强效应均较靠后。因而，海洋文化与旅游微观融合效应因企业协作能力不足的制约未能充分显现。

第七，山东省海洋文化旅游资源多维开发的结论。通过对资源价值评估结果和开发障碍因素的剖析，结合山东省海洋文化旅游资源开发利用的实际，提出从宏观、中观、微观三个维度进一步深度开发山东省海洋文化旅游资源，为海洋文化与旅游全面融合的推进奠定基础。①宏观上，对山东省海洋文化旅游资源进行整合性规划开发，打造海洋观光旅游带、海洋科考研究带、海洋科技体验带、海洋风俗体验带、海洋技艺传承带共五条特色鲜明的海洋文化旅游带，避免各自为战现象的发生；②中观上，基于历史和现实的双重视角，确立山东省沿海各市的海洋文化旅游资源开发基调，分别为青岛海商文化区、烟台仙海文化区、威海海军文化区、日照渔家文化区、东营黄河文化区、潍坊海盐文化区、滨州庙会文化区，避免同质化竞争问题的反复；③微观上，依据各类海洋文化旅游资源特色和价值评估结果进行针对性开发，进一步实现资源的优化配置，提高海洋文化旅游资源的生产力和影响力。

第八，山东省海洋文化与旅游多维融合度和融合效应提升的结论。海洋文化与旅游多维融合协同机制的构建：①为确保海洋文化与旅游融合发展能够拥有规范的市场环境、完善的政策制度以及较为成熟的消费观念，应从宏观社会层面构建保障协同机制；②为确保海洋文化旅游资源的供给与应用、产业链上下游的配合与协作、产业集群业务功能的拓展与完善，应从中观产业层面构建运营协同机制；③为提高产品服务创新、机构组织创新和人才培养创新，应从微观企业层面构建创新协同机制；④为有效发挥融合发展的拉力、推力和支持力，尽可能减少融合发展所受的阻力，应构建动力协同机制。

海洋文化与旅游多维融合度及融合效应提升方案的制定：①针对海洋文化与旅游宏观融合存在的重市场营销轻融合创新、消费市场不成熟的问题，提出市场培育方案，培养社会大众的海洋文化旅游消费习惯，提高市场需求的导向作用，引领供给侧创新；②针对海洋文化与旅游中观融合存在的重景观资源轻产业链架构、区域产业链不完整的问题，提出资源使用方案和产品打造方案，优化海洋文化旅游资源配置，提高资源利用效率，激发海洋文化与旅游产业链互动互融，实现产品种类和品质升级；③针对海洋文化与旅游微观融合存在的重产品竞争轻人才培养、企业协作能力不足的问题，提出企业协作方案，建立企业合作机制，丰富和完善业务合作内容，共同发力培养复合型专业人才。

参与海洋文化与旅游融合发展各相关主体角色的定位：①针对海洋文化与旅游宏观融合层面存在的重市场营销轻融合创新、消费市场不成熟的问题，建议政府发挥顶层设计和舆论引导的作用，促使消费者树立正确的消费观念，规范海洋文化旅游市场运营；企业打通产品、服务生产销售渠道，重视市场消费需求的变动；消费者对市场产品进行评价，完善市场评价机制；社区提供便利的文化旅游消费周边服务，发挥基层服务组织的支撑性，延伸融合发展的市场空间；中介搭建政府和企业沟通的桥梁，协调两者之间的关系，确保市场竞争活力。②针对海洋文化与旅游中观融合层面存在的重资源消耗轻产业链架构、区域产业链不完整的问题，建议政府发挥政策激励和市场监督的作用，转变企业落后的生产方式；运营良好的企业树立典型示范引领作用，初创企业则借鉴行业内成熟的运营模式，增加企业间的业务交流，完善产业链功能；社区保护传承海洋文化，中介搭建资源流通平台，确保海洋文化旅游资源的原真性，提高文化品质。③针对海洋文化与旅游微观融合层面存在的重产品竞争轻人才培养、企业协作能力不足的问题，建议政府发挥公共服务作用，多为市民提供海洋文化旅游公益产品，提高社会整体的海洋文化鉴赏能力，并为海洋文化与旅游专业人才的培养提供支持环境；企业多方筹措资金提高自身实力，增多行业内外交流沟通，加强知识、信息、技术溢出，实现复合型高端人才引进和培养，提升产品创意设计水平；消费者提高自身文化素养，引导产品和服务优化升级，敦促企业对协作和创新能力的重视。

二、创新之处

1. 以资源价值审视夯实海洋文化旅游融合发展基础

以往对海洋文化旅游资源进行研究往往将其看作“黑箱”处理，既没有对海洋文化旅游资源的内在逻辑进行详细剖析，又没有从经济社会发展规律上寻求海洋文化旅游资源开发的多重价值，仅定性探讨了资源的产业属性、开发对策等，不能全面、科学地把握海洋文化旅游资源，导致海洋文化至今仍未在新时代海洋事业中发挥应有作用。本书基于山东海洋文化旅游资源的历史沉淀，首先从理论上对海洋文化旅游资源的使用和非使用价值进行剥离与界定；其次对海洋文化旅游资源价值进行定量评估，全面揭示各类海洋文化旅游资源的潜力空间，使人们对海洋文化旅游资源的理解更为立体，能够为增强海洋文化意识、填补山东省海洋文化旅游资源信息空缺以及资源进一步转化为现实生产力、影响力奠定基础。

2. 以综合开发方案提升海洋文化旅游资源配置效率

山东省已进行的海洋文化旅游资源利用大多局限于景观资源的旅游开发上，多数海洋遗迹资源、海洋民俗资源、海洋娱教资源、海洋科技资源、海洋文艺资源等开发规模较小，对经济、社会的贡献尚不明显。本书以新时代海洋强省建设诉求为导向，以多种理论和方法为指导，打破障碍因素和旧观念、旧模式的束

缚，兼顾不同海洋文化旅游资源的经济与社会价值，从推进海洋文化和旅游融合的宏观、中观、微观三个维度审慎制定海洋文化旅游资源的差异化综合开发方案，拓展资源的应用空间，无疑有助于山东省海洋文化旅游资源配置效率和效果的提升，为构建更为完整的海洋文化与旅游融合发展体系添砖加瓦。

3. 以多维融合效应充实海洋文化旅游融合理论体系

已有学者对文旅融合动因、路径、效应等进行了分析，但尚未涉及海洋文化与旅游融合发展的内在机理，缺少对海洋文化与旅游融合发展动因、演进过程、互动功能、基本模式等的探讨，尤其缺少对两者宏观、中观、微观多层次融合现象的全面解剖，尽管现有文献存在部分以区域性海洋文化与旅游融合为案例的分析，但仍然以方案探讨为主，缺少以资源开发为出发点和落脚点的海洋文化与旅游深度融合及其融合效应的系统性、精确性理论探讨和构建。本书从全局视野对海洋文化与旅游在宏观、中观、微观的多维融合及其效应进行理论解析和定量测度，全面揭示海洋文化与旅游融合的动因、连接点、路径和效果，明晰两者融合可给区域经济、文旅产业和相关企业带来的增值潜力，对海洋文化与旅游融合的解读更为全面，填补了海洋文化与旅游融合研究的空白，符合新时代海洋文化和旅游融合发展的实际需要，有助于提升本领域研究的规范性、科学性和引领性。

4. 以“宏中微”三维定量化测评完善文旅融合研究方法

国内外对文化与旅游融合的研究仍以案例追踪、定性论断为主，仅有的融合度测算也均从中观视角出发，缺乏上升至国家战略、区域经济范畴，下沉至企业经营实际的实证检验。本书结合宏观调研数据、中观产业数据、微观企业数据，综合问卷调查和样本分析，以指标运算、多元回归模型、直接市场法、替代市场法、虚拟市场法等为基础，系统测算当前山东省海洋文化旅游资源的综合价值、海洋文化旅游多维融合的程度及其多元效应，基于实际测算，有针对性地构建起海洋文化旅游资源开发的差异化策略以及提升融合度和融合效应的具体方案，为各市资源有效开发和深度融合的实践提供支持，在视野和方法上实现突破，使研究结论更具全面性、合理性和实施价值。

三、未来展望

海洋文化旅游资源类型丰富、数量众多，不同类型甚至同一类型资源之间亦存在差距，本书选取的 49 项评估对象仅是体现了海洋文化旅游资源的一般典型，无法代表所有的海洋文化旅游资源，研究成果可能不适用于某些海洋文化旅游资源。在未来的研究中，需要进一步增添不同类型、不同地域、不同风格的海洋文化旅游资源，更为全面、细致地对比其价值评估结果，完善海洋文化旅游资源价值的理论体系，同时，还应积极尝试将影子工程法、收益还原法、选择实验法等其他资源价值评估方法同海洋文化旅游资源价值评估相结合，改进海洋文化旅游资源价值的评估方法体系，以期得到更为系统、准确、科学的价值评估结果，更好地助力海洋文化与旅游融合发展。

虽然本书基于海洋文化旅游资源的综合价值，从宏观、中观、微观三个层面分析了山东省海洋文化与旅游当前的融合度与融合效应，但鉴于相关文化企业和旅游企业成立较晚、规模和盈利水平较小、大多数经营数据不完整，导致部分测评样本数据较少，对融合发展现状的分析深度有限，可能未能准确反映海洋文化与旅游融合的真实水平。因此，在未来研究中，需要进一步寻找扩充样本数据的途径，借鉴其他计量方法同步研究海洋文化与旅游融合的现实情况，进一步丰富海洋文化与旅游融合度与融合效应的研究成果。此外，山东省拥有充裕的海洋文化旅游资源和势头强劲的海洋文化旅游产业，未来可进一步加强与我国大连、秦皇岛、天津、上海、舟山、福州、广州、厦门、香港等城市及韩国、日本等国家的海洋文化旅游交流合作，不断提升产品的文化体验、企业的创新能力、市场的规范化竞争，促进山东省海洋文化与旅游高质量的深度融合发展。

参考文献

［1］ Alfonso G, Salvatore T. Dose Technological Convergence Imply Convergence in Markets? Evidence from the Electronics Industry ［J］. Research Policy, 1998 (27): 445-463.

［2］ Arrow K, Solow R, Portney P R, et al. Report of the NOAA Panel on Contingent Valuation ［R］. Washington: Federal Register, 1993.

［3］ Ayres R. Cultural Tourism in Small-Island States: Contradiction Sand Ambiguities. Island Tourism and Sustainable Development ［M］. California: Praeger Publishers, 2002.

［4］ Bachleitner R, Zins A H. Cultural Tourism in Rural Communities: The Residents' Perspective ［J］. Journal of Business Research, 1999 (3): 199-209.

［5］ Besculides A, Lee M E, McCormick P J. Residents' Perceptions of the Cultural Benefits of Tourism ［J］. Annals of Tourism Research, 2002 (2): 303-319.

［6］ Bröring S, Leker J. Industry Convergence and Its Implications for the Front End of Innovation: A Problem of Absorptive Capacity ［J］. Creativity and Innovation Management, 2007 (2): 165-175.

［7］ Brown W G, Nawas F. Impact of Aggregation on the Estimation of Outdoor Recreation Demand Functions ［J］. American Journal of Agricultural Economics, 1973 (2): 246-249.

［8］ Canavan B. Tourism Culture: Nexus, Characteristics, Context and Sustainability ［J］. Tourism Management, 2016 (53): 229-243.

［9］ Chakraborty S, Saha S K, Selim S A. Recreational Services in Tourism Dominated Coastal Ecosystems: Bringing the Non-Economic Values into Focus ［J］. Journal of Outdoor Recreation and Tourism, 2020 (30): 100-279.

［10］ Chen W, Hong H, Liu Y, et al. Recreation Demand and Economic Value: An Application of Travel Cost Method for Xiamen Island ［J］. China Economic Review,

2004 (4): 398-406.

[11] Chhabra D, Healy R, Sills E. Staged Authenticity and Heritage Tourism [J]. Annals of Tourism Research, 2003 (3): 702-719.

[12] Cho Y, Kim E, Kim W. Strategy Transformation under Technological Convergence: Evidence from the Printed Electronics Industry [J]. International Journal of Technology Management, 2015 (67): 106-131.

[13] Ciriacy-Wantrup S V. Capital Returns from Soil-Conservation Practices [J]. Journal of Farm Economics, 1947 (4): 1181-1196.

[14] Clawson M, Knetsch L J. The Economics of Outdoor Recreation [M]. Baltimore: John's Hopkins Press, 1966.

[15] Clawson M. Methods of Measuring the Demand for and Value of Outdoor Recreation [M]. Washington : Resources for the Future, 1959.

[16] Codell J F, Macleod D S. Orientalism Transposed: The Impact of the Colonies on British Culture [M]. Aldershot: Ashgate, 1988.

[17] Csapo J. The Role and Importance of Cultural Tourism in Modern Tourism Industry [J]. Strategies for Tourism Industry-Micro and Macro Perspectives, 2012 (10): 201-232.

[18] Danowski J A, Choi J H. Convergence in the Information Industries: Telecommunications, Broadcasting, and Data Processing, 1981-1996 [J]. Progress in Communication Sciences, 1999 (7): 125-150.

[19] Davis R K. The Value of Outdoor Recreation: An Economic Study of the Maine Woods [D]. Massachusetts: Harvard University, 1963.

[20] Fai F, Tunzelmann N V. Scale and Scope in Technology: Large Firms 1930/1990 [J]. Economics of Innovation and New Technology, 2001 (4): 255-288.

[21] Federico C. Recovering the Memory of Ourselves for the Sustainable Cities and the Society of the XXI Century [J]. Procedia-Social and Behavioral Sciences, 2016 (223): 668-675.

[22] Gambardella A, Torrisi S. Does Technological Convergence Imply Convergence in Markets? Evidence from the Electronics Industry [J]. Research Policy, 1998 (5): 445-463.

[23] Garrod B, Gössling S. New Frontiers in Marine Tourism: Diving Experiences, Management and Sustainability [J]. Tourism Management, 2008 (16): 3-28.

[24] Geum Y, Kim M S, Lee S. How Industrial Convergence Happens: A Taxo-

nomical Approach based on Empirical Evidences [J]. Technological Forecasting and Social Change, 2016 (107): 112-120.

[25] Greg R. Tourism and Culture [C] //Van der Straaten J, Briassoulis H. Tourism and the Environment. 2000.

[26] Griliches Z. The Search for R&D Spillovers [J]. The Scandinavian Journal of Economics, 1992 (1): 29-47.

[27] Hacklin F, Marxt C, Fahrni F. An Evolutionary Perspective on Convergence: Inducing a Stage Model of Inter-Industry Innovation [J]. International Journal of Technology Management, 2010 (1): 220-249.

[28] Hacklin F, Raurich V, Marxt C. Implications of Technological Convergence on Innovation Trajectories: The Case of ICT Industry [J]. International Journal of Innovation and Technology Management, 2005 (3): 313-330.

[29] Hanemann W M. Welfare Evaluations in Contingent Valuation Experiments with Discrete Responses [J]. American Journal of Agricultural Economics, 1984 (3): 332-341.

[30] Heo P S, Lee D H. Evolution Patterns and Network Structural Characteristics of Industry Convergence [J]. Structural Change and Economic Dynamics, 2019 (51): 405-426.

[31] Jacquemin A P, Berry C H. Entropy Measure of Diversification and Corporate Growth [J]. The Journal of Industrial Economics, 1979 (1): 359-369.

[32] Kawabe M, Oka T. Benefit from Improvement of Organic Contamination of Tokyo Bay [J]. Marine Pollution Bulletin, 1996 (11) : 788-793.

[33] Khayum M F. The Impact of Service Sector Growth on Intersectoral Linkages in the United States [J]. Service Industries Journal, 1995 (1): 35-49.

[34] Kodama F. MOT in Transition: From Technology Fusion to Technology-Service Convergence [J]. Technovation, 2014 (9): 505-512.

[35] Korunovski S, Marinoski N. Cultural Tourism in Ohrid as a Selective form of Tourism Development [J]. Procedia-Social and Behavioral Sciences, 2012 (44): 104-113.

[36] Lei D T. Industry Evolution and Competence Development: The Imperatives of Technological Convergence [J]. International Journal of Technology Management, 2000 (7): 699-738.

[37] Leong W T. Culture and the State: Manufacturing Traditions for Tourism [J]. Critical Studies in Media Communication, 1989 (4): 355-375.

[38] Liu A. Tourism in Rural Areas: Kedah, Malaysia [J]. Tourism Management, 2006 (5): 878-889.

[39] Madariaga C, Hoyo J. Enhancing of the Cultural Fishing Heritage and the Development of Tourism: A Case Study in Isla Cristina (Spain) [J]. Ocean and Coastal Management, 2019 (1): 1-11.

[40] McConnell K E, Sutinen J G. Bioeconomic Models of Marine Recreational Fishing [J]. Journal of Environmental Economics and Management, 1979 (2): 127-139.

[41] McNeely J A, Miller K R, Reid W V, et al. Conserving the World Biological Diversity [M]. Washington: World Bank, 1990.

[42] Mitchell C, Shannon M. Exploring Cultural Heritage Tourism in Rural Newfoundland through the Lens of the Evolutionary Economic Geographer [J]. Journal of Rural Studies, 2018 (59): 21-34.

[43] Moira A. Human Development Tourism: Utilizing Cultural Heritage to Create a Universal Culture [C] //Katsoni V, Velander K. Innovative Approaches to Tourism and Leisure. Springer: Cham, 2018.

[44] Ondimu K I. Cultural Tourism in Kenya [J]. Annals of Tourism Research, 2002 (4): 1036-1047.

[45] Oracion E G, Miller M L, Christie P. Marine Protected Areas for Whom? Fisheries, Tourism, and Solidarity in a Philippine Community [J]. Ocean and Coastal Management, 2005 (3): 393-410.

[46] Orams M B. Historical Accounts of Human-Dolphin Interaction and Recent Developments in Wild Dolphin based Tourism in Australasia [J]. Tourism Management, 1997 (5): 317-326.

[47] Orams M. 1996 World Congress on Coastal and Marine Tourism [J]. Tourism Management, 1997 (2): 115-117.

[48] Pearce D W, Moran D. The Economic Value of Biodiversity [M]. Cambridge: IUCN, 1994.

[49] Pennings J M, Puranam P. Market Convergence and Firm Strategy: New Directions for Theory and Research [C] //ECIS Conference. The Future of Innovation Studies. Eindhoven: Netherlands, 2001.

[50] Pita P, Hyder K, Gomes P. Economic, Social and Ecological Attributes of Marine Recreational Fisheries in Galicia, Spain [J]. Fisheries Research, 2018 (208): 58-69.

[51] Randall A, Ives B, Eastman C. Bidding Games for Valuation of Aesthetic Environmental Improvements [J]. Journal of Environmental Economics and Management, 1974 (2): 132-149.

[52] Randall A. A Difficulty with the Travel Cost Method [J]. Land Economics, 1994 (1): 88-91.

[53] Richards G. Creativity and Tourism: The State of the Art [J]. Annals of Tourism Research, 2011 (4): 1225-1253.

[54] Rogerson C M. Creative Industries and Urban Tourism: South African Perspectives [J]. Urban Forum, 2006 (2): 149-166.

[55] Romeril M, Fuller R A. Tourism and Heritage in the United Kingdom [J]. The Environmentalist, 1985 (4): 306-309.

[56] Ryan C. Tourism and Cultural Proximity Examples from New Zealand [J]. Annals of Tourism Research, 2002 (4): 952-971.

[57] Santa-Cruz F G, López-Guzmán T. Culture, Tourism and World Heritage Sites [J]. Tourism Management Perspectives, 2017 (24): 111-116.

[58] Schuhbauer A, Koch V. Assessment of Recreational Fishery in the Galapagos Marine Reserve: Failures and Opportunities [J]. Fisheries Research, 2013 (144): 103-110.

[59] Shkurti F. National Marine Park Karaburun-Sazan and Today's Trends for Tourism Development [J]. International Journal of Geoheritage and Parks, 2019 (1): 1-14.

[60] Sick N, Preschitschek N, Leker J, et al. A New Framework to Assess Industry Convergence in High Technology Environments [J]. Technovation, 2019 (84): 48-58.

[61] Southwick R, Holdsworth J C, Rea T, et al. Estimating Marine Recreational Fishing's Economic Contributions in New Zealand [J]. Fisheries Research, 2018 (208): 116-123.

[62] Stieglitz N. Digital Dynamics and Types of Industry Convergence: The Evolution of the Handheld Computers Market [J]. The Iindustrial Dynamics of the New Digital Economy, 2003 (2): 179-208.

[63] Stieglitz N. Industry Dynamics and Types of Market Convergence [R]. DRUID Summer Conference, 2002.

[64] Syahrivar J. Bika Ambon of Indonesia: History, Culture, and Its Contribution to Tourism Sector [J]. Journal of Ethnic Foods, 2019 (1): 2.

[65] Tarald O. History, Culture, and Its Contribution to Tourism Sector [J]. Journal of Ethnic Foods, 2018 (1): 2.

[66] Trice A H, Wood S E. Measurement of Recreation Benefits [J]. Land Economics, 1958 (3): 195-207.

[67] UNEP. Guidelines for Country Studies on Biologieal Diverisity [M]. Oxford: Oxford University Press, 1993.

[68] Vincenzod G, Pierfrancescod P. The Contingent Valuation Method for Evaluating Historical and Cultural Ruined Properties [J]. Procedia-social and Behavioral Sciences, 2016 (223): 595-600.

[69] Ward F A. Specification Considerations for the Price Variable in Travel Cost Demand Models [J]. Land Economics, 1984 (3): 301-305.

[70] Ward F, Loomis J. The Travel Cost Demand Model as an Environmental Policy Assessment Tool: A Review of Literature [J]. Western Journal of Agricultural Economics, 1986 (2) : 164-178.

[71] Willis K G, Garrod G D. An Individual Travel-Cost Method of Evaluating Forest Recreation [J]. Journal of Agricultural Economics, 1991 (1): 33-42.

[72] Zhang Z, Plathong S, Sun Y, et al. Analysis of the Island Tourism Environment Based on Tourists' Perception—A Case Study of Koh Lan, Thailand [J]. Ocean and Coastal Management, 2020 (197): 105-326.

[73] 安紫婷，钱娟娟，周珂．试论舟山海洋“船”文化元素特色旅游业发展现状与策略 [J]. 农村经济与科技，2018 (17): 212-214.

[74] 白燕．浅论海洋文化在建设海洋强国战略中的作用 [J]. 海洋开发与管理，2014 (2): 46-49.

[75] 保继刚，郑海燕，戴光全．桂林国内客源市场的空间结构演变 [J]. 地理学报，2002 (1): 96-106.

[76] 鲍洪杰，王生鹏．文化产业与旅游产业的耦合分析 [J]. 工业技术经济，2010 (8): 74-78.

[77] 北京大学国家现代文化研究中心，北京市石景山区文化和旅游局．文旅融合：公共文化服务新动能论集 [M]. 北京：国家图书馆出版社，2019.

[78] 蔡志坚，杜丽永，蒋瞻．条件价值评估的有效性与可靠性改善——理论、方法与应用 [J]. 生态学报，2011 (10): 2915-2923.

[79] 曹诗图，袁本华．论文化与旅游开发 [J]. 经济地理，2003 (3): 405-408.

[80] 曹勇，蒋振宇，孙合林，等．知识溢出效应、创新意愿与创新能

力——来自战略性新兴产业企业的实证研究［J］. 科学学研究，2016（1）：89-98.

［81］陈兵建，吕艳丽. 文旅强省战略下甘肃省文化产业与旅游业融合水平测评研究［J］. 兰州文理学院学报（社会科学版），2020（5）：64-71.

［82］陈红玲，陈文捷. 基于新增长理论的广西民族文化产业与旅游产业融合发展研究［J］. 广西社会科学，2013（4）：173-176.

［83］陈景翊. 吉林省文化旅游产业链要素整合探讨［J］. 吉林工程技术师范学院学报，2015（9）：36-37.

［84］陈林，刘小玄. 产业规制中的规模经济测度［J］. 统计研究，2015（1）：20-25.

［85］陈柳钦. 产业发展的相互渗透：产业融合化［J］. 贵州财经学院学报，2006（3）：31-35.

［86］陈润. 浙江舟山海洋文化产业发展研究［J］. 农村经济与科技，2017（13）：175-177.

［87］陈思. 从历史角度比较闽台海洋文化的发展［J］. 福建论坛（人文社会科学版），2012（3）：97-101.

［88］陈涛. 海洋文化及其特征的识别与考辨［J］. 社会学评论，2013（5）：81-89.

［89］陈炜. 基于 TCM 和 CVM 方法的生态科普旅游资源价值评估——以桂林喀斯特世界自然遗产地为例［J］. 社会科学家，2019（1）：69-75.

［90］陈卫国. 文物与旅游相互融合　推进我市旅游业的发展［C］//中国文物学会. 中国文物学会通讯 2001、2002 年合订本. 北京：中国文物学会，2001.

［91］陈艳丽. 新旧动能转换背景下烟台市海洋旅游与文化融合发展研究［J］. 旅游纵览，2019（2）：122.

［92］陈应发. 条件价值法——国外最重要的森林游憩价值评估方法［J］. 生态经济，1996（5）：35-37.

［93］程洁. 明清文本中的海洋文化与近代知识者的现代意识建构［J］. 河南大学学报（社会科学版），2016（4）：121-128.

［94］迟晓英，宣国良. 价值链研究发展综述［J］. 外国经济与管理，2000（1）：25-30.

［95］崔南方，陈荣秋，马士华. 企业业务流程的结构化建模［J］. 华中理工大学学报，1997（12）：59-62.

［96］戴斌. 文旅融合时代：大数据、商业化与美好生活［J］. 人民论坛·

学术前沿，2019（11）：6-15.

[97] 但红燕，徐武明．旅游产业与文化产业融合动因及其效应分析——以四川为例［J］. 生态经济，2015（7）：110-113.

[98] 邓颖颖，詹兴文．中华海洋文化历史悠久、内涵丰富、前途光明——两岸首届中华海洋文化论坛综述［J］. 南海学刊，2015（4）：1-2.

[99] 董志文，张广海．海洋文化旅游资源的开发研究［J］. 求实，2004（S4）：222-223.

[100] 杜丽娟，柳长顺，王冬梅．黄土高原水土流失区森林资源价值核算［J］. 水土保持学报，2004（1）：93-95.

[101] 段芳．近代中国海洋文化崇拜研究［D］. 济南：山东师范大学，2016.

[102] 方军雄．市场化进程与资本配置效率的改善［J］. 经济研究，2006（5）：50-61.

[103] 方雪．吉林省高新区产城融合度评价研究［D］. 长春：吉林大学，2017.

[104] 冯斐．长江经济带文旅融合产业资源评价、利用效率及影响因素研究［D］. 上海：华东师范大学，2020.

[105] 冯天瑜．中国大河文明探略［J］. 地域文化研究，2018（3）：1-4.

[106] 付瑞红．文化产业和旅游产业融合发展的模式与路径［J］. 经济师，2012（9）：16-17.

[107] 高乐华，段棒棒．山东半岛海洋文化与旅游产业的融合［J］. 东方论坛，2020（1）：137-150.

[108] 高乐华，刘洋．基于 BP 神经网络的海洋文化资源价值及产业化开发条件评估——以山东半岛蓝色经济区为例［J］. 理论学刊，2017（5）：94-100.

[109] 高乐华，曲金良．基于资源与市场双重导向的海洋文化资源分类与普查——以山东半岛蓝色经济区为例［J］. 中国海洋大学学报（社会科学版），2015（5）：51-57.

[110] 高雪梅，孙祥山，于旭蓉．“一带一路”背景下海洋文化对海洋生态文明建设影响力研究［J］. 广东海洋大学学报，2017（2）：84-88.

[111] 葛朝阳，郑刚，陈劲．基础研究的经济回报率测度与评价：国外研究述评［J］. 科研管理，2003（1）：44-50.

[112] 巩慧琴，鲍富元．海洋文化与海洋旅游融合发展途径研究——以海南为例［J］. 现代商贸工业，2014（1）：93-94.

[113] 桂晶晶，卢山．“一带一路”背景下北部湾地区海洋非物质文化遗产

保护研究——以钦州地区海洋非物质文化遗产保护为例［J］．图书情报工作，2017（S2）：28-30.

［114］郭旭．海洋文化与海洋旅游产业融合发展研究——以舟山为例［M］//中国海洋学会，中国太平洋学会．第九届海洋强国战略论坛论文集．北京：中国海洋出版社，2018.

［115］郭展义．海洋文化再认识及中国新海洋文化发展路径选择［J］．海南热带海洋学院学报，2018（4）：25-30+43.

［116］韩宇澄．山西文旅集团企业竞争力提升研究［D］．太原：山西大学，2020.

［117］何芳东．“一带一路”倡议视阈下京族海洋文化建设研究［J］．桂海论丛，2018（6）：111-115.

［118］河世凤．近年来韩国海洋史研究概况［J］．海洋史研究，2015（3）：375-384.

［119］黑格尔．历史哲学［M］．王造时，译．上海：上海书店出版社，2006.

［120］洪刚．文化自觉视域下的中国海洋文化发展研究［D］．大连：大连理工大学，2018.

［121］胡晓艺．中国河流文化的传统根脉与现代更生［J］．广西社会科学，2019（10）：135-141.

［122］胡永宏．综合评价中指标相关性的处理方法［J］．统计研究，2002（3）：39-40.

［123］黄林．旅游产业与文化产业融合理论与实证分析［J］．科学与管理，2016（5）：73-79.

［124］黄锐，谢朝武，李勇泉．中国文化旅游产业政策演进及有效性分析——基于2009—2018年政策样本的实证研究［J］．旅游学刊，2021（1）：27-40.

［125］黄细嘉，周青．基于产业融合论的旅游与文化产业协调发展对策［J］．企业经济，2012（9）：131-133.

［126］黄益军，吕振奎．文旅教体融合：内在机理、运行机制与实现路径［J］．图书与情报，2019（4）：44-52.

［127］黄永林．文旅融合发展的文化阐释与旅游实践［J］．人民论坛·学术前沿，2019（11）：16-23.

［128］霍桂桓．非哲学反思的和哲学反思的：论界定海洋文化的方式及其结果［J］．江海学刊，2011（5）：38-46.

［129］贾鸿雁．我国的海洋旅游文化资源及其开发［J］．中国海洋大学学报

（社会科学版），2006（2）：8-11.

[130] 江俊章．乡村振兴战略下连南地区民族文化旅游开发研究［D］．桂林：桂林理工大学，2020.

[131] 江世银．区域产业结构调整与主导产业选择研究［M］．上海：上海三联书店，2004.

[132] 江志全．山东半岛海洋文化资源的保护和开发——以威海为例［C］//山东省社会科学界联合会，山东社会科学院，中共山东省委党校．建设经济文化强省：挑战·机遇·对策——山东省社会科学界2009年学术年会文集．青岛：山东省社会科学界联合会，2009.

[133] 金祥荣，叶建亮．知识溢出与企业网络组织的集聚效应［J］．数量经济技术经济研究，2001（10）：90-93.

[134] 经济合作与发展组织．环境项目和政策的经济评价指南［M］．施涵，陈松，译．北京：中国环境科学出版社，1996.

[135] 静恩英．调查问卷设计的程序及注意问题［J］．湖北民族学院学报（哲学社会科学版），2009（6）：99-102.

[136] 柯善咨，赵曜．产业结构、城市规模与中国城市生产率［J］．经济研究，2014（4）：76-88+115.

[137] 孔令刚，蒋晓岚．基于产业融合视角的文化创意产业发展战略［J］．华东经济管理，2007（6）：49-52.

[138] 喇明英．川甘青交界区文化生态旅游融合发展的理念与路径探讨［J］．西南民族大学学报（人文社科版），2016（2）：131-135.

[139] 兰波．东兴京族海洋文化产业的优势和契机分析［J］．贵州民族研究，2016（2）：143-146.

[140] 兰苑，陈艳珍．文化产业与旅游产业融合的机制与路径——以山西省文化旅游业发展为例［J］．经济问题，2014（9）：126-129.

[141] 黎堂明．珠海海洋文化旅游发展探析［C］//中国海洋学会，广东海洋大学．中国海洋学会2007年学术年会论文集．湛江：中国海洋学会，2007.

[142] 李百齐．蓝色国土的管理制度［M］．北京：海洋出版社，2008.

[143] 李丰生．旅游资源经济价值的理论探讨［J］．经济地理，2005（4）：577-580.

[144] 李锋，陈太政，辛欣．旅游产业融合与旅游产业结构演化关系研究——以西安旅游产业为例［J］．旅游学刊，2013（1）：69-76.

[145] 李国强．关于中国海洋文化的理论思考［J］．思想战线，2016（6）：27-33.

［146］李红，吴小玲．广西沿海古建筑的发展脉络及海洋文化特征［J］．广西社会科学，2017（8）：32-36.

［147］李金昌．环境与经济［M］．北京：环境科学出版社，1994.

［148］李景初．河南省产业融合发展模式及路径分析——以文化产业和旅游产业融合发展为例［J］．企业经济，2015（2）：121-124.

［149］李君琰．粤西海洋文化视阈下涉海舞蹈编创中题材的选取研究［D］．湛江：广东海洋大学，2019.

［150］李力行，申广军．经济开发区、地区比较优势与产业结构调整［J］．经济学，2015（3）：885-910.

［151］李立鑫，瞿群臻．长三角区域海洋文化资源开发研究［J］．科技管理研究，2014（6）：219-223.

［152］李陇堂，魏红磊．文化资源与旅游产业融合发展研究——以银川市为例［C］//中国地理学会，河南省科学技术协会．中国地理学会2012年学术年会学术论文摘要集．开封：中国地理学会，2012.

［153］李璐．信息资源产业与文化产业融合的实证分析——基于中国上市公司1997年-2012年数据［J］．情报科学，2016（3）：122-126.

［154］李萌，胡晓亮．长三角都市文旅融合一体化发展研究［J］．江苏行政学院学报，2020（5）：42-48.

［155］李娜，潘文．用旅行费用区间分析法评估神农架自然保护区游憩价值［J］．生态经济，2010（1）：35-37+41.

［156］李树信，张海芹，郭仕利．文旅融合产业链构建与培育路径研究［J］．社科纵横，2020（7）：54-57.

［157］李巍，李文军．用改进的旅行费用法评估九寨沟的游憩价值［J］．北京大学学报（自然科学版），2003（4）：548-555.

［158］李向明．旅游资源资产评估及其指标体系的构建［J］．资源科学，2006（3）：143-150.

［159］李晓玲．海南潭门休闲渔业发展研究［J］．现代商业，2017（14）：64-65.

［160］李晓松．文化生态保护区建设的时间性和空间性研究［J］．民俗研究，2020（3）：33-45.

［161］李秀梅，王乃昂，赵强．兴隆山自然保护区旅游资源总经济价值评估［J］．干旱区资源与环境，2011（6）：220-224.

［162］李智，马丽卿．产业融合背景下的舟山海洋文化产业新发展［J］．海洋开发与管理，2018（1）：28-32.

[163] 励安平，张华行．海洋文化：沿海地区学校特色育人的优质资源[J]. 上海教育科研，2005 (6)：90-91.

[164] 梁君，陈显军，杨霞．广西文化产业与旅游业融合度实证研究 [J]. 广西社会科学，2014 (3)：28-32.

[165] 梁伟军．产业融合视角下的中国农业与相关产业融合发展研究 [J]. 科学经济社会，2011 (4)：12-17+24.

[166] 梁学成，齐花．新常态下文化与旅游产业融合发展的效应分析 [C] //中国旅游研究院．2015 中国旅游科学年会论文集．北京：中国旅游研究院，2015.

[167] 林刚．文旅融合新业态实景演艺商业模式剖析 [J]. 经营与管理，2020 (8)：13-18.

[168] 林红梅．广东海洋文化资源分析与评价 [J]. 对外经贸，2014 (11)：71-73.

[169] 林洪岱．论旅游业的文化特性 [J]. 浙江学刊，1983 (4)：67-69.

[170] 林彦举．把握机遇，凝成一体，明确目的，虚实并举 [M] //广东炎黄文化研究会．岭峤春秋・海洋文化论文集．广州：广东人民出版社，1997.

[171] 林彦举．开拓海洋文化研究的思考 [M] //广东炎黄文化研究会．岭峤春秋・海洋文化论文集．广州：广东人民出版社，1997.

[172] 林燕飞．南海海洋文化体系的构建及建设路径研究 [D]. 湛江：广东海洋大学，2019.

[173] 林玉香．我国旅游产业与文化产业融合发展研究 [D]. 沈阳：沈阳师范大学，2014.

[174] 凌纯声．中国古代海洋文化与亚洲地中海 [J]. 海外，1954 (10)：7-10.

[175] 刘安全，黄大勇．文旅融合发展中的资源共享与产业边界 [J]. 长江师范学院学报，2019 (6)：40-47.

[176] 刘家沂，肖献献．中西方海洋文化比较 [J]. 浙江海洋学院学报（人文科学版)，2012 (5)：1-6.

[177] 刘堃．海洋经济与海洋文化关系探讨——兼论我国海洋文化产业发展 [J]. 中国海洋大学学报（社会科学版)，2011 (6)：32-35.

[178] 刘立鑫，冷卫国．明清海赋反映的海洋文化 [J]. 东方论坛，2012 (3)：46-49.

[179] 刘丽，袁书琪．中国海洋文化的区域特征与区域开发 [J]. 海洋开发与管理，2008 (3)：34-38.

［180］刘琪，周家娟．知识经济时代下人力资源价值评估［J］．山东大学学报（哲学社会科学版），2012（1）：52-58.

［181］刘水良，吴吉林．基于产业价值链的中药材产业与旅游产业融合模式研究——以湘西地区为例［J］．湖南商学院学报，2017（2）：77-82.

［182］刘祥恒．中国旅游产业融合度实证研究［J］．当代经济管理，2016a（3）：55-61.

［183］刘祥恒．旅游产业融合机制与融合度研究［D］．昆明：云南大学，2016b.

［184］刘向．管子译注［M］．耿振东，译注．上海：上海三联书店，2014.

［185］柳百萍，叶旸，任平，等．“三生”空间融合视域下的旅游小镇空间优化研究［J］．合肥学院学报（综合版），2019（6）：77-82.

［186］卢福财，徐远彬．互联网对生产性服务业发展的影响——基于交易成本的视角［J］．当代财经，2018（12）：92-101.

［187］陆立德，郑本法．社会文化是重要的旅游资源［J］．社会科学，1985（6）：39-44.

［188］骆高远，安桃艳．舟山开发海洋文化旅游的思考［J］．金华职业技术学院学报，2004（3）：55-60.

［189］吕宛青，李聪媛．旅游经济学［M］．大连：东北财经大学出版社，2018.

［190］马蓓蓓，薛东前，阎萍，等．陕西省生态经济区划与产业空间重构［J］．干旱区研究，2006（4）：658-663.

［191］马波．现代旅游文化学［M］．青岛：青岛出版社，2003.

［192］马春艳，陈文汇．我国野生动物资源商业价值的动态评估方法设计及应用［J］．世界林业研究，2015（2）：54-60.

［193］马广奇．产业经济学在西方的发展及其在我国的构建［J］．外国经济与管理，2000（10）：8-15.

［194］马宏丽．长尾理论视域下河南旅游产业盈利模式创新研究［J］．河南工业大学学报（社会科学版），2018（2）：50-55.

［195］马克思，恩格斯．马克思恩格斯全集：第23卷［M］．北京：人民出版社，1972.

［196］马歇尔．经济学原理［M］．北京：商务印书馆，1985.

［197］马艳艳．面向企业的大学知识溢出机制与效应研究［D］．大连：大连理工大学，2011.

［198］马云泽．世界产业结构软化趋势探析［J］．世界经济研究，2004

(1)：15-19.

［199］毛龙凤．信息业与制造业融合对制造业绩效的影响研究［D］．南昌：江西财经大学，2020.

［200］孟克满都胡．草原文化与海洋文化比较研究［J］．内蒙古科技与经济，2015（22）：20-21.

［201］苗锡哲，叶美仙．渔业资源研究［M］//韩立民．2010 中国海洋论坛论文集．青岛：中国海洋大学出版社，2010.

［202］磨炼．基于旅游纪念品及相关文创产品的设计策略［J］．包装工程，2016（16）：18-21.

［203］牛亚菲．旅游供给与需求的空间关系研究［J］．地理学报，1996（1）：80-87.

［204］欧阳焱．中国海洋文化的包容和谐与开拓创新［J］．人民论坛，2017（34）：140-141.

［205］彭和求．地质遗迹资源评价与地质公园经济价值评估［D］．北京：中国地质大学，2011.

［206］彭文静，姚顺波，李晟．华山风景名胜区旅游价值评估的研究——联立方程模型在 TCM 中的应用［J］．经济管理，2014（12）：116-124.

［207］彭文静．生态旅游区游憩资源价值评估［M］．北京：中国财政经济出版社，2017.

［208］乔显琴．“产城一体化”视角下的小城镇工业园区空间布局规划研究［D］．西安：西安建筑科技大学，2014.

［209］秦波，徐兰芬．论基于 web 服务的海洋文化资源数据库建设——以舟山群岛海洋文化资源数据库建设为例［J］．江西图书馆学刊，2009（2）：113-115.

［210］秦宗财，方影．我国文化产业供给侧动力要素与结构性改革路径［J］．江西社会科学，2017（9）：75-83.

［211］曲金良．海洋文化概论［M］．青岛：中国海洋大学出版社，1999.

［212］曲金良．西方海洋文明千年兴衰历史考察［J］．学术前沿，2012（7）：61-77.

［213］曲金良．中国海洋文化的早期历史与地理格局［J］．浙江海洋学院学报（人文科学版），2007（3）：1-11.

［214］曲英杰．SF 企业生产效率提升策略研究［D］．长春：吉林大学，2017.

［215］任迪康．对浙江海洋文化建设的思考［J］．浙江经济，1996（8）：

37-38.

[216] 生延超，钟志平．旅游产业与区域经济的耦合协调度研究——以湖南省为例［J］．旅游学刊，2009（8）：23-29.

[217] 史琳，张舒逸，杨婧，等．新技术背景下产业融合发展效应及启示［J］．科技与创新，2021（2）：161-163.

[218] 单元媛，罗威．产业融合对产业结构优化升级效应的实证研究——以电子信息业与制造业技术融合为例［J］．企业经济，2013（8）：49-56.

[219] 单元媛，赵玉林．国外产业融合若干理论问题研究进展［J］．经济评论，2012（5）：152-160.

[220] 舒卫英．宁波市海洋服务业发展研究［J］．西南师范大学学报，2014（3）：116-121.

[221] 司马迁．史记：第32卷［M］．北京：中华书局，1959.

[222] 苏广实．自然资源价值及其评估方法研究［J］．学术论坛，2007（4）：77-80.

[223] 苏琨．文化遗产旅游资源价值评估研究［D］．西安：西北大学，2014.

[224] 苏勇军．海洋影视业：浙江海洋文化与产业融合发展［J］．浙江社会科学，2011（4）：95-99+83+158.

[225] 孙春兰．山东省文化旅游产业集群研究［D］．青岛：中国海洋大学，2013.

[226] 谭业庭，谭虹霖．论环渤海城市群海洋文化软实力建设［J］．东方论坛，2018（6）：78-84.

[227] 唐柳，俞乔，鲜荣生，等．西藏文化旅游业发展的空间布局及路径研究［J］．经济地理，2012（7）：141-146.

[228] 唐梦雪，谭春兰．海洋文化资源开发现状与发展对策研究［J］．安徽农业科学，2013（13）：6106-6107.

[229] 陶银科．甘肃旅游产业发展中的政府职能转变［D］．兰州：兰州大学，2010.

[230] 陶长琪，周璇．产业融合下的产业结构优化升级效应分析——基于信息产业与制造业耦联的实证研究［J］．产业经济研究，2015（3）：21-31.

[231] 王宝德，李会勋．蓝色经济区文化产业建设研究［J］．山东社会科学，2012（1）：9-12.

[232] 王尔大，李作志，赵玲．非市场旅游资源经济价值评价的理论与方法［M］．北京：科学出版社，2012.

［233］王海艳．长江经济带农业与旅游业融合效应评价研究［D］．湘潭：湘潭大学，2019.

［234］王惠蓉．以旅游业为标杆的海洋文化创意产业探析——以福建省东山岛为例［J］．集美大学学报（哲学社会科学版），2013（2）：7-13.

［235］王建芹，李刚．文旅融合：逻辑、模式、路径［J］．四川戏剧，2020（10）：182-184.

［236］王金凤．互联网时代“网红”旅游景点成“永红”的策略［J］．旅游纵览，2018（18）：69.

［237］王静．海洋强国视域下的大学生海洋意识教育［J］．海南热带海洋学院学报，2020（1）：44-48.

［238］王克修．让旅游成为人们感悟中华文化、增强文化自信的过程［N］．中国文化报，2020-09-12（003）.

［239］王苗，王诺斯．国内外海洋文化与旅游经济融合发展研究综述［J］．大连海事大学学报（社会科学版），2016（3）：7-11.

［240］王先昌，叶佩玲，周科律．湛江海洋文化与旅游纪念品的融合设计研究［J］．设计，2018（19）：17-18.

［241］王颖．旅游融合发展效应研究［D］．昆明：云南大学，2015.

［242］王颖．山东海洋文化产业研究［D］．济南：山东大学，2010.

［243］王兆峰，范继刚．西部地区旅游产业与信息产业融合发展研究［J］．中央民族大学学报（哲学社会科学版），2013（5）：78-85.

［244］王振如，钱静．北京都市农业、生态旅游和文化创意产业融合模式探析［J］．农业经济问题，2009（8）：14-18.

［245］王子今．《论衡》的海洋论议与王充的海洋情结［J］．武汉大学学报（哲学社会科学版），2019（5）：83-95.

［246］韦艳丽，周璇，赵志杨．旅游文创产品叙事性设计研究［J］．设计，2021（1）：8-10.

［247］卫岭．参照群体对旅游者旅游目的地选择的影响［J］．市场周刊，2006（11）：45-46.

［248］温德成．产品质量竞争力及其构成要素研究［J］．世界标准化与质量管理，2005（6）：4-8.

［249］闻德美，姜旭朝，刘铁鹰．海域资源价值评估方法综述［J］．资源科学，2014（4）：670-681.

［250］吴芙蓉，丁敏．文化旅游——体现旅游业双重属性的一种旅游形态［J］．现代经济探讨，2003（7）：67-69.

［251］吴红超．生态文明视角下的武汉文化旅游开发研究［D］．桂林：广西师范大学，2010.

［252］吴建华，肖璇．海洋文化资源价值探析［J］．浙江海洋学院学报（人文科学版），2007（3）：17-20.

［253］吴思．海洋文化特质对中国国家形象建构的价值与作用［J］．新闻前哨，2019（8）：113-114.

［254］吴小玲．利用海洋文化资源发展广西海洋文化产业的思考［J］．学术论坛，2013a（6）：204-208.

［255］吴小玲．广西海洋文化资源的类型、特点及开发利用［J］．广西师范大学学报（哲学社会科学版），2013b（1）：18-23.

［256］吴晓卓．基于消费心理的文创产品设计研究［D］．长沙：湖南师范大学，2019.

［257］吴正光．对贵州文化旅游资源的评价［J］．贵州文史丛刊，1989（2）：104-105.

［258］席宇斌．中国海洋文化分类探析［J］．海洋开发与管理，2013（4）：59-61.

［259］夏甄陶．自然与文化［J］．中国社会科学，1999（5）：90-104.

［260］祥寒冰．智慧旅游背景下文化旅游资源传播浅议［J］．合作经济与科技，2020（12）：28-29.

［261］向玉成．对“旅游+互联网”背景下旅游产业发展的思考［J］．旅游学刊，2016（5）：8-10.

［262］萧桂森．连锁经营理论与实践［M］．海口：南海出版公司，2004.

［263］肖绯霞．特色小（城）镇创建中海洋文化资源的开发与利用——基于福建省特色小镇和小城镇的实践研究［M］//罗昌智．两岸创意经济研究报告（2019）．北京：社会科学文献出版社，2019.

［264］肖建红，高雪，胡金焱，等．群岛旅游地海洋旅游资源非使用价值支付意愿偏好研究——以山东庙岛群岛、浙江舟山群岛和海南三亚及其岛屿为例［J］．中国人口·资源与环境，2019a（8）：168-176.

［265］肖建红，高雪，胡金焱，等．不同资源类型不同非使用价值——四种典型海洋旅游资源非使用价值支付意愿研究［J］．旅游科学，2019b（4）：47-69.

［266］肖萍．文化与旅游产业的耦合与协同发展研究［D］．南京：南京师范大学，2015.

［267］谢贤政，马中．应用旅行费用法评估黄山风景区游憩价值［J］．资源科学，2006（3）：128-136.

［268］谢彦君．基础旅游学［M］．北京：中国旅游出版社，2011.

［269］辛欣．文化产业与旅游产业融合研究：机理、路径与模式［D］．开封：河南大学，2013.

［270］徐崇云，顾铮．旅游对社会文化影响初探［J］．杭州大学学报（哲学社会科学版），1984（3）：53-58.

［271］徐春霞，曾昭春，徐瑾，等．秦皇岛市海洋文化资源状况及海洋文化产业发展研究［J］．海洋开发与管理，2014（2）：50-54.

［272］徐杰舜．海洋文化理论构架简论［J］．浙江社会科学，1994（4）：112-113.

［273］徐凌玉，张玉坤，李严．明长城防御体系文化遗产价值评估研究［J］．北京联合大学学报（人文社会科学版），2018（4）：90-99.

［274］徐文玉．中国海洋文化产业研究历程回顾与思考［J］．浙江海洋大学学报（人文科学版），2020（1）：18-25.

［275］徐晓望．关于人类海洋文化理论的重构［J］．福建论坛（人文社会科学版），1999（4）：44-50.

［276］徐迅．创意产业理论和观点综述［J］．创意产业研究专刊，2006（2）：34-37.

［277］许丰琳．海滨城市地域性旅游纪念品设计研究［D］．无锡：江南大学，2008.

［278］许桂灵，司徒尚纪．海南《更路簿》的海洋文化内涵和海洋文化风格［J］．云南社会科学，2017（3）：101-107+186.

［279］许丽忠，张江山，王菲凤，等．熵权多目的地 TCM 模型及其在游憩资源旅游价值评估中的应用——以武夷山景区为例［J］．自然资源学报，2007（1）：28-36.

［280］许兆欢．可持续发展视角下的阳江滨海旅游路径选择［J］．广西社会科学，2014（6）：95-100.

［281］薛达元，包浩生，李文华．长白山自然保护区生物多样性旅游价值评估研究［J］．自然资源学报，1999（2）：45-50.

［282］薛达元．自然保护区生物多样性经济价值类型及其评估方法［J］．农村生态环境，1999（2）：55-60.

［283］严伟．基于 AHP-模糊综合评价法的旅游产业融合度实证研究［J］．生态经济，2014（11）：97-102.

［284］杨国涛．海洋旅游文化资源及其开发［J］．黑河学刊，2017（2）：1-2.

［285］杨国桢．瀛海方程：中国海洋发展理论和历史文化［M］．北京：海洋出版社，2008.

［286］杨娇．旅游产业与文化创意产业融合发展的研究［D］．杭州：浙江工商大学，2008.

［287］杨淼．海洋强国视野下的海洋出版路径［J］．中国出版，2019（9）：39-41.

［288］杨茗然．浅析海洋文化视域下粤西雷州民歌的传承与发展［D］．湛江：广东海洋大学，2019.

［289］杨瑞龙，冯健．企业网络及其效率的经济学分析［J］．江苏社会科学，2004（3）：53-58.

［290］杨威．“一带一路”视阈下中国海洋文化国际传播路径探析［J］．湖湘论坛，2019（1）：135-142.

［291］杨霞，陈显军，梁君．论广西文化产业与旅游业融合发展模式及其效应［J］．广西社会科学，2014（6）：28-33.

［292］杨颖．旅游业与创意产业的融合——基于产业比较视角的研究［J］．南京人口管理干部学院学报，2009（1）：67-70.

［293］杨玉．广西左江花山岩画世界文化遗产旅游资源价值评价与开发研究［D］．南宁：广西大学，2017.

［294］杨园争．山西省旅游产业与文化产业融合发展研究［D］．太原：山西财经大学，2013.

［295］尹华光，邱久杰，谭学燕．武陵山片区文化产业与旅游产业融合发展动力研究［J］．湖南财政经济学院学报，2016（3）：135-140.

［296］尹华光，王换茹，姚云贵．武陵山片区文化产业与旅游产业融合发展模式研究［J］．中南民族大学学报（人文社会科学版），2015（4）：39-43.

［297］于大涛，孙倩，姜恒志，等．大连市旅顺口区海洋生态文明绩效评价与思考［J］．环境与可持续发展，2019（1）：30-33.

［298］于凤静，王文权．丝路精神与中国海洋文化理念的契合性论析［J］．江淮论坛，2019（1）：176-179.

［299］俞慈韵．论旅游文化［J］．东疆学刊，1986（2）：109-112.

［300］郁龙余．旅游与旅游文化［J］．深圳大学学报（人文社会科学版），1989（2）：46-50.

［301］袁俊．深圳市旅游业与文化产业互动发展模式研究［J］．热带地理，2011（1）：82-87.

［302］曾五一，黄炳艺．调查问卷的可信度和有效度分析［J］．统计与信息

论坛，2005（6）：13-17.

［303］查爱苹，邱洁威．条件价值法评估旅游资源游憩价值的效度检验——以杭州西湖风景名胜区为例［J］．人文地理，2016（1）：154-160.

［304］詹丽，杨昌明，李江风．用改进的旅行费用法评估文化旅游资源的经济价值——以湖北省博物馆为例［J］．软科学，2005（5）：98-100.

［305］张春慧．地质公园旅游资源价值评估实证研究［D］．兰州：兰州大学，2008.

［306］张纯，肖景义，唐仲霞．藏传佛教寺院景区非使用价值动态评估及其影响因素分析——以塔尔寺景区为例［J］．干旱区资源与环境，2019（6）：198-202.

［307］张尔升，明旭，徐华．海洋文化扩展与中国崛起［J］．社会科学文摘，2018（8）：17-19.

［308］张高勋，田益祥，李秋敏．基于实物期权的矿产资源价值评估模型［J］．技术经济，2013（2）：65-70+96.

［309］张海燕，王忠云．旅游产业与文化产业融合发展研究［J］．资源开发与市场，2010（4）：322-326.

［310］张海燕，王忠云．旅游产业与文化产业融合运作模式研究［J］．山东社会科学，2013（1）：169-172.

［311］张红霞，苏勤，王群．国外有关旅游资源游憩价值评估的研究综述［J］．旅游学刊，2006（1）：31-35.

［312］张开城．比较视野中的中华海洋文化［J］．中国海洋大学学报（社会科学版），2016（1）：30-36.

［313］张开城．广东海洋文化产业［M］．北京：海洋出版社，2009.

［314］张开城．海洋文化产业及其结构［M］//张开城．海洋文化与海洋文化产业．北京：海洋出版社，2008.

［315］张开城．论海洋文化与海洋文化产业［M］//国家海洋局直属机关党委办公室．中国海洋文化论文选编．北京：海洋出版社，2008.

［316］张开城．中西文明互动的历史与逻辑［J］．中国海洋大学学报（社会科学版），2020（2）：28-40.

［317］张凌云，时少华，李白．旅游学概论［M］．北京：旅游教育出版社，2013.

［318］张凌云．旅游学研究的新框架：对非惯常环境下消费者行为和现象的研究［J］．旅游学刊，2008（10）：12-16.

［319］张强．产业政策效应下的企业创新与质量提升［J］．江苏建材，2020

（6）：66-68.

［320］张纾舒．国内海洋文化研究进展评介——以 CSSCI 刊物为分析样本［J］．浙江海洋学院学报（人文科学版），2016（1）：13-20.

［321］张陶钧．辽宁沿海经济带发展海洋文化产业促进就业探讨［J］．现代经济信息，2013（15）：485-486.

［322］张琰飞，朱海英．西南地区文化产业与旅游产业耦合协调度实证研究［J］．地域研究与开发，2013（2）：16-21.

［323］张翼飞，赵敏．意愿价值法评估生态服务价值的有效性与可靠性及实例设计研究［J］．地球科学进展，2007（11）：1141-1149.

［324］张元智，马鸣萧．企业规模、规模经济与产业集群［J］．中国工业经济，2004（6）：29-35.

［325］张正兵．文化产业与旅游产业的产业链融合机制与效应研究［D］．苏州：苏州科技大学，2016.

［326］张志强，徐中民，程国栋．条件价值评估法的发展与应用［J］．地球科学进展，2003（3）：454-463.

［327］张忠．青岛农村地区海洋文化产业发展现状及对策分析［J］．广东海洋大学学报，2015（2）：34-38.

［328］赵爱婷，雷金瑞，董霞，等．兰州市文化旅游产业融合发展的模式及路径研究［J］．现代商业，2019（26）：101-105.

［329］赵华，于静．新常态下乡村旅游与文化创意产业融合发展研究［J］．经济问题，2015（4）：50-55.

［330］赵蕾，余汝艺．旅游产业与文化产业融合的动力系统研究［J］．安徽农业大学学报（社会科学版），2015（1）：66-71.

［331］赵玲，王尔大，苗翠翠．ITCM 在我国游憩价值评估中的应用及改进［J］．旅游学刊，2009（3）：63-69.

［332］赵晟媛．天津海洋文化体验型旅游产品开发分析与研究［J］．艺术与设计，2015（11）：104-106.

［333］赵伟．基于业务结构的我国证券公司风险研究［D］．成都：西南财经大学，2013.

［334］赵一平，李悦铮．海洋文化与大连海洋旅游开发［J］．海洋开发与管理，2005（3）：88-92.

［335］赵勇，白永秀．知识溢出：一个文献综述［J］．经济研究，2009（1）：144-156.

［336］赵子乐，林建浩．海洋文化与企业创新——基于东南沿海三大商帮的

实证研究［J］. 经济研究，2019（2）：68-83.

［337］赵宗金．海洋文化与海洋意识的关系研究［J］. 中国海洋大学学报（社会科学版），2013（5）：13-17.

［338］郑贵斌，刘娟，牟艳芳．山东海洋文化资源转化为海洋文化产业现状分析与对策思考［J］. 海洋开发与管理，2011（3）：90-94.

［339］郑明高．产业融合发展研究［D］. 北京：北京交通大学，2010.

［340］郑星宇，韩兴勇．建设海洋生态文明背景下的海洋文化资源开发研究［J］. 中国海洋社会学研究，2015（1）：55-65.

［341］郑耀星，储德平．区域旅游规划、开发与管理［M］. 北京：高等教育出版社，2004.

［342］植草益．信息通讯业的产业融合［J］. 中国工业经济，2001（2）：24-27.

［343］智锋．我国旅游度假区管理体制研究［D］. 上海：复旦大学，2014.

［344］周城雄．推动科技创新与文化产业融合发展的思考［J］. 中国科学院院刊，2014（4）：474-484.

［345］周春波．文化产业与旅游产业融合动力：理论与实证［J］. 企业经济，2018（8）：146-151.

［346］周寄中．创新的基础和源泉：基础研究的投入、评估和协调［M］. 北京：科学出版社，2008.

［347］周建标．泉州文化产业与旅游业融合发展的路径及策略［J］. 遵义师范学院学报，2016（6）：38-45.

［348］周俊．问卷数据分析：破解 SPSS 的六类分析思路［M］. 北京：电子工业出版社，2017.

［349］周少甫，王伟，董登新．人力资本与产业结构转化对经济增长的效应分析——来自中国省级面板数据的经验证据［J］. 数量经济技术经济研究，2013（8）：65-77.

［350］朱安琪．论我国海洋文化对海洋立法的影响［D］. 济南：山东大学，2019.

［351］朱俊．关于我国证券公司盈利模式及业务管理的几点思考［J］. 新金融，2009（11）：54-56.

［352］朱维洁．试论文化产业融合的动因［J］. 河南师范大学学报（哲学社会科学版），2009（5）：203-204.

［353］朱喜龙，吕文元．多元化战略之累　多元化战略集团公司的业务整合［J］. 企业管理，2004（10）：70-72.

［354］朱晓辉，段学成．基于产业融合理论的舟山游艇旅游产业发展研究［J］．江苏商论，2017（5）：42-46.

［355］庄国土．中国海洋意识发展反思［J］．厦门大学学报（哲学社会科学版），2012（1）：25-32.

［356］邹小勤，曹国华，许劲．西部欠发达地区“产城融合”效应实证研究［J］．重庆大学学报（社会科学版），2015（4）：14-21.

附录1

威海仙姑顶价值评估调查问卷（已开发的海洋文化旅游资源皆适用）

尊敬的先生、女士：

您好！非常感谢您的支持和参与！

我们是中国海洋大学的师生，我们正在进行一项关于海洋景观资源的调查，想邀请您用几分钟的时间帮忙填答这份问卷。本问卷实行匿名制，所有数据只用于统计分析，请您放心填写。

请根据您的实际情况和真实意愿，在相应的选项打“√”或者在“______”处填写适当的内容。

祝您心情愉快，万事如意！

Q1：您的性别？

○ 男

○ 女

Q2：年龄？

○ 18岁及以下

○ 19~30岁

○ 31~45岁

○ 46~60岁

○ 61岁及以上

Q3：职业？

○ 公务员

○ 企业员工
○ 商人
○ 学生
○ 事业单位人员
○ 其他

Q4：您的出发地？

______________省（自治区/直辖市）________________市（自治州/地区）

Q5：月收入？

○ 无
○ 4000 元及以下
○ 4001~6000 元
○ 6001~8000 元
○ 8001 至 10000 元
○ 10001 元及以上

Q6：文化程度？

○ 高中以下
○ 高中
○ 大学本科、专科
○ 硕士及以上

Q7：来威海仙姑顶的次数？

○ 一次
○ 二次
○ 三次
○ 四次及以上

Q8：来此地动机？

○ 休闲度假
○ 探亲访友
○ 科考
○ 学习交流
○ 其他

Q9：对威海仙姑顶的了解程度？

○ 非常了解
○ 比较了解
○ 有一点了解

○ 没有多少了解

Q10：您了解威海仙姑顶的途径？

○ 网络 ○ 电视广播 ○ 报纸杂志

○ 图书等出版物 ○ 旅行社 ○ 口碑介绍

○ 政府宣传 ○ 其他

Q11：每年农历三月十五的仙姑山会，您是否参加过？

○ 不知道

○ 知道，但没参加过

○ 知道，且参加过（请您用一句话概括您的感受）

____

Q12：您从出发地到威海仙姑顶采用的主要交通方式是？

○ 飞机 ○ 火车 ○ 长途汽车 ○ 自驾车 ○ 其他

单程交通时间为__________小时；单程交通费用为____________元/人

Q13：您到威海仙姑顶采用的剩余交通方式所支出的费用大约是________元

Q14：您在威海仙姑顶（预计）停留的时间为__________小时

Q15：您关于威海仙姑顶的花费（没有可填0）？

○ 门票费（ ）

○ 设施使用费（ ）

○ 餐饮费（ ）

○ 住宿费（ ）

○ 购买纪念品和土特产费（ ）

Q16：您在威海仙姑顶的旅游体验如何？如果对其打分，您打几分（1~5分，取整数）？

○ 满意

○ 比较满意

○ 基本满意

○ 不满意（请用一句话简单概括原因）

____

Q17：您觉得威海仙姑顶的最大价值是什么？

○ 观赏价值

○ 经济价值

○ 体验价值

○ 历史价值

○ 艺术价值

Q18：您今后是否打算再次参观威海仙姑顶？

○ 肯定会

○ 可能会

○ 不会

Q19：您是否愿意每年支付一定的费用来保护威海仙姑顶？

○ 愿意

➢ 为了将来能够选择利用该资源

➢ 为了能让子孙后代享受该资源并感受其价值

➢ 为了能使其永续存在

您愿意支付的费用约__________元；

○ 不愿意

➢ 收入有限，无能力支付

➢ 所支付费用可能用不到保护上

➢ 保护费用应该由政府支付

➢ 各项费用中应该包括保护费用

➢ 本人远离此地，对此地保护不感兴趣

再次感谢您的参与，祝您生活愉快！

日照踩高跷推虾皮技艺价值评估调查问卷
（未开发的海洋文化旅游资源皆适用）

尊敬的先生、女士：

您好！非常感谢您的支持和参与！

我们是中国海洋大学的师生，我们正在进行一项关于海洋民俗资源的调查，想邀请您用几分钟的时间帮忙填答这份问卷。本问卷实行匿名制，所有数据只用于统计分析，请您放心填写。

请根据您的实际情况和真实意愿，在相应的选项打“√”或者在“______”处填写适当的内容。

祝您心情愉快，万事如意！

Q1：您的性别？

○ 男

○ 女

Q2：年龄？

○ 18 岁及以下

○ 19~30 岁

○ 31~45 岁

○ 46~60 岁

○ 61 岁及以上

Q3：职业？

○ 公务员

○ 企业员工

○ 商人

○ 学生

○ 事业单位人员

○ 其他

Q4：您的出发地？

__________省（自治区/直辖市）______________市（自治州/地区）

Q5：月收入？

○ 无

○ 4000 元及以下

○ 4001~6000 元

○ 6001~8000 元

○ 8001~10000 元

○ 10001 元及以上

Q6：文化程度？

○ 高中以下

○ 高中

○ 大学本科、专科

○ 硕士及以上

Q7：您对日照踩高跷推虾皮技艺的了解程度？

○ 非常了解

○ 比较了解

○ 有一点了解

○ 没有多少了解

Q8：您了解日照踩高跷推虾皮技艺的途径？

○ 网络 ○ 电视广播 ○ 报纸杂志
○ 图书等出版物 ○ 旅行社 ○ 口碑介绍
○ 政府宣传 ○ 其他

Q9：您觉得日照踩高跷推虾皮技艺的工艺水平如何？

○ 不大了解，不做评价
○ 非常高
○ 一般
○ 较低

Q10：通过了解、观看、体验日照踩高跷推虾皮技艺这一劳动人民的智慧结晶，您是否在视觉、精神、心灵等方面受到冲击或影响（是否有所收获）？

○ 否

原因：____

○ 是

如果让您对您的心理预期收获赋值，您的赋值是__________元。

Q11：您是否愿意每年支付一定的费用来保护和传承日照踩高跷推虾皮技艺？

○ 愿意

➢ 为了将来能够选择利用该资源
➢ 为了能让子孙后代享受该资源并感受其价值
➢ 为了能使其永续存在

您愿意支付的费用约__________元；

○ 不愿意

➢ 收入有限，无能力支付
➢ 所支付费用可能用不到保护上
➢ 保护费用应该由政府支付
➢ 各项费用中应该包括保护费用
➢ 本人远离此地，对此地保护不感兴趣

再次感谢您的参与，祝您生活愉快！

附录 2

海洋文化与旅游宏观融合调查问卷

您好！我们是中国海洋大学的师生，这是一份针对山东省海洋文化与旅游融合发展状况调查的问卷。本次调查问卷采用无记名方式，希望您能抽出宝贵的时间如实填写，帮助我们完成本次调查问卷的信息采集，感谢您的参与！

1. 请问您的性别是？（　　）

A. 男　　　　B. 女

2. 请问您的年龄是？（　　）

A. 18 岁及以下　B. 19~30 岁　C. 31~45 岁　D. 46~60 岁　E. 61 岁及以上

3. 请问您个人的月收入大概在？（　　）

A. 3000 元及以下　B. 3001~6000 元　C. 6001~10000 元

D. 10001~15000 元　E. 15001 元及以上

4. 请问您的职业是？（　　）

A. 学生　B. 海洋相关产业（当地）　C. 其他职业（当地）　D. 外地游客

5. 海洋文化与旅游融合发展的意义有哪些？

①规范海洋文化旅游资源保护开发（　　）

A. 非常赞同　B. 较赞同　C. 一般　D. 较不赞同　E. 完全不赞同

②优化海洋文化与旅游融合发展环境（　　）

A. 非常赞同　B. 较赞同　C. 一般　D. 较不赞同　E. 完全不赞同

③加速推进“山东海洋强省建设行动方案”实施（　　）

A. 非常赞同　B. 较赞同　C. 一般　D. 较不赞同　E. 完全不赞同

④带动经济增长，增加就业机会（　　）

A. 非常赞同 B. 较赞同 C. 一般 D. 较不赞同 E. 完全不赞同

⑤扩大海洋文化旅游市场规模（ ）

A. 非常赞同 B. 较赞同 C. 一般 D. 较不赞同 E. 完全不赞同

⑥提升海洋文化旅游知名度（ ）

A. 非常赞同 B. 较赞同 C. 一般 D. 较不赞同 E. 完全不赞同

⑦改善景区服务接待水平，提高旅游便利性（ ）

A. 非常赞同 B. 较赞同 C. 一般 D. 较不赞同 E. 完全不赞同

⑧助力海洋文化与旅游产业结构调整（ ）

A. 非常赞同 B. 较赞同 C. 一般 D. 较不赞同 E. 完全不赞同

⑨丰富海洋文化与旅游产业产品种类（ ）

A. 非常赞同 B. 较赞同 C. 一般 D. 较不赞同 E. 完全不赞同

6. 您对当地海洋文化与旅游融合发展的建议是？

____

____

附录 3

海洋文化与旅游融合效应
评价指标体系专家调查问卷

尊敬的专家：

您好！感谢您参加这次调研，请您帮忙完善这份海洋文化与旅游融合效应评价体系，用于评价山东省海洋文化与旅游融合效应。请您按照重要程度为下列指标打分（5、4、3、2、1 分别表示非常重要、较为重要、一般重要、较不重要、非常不重要），并在问卷末尾给出您的建议。

目标层	准则层	维度层	指标层	分值
海洋文化与旅游融合效应评价指标体系	宏观融合效应	推动经济增长	地区生产总值（亿元）	
			居民消费价格指数（上年=100）	
		提高生产效率	滨海住宿业营业额与职工薪酬的比值（亿元）	
			滨海餐饮业营业额与职工薪酬的比值（亿元）	
		扩大市场规模	国内海洋旅游人数（万人）	
			国外海洋旅游人数（万人）	
		增进社会福利	滨海区域博物馆数量（个）	
			滨海区域文化站数量（个）	

续表

目标层	准则层	维度层	指标层	分值
海洋文化与旅游融合效应评价指标体系	中观融合效应	优化资源配置	海洋文化市场经营机构数量（个）	
			海洋艺术展览创作机构（个）	
		升级产业结构	海洋旅游业营业收入增长（%）	
			海洋文化产业营业收入增长（%）	
		完善空间区划	滨海社区便利乘坐公共汽车的比重（%）	
			海洋旅游信息咨询中心数量与 A 级景区数量的比值（%）	
		提升产业竞争力	海洋旅游业总收入（亿元）	
			海洋文化产业总收入（亿元）	
	微观融合效应	扩大规模经济	海洋旅游产业收入与资产的比值（%）	
			海洋文化产业收入与资产的比值（%）	
		优化业务结构	海洋旅游企业非主营业务营业额（亿元）	
			海洋文化企业非主营业务营业额（亿元）	
		提升产品创意	滨海区域人均文化消费（元）	
			海洋旅游景区文创产品营业收入（万元）	
		增强知识溢出	海洋文化及旅游类企业专利数量（个）	
			海洋文化及旅游类会展次数（次）	

您认为需要添加的指标：________________

您认为不合适的指标：________________

您认为需要修改的指标：________________